고전은 나의 힘

과학 읽기

고전은 나의 힘: 과학 읽기

초판 1쇄 발행 2015년 3월 27일
초판 4쇄 발행 2020년 6월 9일

엮은이 이수종 류대성 | 펴낸이 강일우 | 책임편집 김효근 | 펴낸곳 (주)창비
등록 1986년 8월 5일 제85호 | 주소 10881 경기도 파주시 회동길 184
전화 031-955-3333 | 팩스 031-955-3399(영업) 031-955-3400(편집)
홈페이지 www.changbi.com | 전자우편 ya@changbi.com

ⓒ 창비 2015
ISBN 978-89-364-5849-2 43400
ISBN 978-89-364-5977-2 (전5권)

e=mc²

고전은
나의힘

과학
읽기

이수종·류대성
엮고 씀

창비

'고전은 나의 힘'을 펴내며

요즘 여러분은 어떤 책을 읽고 있나요? 최근 읽은 책 가운데 고전(古典)도 한두 권쯤 들어 있나요? 매일같이 새로운 책이 쏟아져 나오는 세상에서 내 마음에 쏙 드는 책을 고르기란 쉽지 않습니다. 좋은 책을 찾는 사람들을 위한 추천 도서 목록에는 고전이 늘 빠지지 않지만, 난해하고 재미없을 것 같다는 편견 때문에 고전에 손을 내밀기가 만만치 않은 것도 사실입니다. 조금 더 쉽고 재미있게 고전 읽기를 시작할 수는 없을까요?

철학, 역사, 사회, 과학, 예술 선생님과 책을 좋아하는 국어 선생님이 함께 모여 이 문제를 오랫동안 고민했습니다. 특히 2015년부터는 새로운 교육 과정에 따라 고등학교 국어 교과에 '고전' 과목이 신설되어 그 중요성이 더해졌습니다. 여기서 고전은 향가나 판소리 같은 오래된 우리 문학에 한정된 개념이 아니라 오랫동안 널리 읽히고 모범이 될 만한 작품 전반을 가리키는 표현입니다. 그러니까 철학, 역사, 사회, 과학, 예술, 문학 등 다양한 분야를 말하는 것이지요. 그런 다양한 고전을 통해 교양을 쌓고, 현대 사회의 맥락에 맞춰 고전에 담긴 지혜와 통찰을 재해석하며 그 가치를 되새기기 위해 별도의 과목을 만든 것입니다. 그만큼 고전을 읽는 독해력과 사고력은 점점 중요해지고 있습니다. 그럼에도 학교 현장과 학부모, 학생들에게 고전은 여전히 까다롭고 이해하기 어려운 것으로 알려져 있지요.

고전은 비단 학교 교육 과정뿐 아니라 수능과 논술에도 빈번히 등장하고, 새로운 소식이 전달되는 신문 지면이며 시사 토론에서도 숱하게 인용되고는 합니다. 요즘 강조되는 인문학적 상상력도 고전을 빼놓고는 말하기 어렵지요. 인간이란 어떤 존재인가, 우리가 사는 세상은 어떤 곳인가, 우리는 무엇을 위해 어떻게 살아야 하는가 등을 고민하고 탐구하는 인문학은 모든 학문의 바탕이 되는데, 고전에는 그러한 인문학 가운데서도 가장 빛나는 정수가 담겨 있습니다. 긴 세월 동안 쌓아 온 인류의 경험과 지식의 알맹이를 우리에게 전해 주기 때문입니다. 다소 어려워 보이는 책일지라도 꾸준히 읽어 가며 지식과 논리의 틀을 탄탄히 마련하고 곰곰이 고민할 때, 자연스럽게 자기만의 생각이 길러집니다.

　'고전은 나의 힘'은 스스로 생각하는 힘을 키우는 데 도움을 주는 고전을 소개합니다. 이 시리즈는 철학, 역사, 사회, 과학, 예술로 구성되어 어려운 문장을 이해하는 법을 터득하고 고전을 읽는 눈이 트이도록 이끕니다. 너무 쉽고 간단한 말로 요약하거나 현대적 언어로 완전히 재해석해 주는 해설서가 아니라, 고전 원문의 일부를 독자 스스로 맛보고 곱씹어 소화하게 함으로써 독해력의 근육을 단련하도록 돕습니다. 각 권은 장별로 주제에 맞는 고전을 엮은 뒤, 저자 소개와 읽기 전에 생각해 볼 점 등을 제시하여 친절하게 안내합니다. 고전을 읽은 다음에는 '생각 키우기' 활동을 통해 스스로 개념을 정리하고 시야를 넓힐 기회를 주어 사고력 증진에 도움이 되도록 했습니다.

『고전은 나의 힘: 과학 읽기』는 과학과 관련이 깊은 고전들을 모았습니다. 사실 과학이 결코 쉬운 학문은 아닙니다. 특히 현대 과학은 눈에 보이지 않는 영역을 연구하기 때문에 평범한 사람이 이해하기는 버겁습니다. 하지만 우리는 과학에 대한 관심의 끈을 놓아서는 안 됩니다. 과학은 세상을 바라보는 기준을 제시하며, 다른 학문의 바탕을 이룬다고 해도 지나치지 않기 때문입니다. 예를 들어 자연을 기계적으로 해석하는 뉴턴 물리학은, 인간의 이성을 중시하는 근대 철학과 함께 생겨나 이후 삶의 방식을 크게 바꾸었습니다. 그러다 시공간을 상대적으로 보는 아인슈타인이 등장하며 근대 철학과 과학도 전환점을 맞이했지요. 자연 과학에 일어나는 커다란 변화는 정치, 경제, 문화, 교육 등 사회의 많은 분야에 두루 영향을 끼칩니다. 또한 사회에서 영향을 받아 과학이 변화하기도 하지요. 그러니 자연 과학의 흐름을 살펴본다는 것은 곧 인간 사회의 변화를 고찰하는 것이나 다름없습니다.

이 책에서는 과학사의 큰 전환기를 대표하는 고전들을 소개합니다. 그중에는 현대의 관점에서 보았을 때 터무니없는 이론도 있습니다. 비록 현대의 기준에서 잘못되었다 해도, 고전 속에 녹아 있는 당대 사람들의 자연관은 과학의 흐름을 이해할 때 빠뜨릴 수 없는 요소이기 때문에 무시해서는 안 됩니다. 이 책을 읽고 과학이란 무엇인지, 과학을 공부하는 의미는 무엇일지 생각해 보길 바랍니다. 그 후에 인류의 미래에 과학이 미칠 영향까지 상상해 본다면 더욱 재미있을 것입니다.

1장 '과학의 시작'에서는 인류가 과학에 눈뜨기 시작한 순간을 찾아봅니다. 동서양에서 자연을 대하는 태도가 비슷하면서도 다르다는 점이 눈에 띌 것입니다. 2장 '근대 과학'에서는 실험, 관찰, 수학을 중요시하는 근대 과학의 사상적 배경과 연구 방법을 조명합니다. 현대에도 큰 영향을 미치고 있는 근대 과학의 뿌리를 확인할 수 있습니다. 3장 '운동과 생명'에서는 20세기 초에 일어난 자연관의 변화를 물리학과 생물학 고전들로 살펴봅니다. 어려워 보이는 말에 주눅 들지 말고, 자연을 전체적으로 보려 하는 사고방식에 주목합시다. 4장 '지구와 우주'에서는 과학에서 실험과 관찰이 차지하는 중요성을 알아봅니다. 지질학, 생물학, 천문학 고전을 읽고 실험과 관찰이 이론과 맺는 관계를 정리해 봅시다. 5장 '융합하는 과학'에서는 현대 과학에서 일어나고 있는 변화를 탐구합니다. 경계를 넘어 융합하는 과학의 경향은 현대 사회를 이해하는 데 중요한 단서입니다. 마지막 6장 '과학의 미래'에서는 인류와 과학의 변화를 예측할 때 도움이 되는 글들을 소개합니다. 과학 소설에 등장하곤 하는 암울한 미래를 피할 수는 없을지 생각해 보는 것도 좋겠지요.

이 책은 고전 과목 신설로 혼란을 느끼는 학교 현장과 학생들에게 도움이 되기를 바라는 마음으로, 그리고 두꺼운 고전을 읽는 데 겁먹고 망설이는 이들이 조금이나마 고전과 가까워지기를 바라는 마음으로 엮었습니다. 읽고 고민하고 질문에 답하는 과정에서 생각하는 힘을 길렀으면 좋겠습니다. 그 힘은 여러분이 세상을 주체적으로 살아가는 원동력이 되어 줄 것입니다.

이 책이 부디 여러분을 더욱 깊은 고전의 세계로 안내하는 징검다리 역할을 해 줄 수 있기를 바랍니다. 여기에 소개하는 고전들은 드넓은 바다에서 퍼 올린 물 한 동이에 지나지 않을지도 모릅니다. 하지만 괜찮습니다, 우리는 이제 막 첫걸음을 내디뎠을 뿐이니까요. 학교에서 이 책을 더불어 읽으며 선생님의 친절한 안내를 받고 친구들과 토론해 보는 것도 도움이 될 것입니다.

여러분이 이 책에서 그치지 않고 고전의 바다를 향해 더 큰 돛을 올릴 수 있기를 응원합니다. 마지막으로 힘든 작업을 함께해 주신 창비 청소년 출판부와 이렇게 소중한 고전을 모아 책으로 엮을 수 있도록 재수록을 흔쾌히 허락해 주신 많은 출판사에 감사의 인사를 전합니다.

2015년 3월

이수종·류대성

일러두기

❶ 과학 고전 가운데 청소년들이 읽기에 적합한 글 24편을 가려 뽑았습니다.

❷ 작품이 수록된 단행본을 원본으로 삼았고, 원문을 해치지 않는 선에서 청소년이 읽기 어려운 개념어나 외래어, 한자어 등을 풀어 썼습니다.

❸ 맞춤법과 띄어쓰기는 현행 표기법을 따랐습니다.

❹ 어려운 용어와 개념에는 풀이를 달았습니다.

❺ 문단 나누기는 작품이 수록된 단행본을 따르는 것을 원칙으로 삼되 읽기가 불편한 곳은 적절히 조절했습니다.

❻ '생각 키우기'의 예시 답안은 창비 홈페이지 '어린이/청소년 독서 활동 자료'(goo.gl/mWHzmI)에 있습니다.

2004년 3월 2일, 프랑스령 기아나의 우주 기지에서 혜성 탐사선 로제타호가 쏘아 올려졌습니다. 그리고 2014년 11월, 십년이 넘는 긴 여정 끝에 로제타호는 '67P/추류모프-게라시멘코'라는 이름의 혜성에 인류 역사상 최초로 탐사선 '필레'를 착륙시켰습니다. 혜성은 태양계가 만들어질 때 같이 형성되어서 상태가 변한 적이 없기 때문에 이번 조사로 태양계 탄생의 비밀을 알 수 있으리라 기대하고 있지요. 앞으로 공개될 조사 결과를 상상하면 가슴이 두근거립니다.

로제타호가 혜성에 착륙시킨 탐사선 필레

그런데 인류는 왜 막대한 자원과 시간을 투자해서 우주의 기원을 연구하는 것일까요? 우주 탐사를 비판하는 사람들도 있습니다. 전쟁이나 기아 등 좀 더 현실적인 문제를 먼저 해결해야 한다고 말이지요. 하지만 과학자들이 단순히 호기심을 충족시키려고 우주를 탐구하는 것은 아닙니다. 우주의 기원을 밝혀내면 인간이 어떤 과정을 거쳐 오늘날과 같은 모습으로 존재하는지도 드러납니다. 그 결과 이 세계와 그 속에서 살고 있는 우리에 대해 좀 더 잘 알 수 있게 되지요. 이것은 천문학, 물리학, 화학, 생물학 등 모든 과학자들의 목표이기도 합니다. 인류와 세계에 대해 더 자세히 알고 싶다는 욕망 때문에 과학이라는 학문이 생겨났다고 해도 과언이 아닙니다. 과학뿐만 아니지요. 단지 탐구하는 대상과 수단이 다를 뿐, 철학, 역사학, 사회학, 미학 등 대부분의 학문은 결국 인간과 세계에 대해 아는 것이 목적입니다. 그리고 그러한 탐구는 인류가 지금보다 나은 삶, 행복한 삶으로 나아가는 데 보탬이 되고 있습니다.

그렇다면 과학은 우리의 삶에 어떤 영향을 주고 있을까요? 가장 먼저 첨단 기술의 혜택이 떠오릅니다. 최신 스마트폰으로 집 안의 조명과 난방 등을 원격으로 조절하기도 하고, 환자의 심박을 재며 건강을 관리하는 등 상상 속에서나 가능하던 일이 눈앞에서 벌어지고 있습니다. 한편으로는 기술이 초래한 비극도 있지요. 일례로 2011년 일본 후쿠시마에서 일어난 원자력 발전소 사고의 후유증은 지금까지 이어지고 있고, 앞으로도 어찌 될지 모르는 상황입니다. 이렇듯 과학은 양날의 검이라고 할 수 있습니다.

하지만 그렇게 때문에 우리는 더욱 과학에 관심을 기울여야 합니다. 실제로 원자력 발전소 사고 이후 일본에서는 시민들이 직접 원자력에 대해 공부하고 발전소가 제대로 운영되는지 감시해야 한다는 목소리가 높아지고 있습니다. 과학 기술이 올바른 방향으로 쓰이려면 지금보다 많은 사람이 기본적인 과학적 소양을 갖추고 다양한 기술 발전에 관심을 쏟아야 할 것입니다.

1장에서는 과학을 잘 아는 첫걸음으로써 인류가 어떻게 처음으로 과학에 눈을 떴는지, 그 흔적을 찾아보려고 합니다. 과학자들이 우주의 기원을 탐구하듯이 우리는 과학의 기원을 살펴보는 것이지요. 그런데 사실 콕 집어서 언제부터 과학이 시작되었다고 말하기는 어렵습니다. 모든 일이 기록으로 남아 있지도 않은 데다 '과학'이라는 말의 의미도 논란거리입니다. 우리가 흔히 과학이라고 여기는 개념은 서양의 근대 이후에 생겨났습니다. 그래서 어떤 이는 고대와 중세는 미신에 휘둘린 비과학적인 시대라고 치부하기도 하지요. 그리고 동양의 과학이 서양에 비해 한참 뒤떨어졌다고 오해하기도 하고요. 하지만 옛사람 역시 자기 나름대로 자연을 관찰하고 해석했습니다. 그리고 이런 탐구는 동서양에 상관없이 이루어졌지요.

옛사람들에게 자연과 인체는 가장 가까운 관찰 대상이었을 겁니다. 고대 이집트에서는 나일 강의 홍수 피해를 줄이기 위해 자연을 관찰하다가, 강의 범람에도 일정한 주기가 있음을 발견했습니다. 그리고 그러한 주기성과 하늘에 있는 천체의 움직임이 서로 연관되어 있음을 깨닫고 정리했습니다. 그렇게 만들어진 것이 바로 일 년을 365일로 계산한 인류 최초의 태양력입니다. 중국에서도 한나라 때에 자연의 주기성과 천체의 움직임을 연결 지어서 '태초력'이라는 달력을 만들어 냈지요. 또한 주기성은 인체에서도 발견되었습니다. 사람들은 일찍이 생명 활동의 기본인 호흡, 맥박, 심장 박동 등에 대해 깨달았고 그 외에 인체의 활동이 어떻게 이뤄지는지 정리해서 기록으로 남겼습니다. 물론 지금 보면 오류도 많고 미신 같은 해석도 있지만, 옛사람들의 탐구 정신이 후대에 이어지며 발전을 거듭한 결과가 오늘날 우리가 알고 있는 과학이라는 사실을 부정할 수는 없습니다.

지금부터 소개하는 글에는 근대 과학이 확립되기 전, 사람들이 자연과 인체를 바라본 시각이 담겨 있습니다. 비슷한 주제를 다룬 동서양의 글을 번갈아 소개하니, 공통점과 차이점을 비교하며 읽어 봅시다. 아마 대부분 처음 보는 글이라 생소할 테지만 다 읽고 난 뒤에는 과학의 기원에 대한 단서를 찾을 수 있을 것입니다.

맨 먼저 역사상 가장 유명한 의사인 고대 그리스의 히포크라테스가 쓴 『의학 이야기』로 시작하겠습니다. 시대의 흐름에 맞춰 몇 차례 수정되기는 했지만 아직도 전 세계에서는 의사들이 '히포크라테스 선서'를 낭독하며 의사로서 책임을 다하겠노라 다짐하지요. 히포크라테스는 공기, 물, 장소 등을 관찰해 그러한 요소가 사람의 건강과 어떤 관련이 있는지 조사했습니다. 그는 자신이 실제로 환자들을 진료한 결과를 바탕으로 병의 원인과 치료법을 추론했는데, 당시로서는 꽤 합리적인 과정을 거쳐 결론을 내렸지요. 특히 의사는 새로운 장소에 갔을 때 바람의 방향과 물을 살펴보고 그 지역에 사는 사람들의 생활 양식에 대해 분석해야 한다고 말했는데요, 요즘식으로 말하면 이런저런 경계에 얽매이지 않고 여러 학문을 넘나들며 종합적인 연구를 했다고 할 수 있습니다.

『의학 이야기』와 비교하며 읽을 만한 책으로 조선 후기의 학자 최한기가 쓴 『기측체의』를 소개합니다. 엄밀히 말하면 19세기에 쓰인 이 책은 의학서가 아니지만, 예전에 동양에서 인체를 어떻게 바라보았는지 파악하는 데 도움이 됩니다. 특히 우리 의학 체계의 바탕인 '기(氣)'에 대한 서술이 참고할 만하지요. 중국과 우리나라를 비롯한 동아시아에서는 오래전부터 '음양오행'을 자연의 기본 원리로 생각했습니다. 그리고 음양오행에 따르면 기는 만물이 만들어지는 근원에 자리한 흐름이지요. 우리가 읽을 글은 사람의 눈에 대해 설명하는 부분으로 역시 '신기'라는 개념이 등장합니다. 신기의 흐름과 맑음에 따라 눈의 건강도 달라진다는 것입니다. 또한 최한기는 당시 서양의 과학도 공부한 사람이었습니다. 지금 봐도 꽤 치밀하게 사례를 관찰한 후에 그 결과를 전통적인 이론과 엮어서 설명했지요. 그의 글에서는 동양적인 관점 외에 동서양을 넘나드는 세계관까지 엿볼 수 있습니다.

인체에 관한 글들을 봤으니 이제 옛사람들이 자연을 바라본 관점에 대해서도 알아봅시다. 동양의 자연관은 기원전 중국 한나라의 정치가 유안이 펴낸 『회남자』에서 확인할 수 있습니다. 일종의 백과사전인 『회남자』는 다양한 지식을 담고 있지만, 그중에서도 '천문훈', 즉 당대에 이루어진 천문 관측 결과를 정리한 내용에 주목해 보겠습니다. 앞서 말했듯 고대 중국에서도 자연의 주기성에 관심을 기울였습니다. 그리고 자신들이 발견한 주기성을 생활에 직접 적용하려고도 했지요. 또한 천체의 움직임을 토대로 땅의 크기와 하늘의 높이를 계산한 것이 눈에 띕니다. 물론 잘못된 계산법이지만 자못 그럴듯한 과정을 보노라면 수천 년 전에 쓰였다는 사실이 믿기지 않을 정도입니다.

1장을 마무리하는 책은 철학자 앨프리드 노스 화이트헤드의 『수학이란 무엇인가』입니다. 화이트헤드는 자연 과학에서 주기성이 지니는 의미에 대해 설명합니다. 일찍이 서양에서도 천문을 관측해 달력을 만드는 등, 자연 현상에서 주기성을 찾는 일은 중요했습니다. 다만 문제는 큰 규모의 천체 운동을 정밀하게 관측해 보니 막상 주기성이 그리 안정적이지 않다는 사실이었지요. 화이트헤드는 관측 결과의 오차를 무시하고 수식으로 표현해서 과학의 도구로 만드는 것이 수학의 역할이라고 말합니다. 『회남자』와 비교해 보면, 동서양 모두 자연 현상의 주기성에 주목했지만 그것을 대하는 방식은 사뭇 달랐다는 점이 흥미로울 것입니다.

의학 이야기

👤 히포크라테스(Hippocrates, BC 460?~BC 377?)

고대 그리스의 의학자. 오늘날 의사의 대명사로 통하며 '의학의 아버지'라고 불린다. 생전의 삶에 대해서는 정확히 전해지지 않지만, 일생 동안 그리스와 소아시아를 여행하며 의술을 펼쳤다고 한다. 인체는 하나의 유기체이며, 건강이란 신체의 모든 부분이 조화를 이룬 상태라고 보았다. 또한 환자를 대할 때는 충분한 관찰에 근거해서 진단하고 처방하는 것을 중요시했다. 사후에 편찬된 『히포크라테스 전집』이 널리 보급되며 유명해졌는데, 각각의 글에 차이가 많기 때문에 히포크라테스 학파에 속하는 여러 학자의 합작품으로 여겨진다. 『의학 이야기』는 히포크라테스가 썼다고 전해지는 글 중에서 중요한 것을 모은 책이다.

• 이어지는 글은 2장 '공기, 물, 장소에 대하여'에서 골랐다.

현대 의학의 관점에서 볼 때 히포크라테스의 주장에는 틀린 점도 많습니다. 하지만 자연 환경과 생활 습관이 사람의 건강에 영향을 끼친다는 관점은 지금 봐도 고개가 끄덕여지지요. 이 글을 읽고 의학의 본질과 의사의 자세에 대해 곰곰이 생각해 봅시다.

공기, 물, 장소에 대하여

제1절

올바른 생각으로 의학에 몸담으려는 사람은 먼저 사계절이 어떻게 인간에게 영향을 미치는지를 생각해야 한다. 왜냐하면 계절에는 각각의 특성이 있으며, 같은 계절이라도 환절기에는 온도 차가 매우 심하기 때문이다. 또한 따뜻한 바람과 찬 바람이 있고, 모든 지역에 공통적으로 부는 바람이 있는가 하면 지역에 따라 특이한 바람이 불기도 한다는 데 유의해야 한다. 한편 물의 성질도 고려해야 하는데 물은 맛이나 무게가 달라지면 그 성질도 크게 달라진다.

따라서 의사는 새로운 장소에 도착하면 먼저 바람이 어디서 어떻게 불어오고, 해는 어느 쪽에서 뜨는지 주의 깊게 살펴야 한다. 북쪽에 있는 마을과 남쪽에 있는 마을, 해 뜨는 쪽에 있는 마을과 해지는 쪽에 있는 마을은 결코 성질이 같을 수 없다. 이런 점을 깊이 살핀 후 물이 어떤 상태인지 알아본다. 사람들이 연수*인 연못의 물을 사용하는지, 아니면 높은 산에서 흘러내려 오는 경수를 사용하는지, 혹은 짠물을 사용하는지 알아봐야 한다.

또한 토지에 대해서는 나무가 없어 물이 없는 지역인지, 숲이 무성하여 물이 풍부한 곳인지, 연못이 말랐는지, 지역이 높아 추운 곳인지를 살펴야 한다. 마지막으로 주민의 생활 양식을 살펴야 한다. 그들이 좋아하는 것은 무엇이며 술을 즐기는지, 아침은 먹는지, 노동을 싫어하는지, 아니면 노동과 운동을 좋아하며 많이 먹고 마시는지에 대해 관심을 기울여야 한다. (…)

제7절

지금까지는 건강에 이로운 바람과 해로운 바람에 대해 이야기했다. 그렇다면 물은 건강에 어떠한 영향을 미칠까? 질병을 일으키는 물과 건강에 대단히 좋은 물이 있다. 어떤 물이 건강에 좋으며, 어떤 물이 나쁠까? 또한 그 해로움과 이로움은 어느 정도일까?

물이 건강에 미치는 영향은 대단히 크다. 연못에 고여 있는 물은 흘러 나가지 않기 때문에 여름에는 뜨겁고 끈적거려 냄새를 풍긴

● 칼슘이나 마그슘 같은 미네랄 이온이 들어 있지 않은 물. 미네랄 이온이 많이 함유된 물은 '경수'라고 한다.

다. 비가 와서 새로운 물로 채워져도 태양열로 인해 색깔이 나빠지고 건강에 유해한 담즙상(누런 색깔)이 되며, 겨울에는 얼음과 눈과 서리 때문에 혼탁해진다. 따라서 이런 물을 마시고 사는 사람은 계속해서 점액 분비가 촉진되고 쉰 목소리를 내기 쉽다. 비장*이 대단히 커지고 복부가 가득 찬 상태가 되며, 위장은 딱딱해지고, 위액이 묽어지며 열이 난다. 양어깨와 쇄골과 얼굴이 마른다. 비장에 근육이 녹아들어 쇠약해지기 때문이다. 이러한 사람들은 많이 먹고 목구멍이 건조해진다. 장은 위나 아래 모두 마르고 열이 있기 때문에 강력한 약을 필요로 한다. 일 년 내내 병이 이어지고 수종**이 많이 발생해서 생명에도 영향을 미친다.

여름에는 이질, 설사, 오래 계속되는 사일열(이틀씩 걸러서 열이 나는 말라리아의 일종)이 발생한다. 이런 질병이 오랫동안 이어지면 몸이 부어 사망에 이른다. 겨울철에 젊은 사람은 폐렴이나 정신 이상 같은 질병에 걸리고, 노인층은 장이 굳어 있어 심한 열병에 시달린다. 여성은 부종이 생기거나 다리가 붓고 하얗게 되는 백고종이라는 질병에 걸리고, 임신이 잘 안 되며 분만도 어려워진다. 또한 분만기가 되면 자궁을 둘러싸고 있는 것들이 소실되는 경우가 있는데, 이는 수종이 있는 사람의 자궁이 부어 나타나는 현상이다. 아기가 태어나도 몸이 쇠약하여 병에 잘 걸리고 키우기 어렵다. 산후에

● 척추동물의 림프 계통 기관으로 위의 왼쪽이나 뒤쪽에 있으며 오래된 적혈구나 혈소판을 파괴하고 림프구를 만들어 낸다. '지라'라고도 한다.
●● 신체의 조직 등에 림프액이나 장액 따위가 많이 괴어 몸이 붓는 병.

는 나쁜 분비물이 나오고 태어난 아이에게는 탈장이 발생할 위험이 크다. 남성은 혈관이 팽창하여 정맥류(정맥에 혈액이 차 있어 주머니처럼 굵어진 것)가 생기거나 장딴지에 궤양이 생긴다. 따라서 이러한 체질인 사람은 장수하기 어렵고 빨리 늙는다.

연못에 고여 있는 물에는 앞서 말한 것과 같은 유해성이 있다. 다음으로 유해한 물은 그 근원이 바위인 물이다. 이런 물은 경수이며 뜨겁고 철, 동, 은, 금, 유황, 백반 등을 함유하고 있다. 이들 물질은 열에 의하여 생긴다. 물에도 열이 있어 마시면 소변으로 배설되기 어렵고 배변을 방해한다.

제일 좋은 물은 높은 곳이나 구릉에서 흘러나오는 물이다. 이런 물은 투명하고 맛이 감미로우며, 물의 근원이 깊은 곳에 있기 때문에 여름에는 시원하고 겨울에는 따뜻하다. 내가 더욱 권하고 싶은 물은 해가 뜨는 방향, 특히 여름철에 해가 뜨는 방향과 같은 방향으로 흐르는 물이다. 이런 물은 연수로서 좀 더 맑고 맛이 있다. 반면 짜고, 시고, 거친 경수는 마시는 데 적합하지 않다. 이런 물을 마시면 건강에 유해하여 체질이 바뀌고 병에 걸리기 쉽다.

흐르는 방향에 따라 좋은 물과 나쁜 물을 구분하면 다음과 같다. 가장 좋은 물은 수원이 해가 뜨는 방향에 있는 것이다. 두 번째로 좋은 물은 해가 뜨는 방향과 지는 방향의 중간에 있는 것이고, 세 번째는 여름과 겨울에 해가 저무는 방향의 중간에 있는 것이다. 가장 좋지 않은 물은 남쪽을 향한 물과 겨울철 해가 뜨고 지는 방향의 중간에 있는 것이다. 또한 이 물은 남풍이 불 때는 더욱 해롭고 북풍일 때는 좀 낫다.

건강한 사람은 가리지 않고 가까이 있는 어떤 물을 마셔도 괜찮으나, 병약하기 때문에 건강에 좋은 물을 마시고자 하는 사람은 다음과 같이 하면 건강에 좀 더 이롭다. 먼저 장이 딱딱하고 열이 나기 쉬운 사람은 좀 더 달고 연수이며 맑은 물이 효과적이다. 잘 끓고 용해되기 쉬운 물은 장을 이완시키기 때문이다. 내장이 연해서 수분이 있고 점액이 많은 사람에게는 경수이고, 거칠고, 짜고, 잘 끓지 않으며 신맛이 있는 물이 효과적이다. 이런 물은 장을 수축시키고 건조시키기 때문이다. 사람들은 경험한 적이 없기 때문에 짜고 신맛이 나는 물을 싫어하며 그것이 설사를 일으킨다고 생각하지만, 사실 이런 물은 설사를 멎게 한다. 거칠고 잘 끓지 않아서 장이 이 물에 의해 이완될 듯하지만 반대로 수축되기 때문이다.

제8절

이번에는 빗물과 눈이 녹은 물의 차이점을 생각해 보자. 빗물은 아주 연하고 감미로우며 맑다. 햇빛이 물에 있는 엷고 가벼운 부분을 증발시키기 때문이다. 소금물을 만들 때를 생각하면 그 이유를 분명히 알 수 있다. 소금물은 농축되어 있고 무겁기 때문에 남아서 소금이 되고, 좀 더 가벼운 물은 태양이 빼앗아 간다. 태양은 이러한 물을 연못뿐 아니라 바다나 그 외에 물이 있는 곳에서 증발시킨다.

수분은 강, 연못, 바다뿐만 아니라 모든 물체에 고루 존재한다. 그래서 태양은 사람 몸에서도 아주 적긴 하지만 수분을 빼앗아 간다. 우리가 햇빛이 내리쬐는 곳에서 걷거나 앉아 있을 때, 우리 피부에서는 땀이 나며 태양이 땀을 빼앗아 간다. 그러나 옷이나 다른 것으로 가려진 부분의 땀은 없어지지 않는다. 땀이 태양에 의해 피부에서 솟아나지만 옷으로 감싸인 부분의 땀은 햇빛으로부터 차단되어 소실되지 않는 것이다.

여러 가지 물 중에서 빗물은 더 빨리 부패하여 냄새를 풍긴다. 빗물은 한꺼번에 많은 양이 모여 다른 것과 섞이기 때문에 빨리 부패하는 것이다. 이때 태양이 빼앗은 수분이 높이 올라가 대기에 흡수되면, 그 검은 불순물은 분리되어 안개나 이슬이 되고 좀 더 맑고 가벼운 부분만 남게 된다. 이 부분이 태양에 의해 끓여지기 때문에 감미로운 맛이 나게 된다.

그 외의 것은 흩어지고 모이는 사이에 더 높은 상공으로 운반되어 한곳에 구름으로 압축되어 있다가, 반대쪽에서 불어오는 바람과 갑자기 충돌하여 응축된 부분이 돌연히 파열된다. 이 현상은 멈추지 않는 바람에 의해 구름이 계속해서 움직이다가 갑자기 반대 방향으로 부는 바람이나 구름을 만나게 되면 발생한다. 이때 앞쪽은 압축되지만 뒤쪽은 계속 진동하다가 더욱 두껍고 시커멓게 되어 한곳에 압축되는데, 결국 그 무게 때문에 파열되어 비가 내린다. 이 물은 당연히 좋은 물이다. 그러나 끓여서 더러운 부분을 제거해

⚭ 페르시아의 군주 아르타크세르크세스 1세의 선물을 거절하는 히포크라테스. 전해져 오는 일화에 따르면 히포크라테스는 적국인 페르시아를 위해 일할 수 없다며 부와 명성을 약속한 왕의 제안을 거부했다고 한다. 이 그림은 18세기 프랑스의 화가 안루이 지로데트리오종의 작품이다.

야 한다. 그러지 않으면 악취가 나서 이 물을 마신 사람은 목구멍이 아프거나 목이 쉬거나 기침을 하게 된다.

눈이나 얼음에서 얻은 물은 모두 해롭다. 일단 얼음이 얼면 처음의 성질로는 돌아가지 않으며, 혼탁한 앙금이 된 부분만 남은 채 맑고 감미로운 부분은 분리되어 없어지기 때문이다. 이런 물이 왜 나쁜지는 다음과 같은 실험으로 분명히 알 수 있다. 겨울에 물을 그릇에 담아 잘 얼도록 밖에 놓아두었다가 다음 날 얼음이 녹을 수 있는 따뜻한 곳으로 옮긴다. 녹은 물의 양을 측정해 보면 확실히 양이 줄어들어 있다. 이것은 물이 얼 때 가볍고 희석된 부분은 말라 없어지고 무거운 부분만 남았다는 증거이다. 그래서 눈이나 얼음, 그리고 얼었다 녹은 물이 해로운 것이다.

제9절

고여 있는 큰 호수가 근원인 강물이나 여러 곳에서 흘러온 물이 모여드는 연못의 물, 또는 먼 곳에서 운반되어 온 물을 마시는 사람들은 결석,* 신장병, 요실금,** 궁둥뼈 신경통에 걸리거나 탈장을 일으키기 쉽다. 이곳저곳에 있는 물은 서로 비슷해 보이지만, 사실 어떤 물은 감미롭고, 어떤 물은 소금기나 백반을 함유하고 있고, 또 어떤 물은 온천에서 흘러나오기도 하기 때문이다. 그래서 이런

---

* 몸 안의 장기에 생기는 돌처럼 단단한 물질. 치아, 기관지, 침샘 등에 흔히 생기고 특히 쓸개와 콩팥에 생기면 건강에 큰 영향을 미친다.
** 뜻하지 않게 오줌이 저절로 나오는 증상.

물들이 한곳에 모여 섞일 때 물은 어떤 한 가지 강한 특성을 띠게 된다.

하지만 이런 특성은 변치 않는 것이 아니고 그때그때 부는 바람에 따라 달라진다. 북풍이 강할 때와 남풍이 강할 때의 물의 특성이 다르다. 이런 물을 그릇에 담아 두면 먼지나 흙이 가라앉는데, 이 물을 마시면 앞서 말한 질병에 걸린다. 그러나 모든 사람이 이런 질병에 걸리는 것은 아니며 그 이유에 대해서는 다음에 소개하겠다.

장이 부드럽고 건강하며, 방광에 열이 없고 방광의 출구가 그렇게 좁지 않은 사람은 편하게 소변을 볼 수 있어 방광 속에 아무것도 남지 않는다. 그러나 장에 열이 있는 사람은 방광에도 열이 있다. 방광의 열이 비정상적으로 높으면 그 출구에 염증이 생긴다. 염증이 발생하면 소변이 잘 나오지 않고 방광 속이 더욱 뜨거워진다. 그래서 좀 더 희석된 소변이 분리되어 맑은 소변으로 배설된다. 그리고 농축된 혼탁한 부분은 응집되어 고체가 되는데 처음에는 작지만 점점 커진다. 즉 고체가 소변에 의해 움직이는 동안 고형물을 만드는 물질과 결합해서 크고 딱딱해지는 것이다. 그래서 고체인 이 돌은 소변을 볼 때 방광의 출구를 눌러 배변을 어렵게 하고 심한 통증을 유발한다.

결석이 있는 사람은 치부가 눌리거나 당기는 느낌을 받는다. 소변을 볼 때 이 부위에 돌이 있는 것처럼 느껴지기 때문이다. 결국 결석 환자의 방광에는 더욱 농축되고 혼탁한 부분이 남아서 응고

되고, 좀 더 맑은 소변이 계속해서 배설된다. 결석은 대부분 이렇게 해서 생긴다.

한편 젖 때문에 유아에게 결석이 생기기도 한다. 모유는 건강에 좋지만 오줌을 뜨겁게 하여 결석을 만들기도 한다. 그래서 나는 유아에게는 젖에 포도주를 약간 타서 주는 것이 좋다고 생각하는데, 이는 혈관이 뜨겁고 건조해지는 것을 예방하기 때문이다.

또한 남자아이와 여자아이는 결석을 일으키는 정도가 다르다. 여자아이 쪽이 훨씬 덜하다. 여자아이는 방광에 있는 요도가 짧고 넓어서 소변을 쉽게 밀어내기 때문에 남자아이처럼 요도가 눌리거나 당겨지지 않는다. 여성의 요도가 열리는 부분은 치부에 드러나 있지만 남성은 드러나 있지 않고 요도도 그렇게 넓지 않다. 또 여자아이가 남자아이보다 물을 많이 마시는 것도 한 가지 이유이다.

— 히포크라테스 『의학 이야기』(윤임중 옮김, 서해문집 1998)

기측체의

👤 **최한기**(崔漢綺, 1803~1877)

조선 후기의 학자. 실학사상을 계승했으며, 서양 문물을 받아들여 근대화를 이뤄야 한다고 주장한 개화사상의 선구자다. 서양 세력의 진출로 중국 중심의 질서가 깨져 가던 시기에 시대의 변화를 예민하게 받아들이고 새로운 길을 탐색했다. 서양의 근대 과학 기술을 적극적으로 받아들였고, 도교와 불교, 성리학을 비판하면서 기의 움직임과 소통을 통해 변화를 추구하는 새로운 학문인 '기학'을 제창했다. 『기측체의』는 자신의 다른 저서인 『신기통』과 『추측록』을 합친 것으로 유학 사상을 실증적이고 과학적인 방법으로 분석했다.

• 이어지는 글은 『신기통 제2권』 중 '목통'에서 골라 실었다.

최한기는 서양 과학을 받아들여 눈의 구조와 원리를 설명하지만, 그 바탕에는 동양 사상의 핵심 개념인 '기'가 자리하고 있습니다. '신기'와 눈의 관계에 집중하며 이 글을 읽고, 동양에서 인체를 바라보는 관점에 대해 정리해 봅시다.

목통(目通)

물체와 빛깔이 눈동자에 비친다

눈은 한 몸의 들창*이요 눈동자는 들창에 있는 볼록 거울이다. 밖에 있는 모든 빛깔과 형체가 나타나는 대로 눈동자에 와 비친다. 마치 복판이 볼록한 둥근 거울이 능히 물체의 모양을 거두어 모으듯이 큰 것을 비추어 작게 만들므로, 비록 큰 산악이라도 하나의 점인 눈동자에 거두어 모으며, 산이나 뫼·풀·나무·바위·돌까지도 이리저리 눈을 굴려 찾으면 보지 못하는 것이 없다. 사람의 모양을 대할 때 머리·허리·손·발·귀·눈·입·코에서 눈썹·머리털 같은 섬세한 것도 이리저리 굴려 자세히 살피면 모두 눈동자에 갖춰 보인다. 머

* 들어서 여는 창.

리를 들어 하늘을 보면 창창하게 쌓인 기(氣)와 떠도는 조각구름, 밝게 비치는 해와 달과 별들이 모두 눈동자에 들어온다.

그렇다면 물체가 보이는 것은 눈의 힘이 물체를 비추는 것이 아니라, 물체의 모양과 빛깔이 눈동자에 와서 비치는 것이다. 그러므로 눈동자가 맑으면 비치는 것이 다 맑고, 눈동자가 흐리면 비치는 것이 다 흐리다. 그러나 안에 있으면서 전후의 경험과 이해를 추측하는 것은 곧 한 몸의 신기(神氣)가 통해서이다. 신기와 눈동자는 하나의 기인지라, 이것이 능히 통하면 눈동자에 있는 물형*이 곧 신기의 물형이며, 신기의 물형이 곧 눈동자의 물형이다. 신기의 물형은 깊이 새겨져서 오래되어도 잊히지 않고, 눈동자의 물형은 얕게 새겨져서 지나자마자 곧 잊어버린다. 아무리 자주 와서 비친 물체라도 신기가 통하지 않으면 비치는 대로 곧 잊힌다. (…)

보이는 지름은 실제 지름보다 짧다

거울이 물체를 비추는 것은 눈이 물체를 비추는 것에 비유할 수 있다. 무릇 오목 거울을 눈에 가까이 하면 작은 영상을 넓혀서 크게 만들어 주며, 볼록 거울을 눈에 가까이 하면 큰 영상을 줄여서 작게 만든다.

사람의 눈 모양이 공처럼 둥글고 눈동자 역시 비록 작지만 공처럼 둥근 모양이기 때문에, 와서 비치는 물체의 형상은 모두 실제보

● 물건의 생김새.

다는 작게 마련이다. 가까이 있는 물체는 크기의 차이가 적으나, 멀어질수록 그 차이는 차츰 커진다. 이러한 이치는 경험도 있고 증거도 있어 실로 명백한데, 혹시 이러한 이치를 옛사람이 논한 적이 있었는가.

역산가˙가 멀거나 가까운 물체의 크기를 논할 적에, 눈을 가지고 각도를 만들어 가까이 있는 물체의 양쪽 끝과 선을 긋고, 또 멀리 있는 물체의 양쪽 끝과 선을 그어 각각의 각도를 만들면, 멀리 있는 물체는 크기가 커도 각도가 작아 형체 또한 작아 보이며 가까이 있는 물체는 크기가 작아도 각도가 커서 형체 또한 크게 보인다. 이 이치는 밖에 있는 물체에 있어서는 명백히 증명할 수 있지만, 눈으로 볼 때 차이가 미세한 경우에는 부득이 그 근본을 바루지 않을 수 없다. 대개 시선을 표(表)에 의하여 한쪽 끝에 두면 그다지 큰 차이는 없겠지만, 만약 표에 의하여 양쪽의 끝에 두면 보이는 지름은 실제의 지름보다 반드시 짧다.

모름지기 자로써 실험하여 10보 밖에 있는 물체의 보이는 지름이 실제 지름보다 몇 치 몇 푼 짧으며, 20보 밖에 있는 물체는 실제 지름보다 몇 치 몇 푼 짧게 보이는지 조사해서 일정한 비율을 만들면, 멀리 혹은 가까이 있는 물체의 보이는 지름과 실제 지름을 추측할 수 있다.

● 책력과 산술에 관한 학문을 하는 사람. 책력이란 해와 달의 운행이나 월식과 일식, 기상 변동 등에 대한 기록을 말한다.

또 눈동자의 모양은 볼록하게 둥글든 편편하게 둥글든 사람에 따라 구분이 있어 같지 않으며, 또 때에 따라 물체와의 사이에 있는 기의 뒤섞임과 흔들림이 다르니 여러 번 헤아리고 자세히 살펴야만 오류를 피할 것이다.

눈동자는 내외를 출입하는 관문이다

한 방 안에 틈이 없게 장막을 빙 둘러치고, 오직 창에 작은 구멍 하나만 뚫어 유리 눈을 붙이면, 밖으로부터 나타나는 초목과 새와 짐승이 모두 방 안으로 비치는데, 그 지나가는 햇무리*와 그림자에 의해 실내의 기가 온통 움직인다. 이것으로 미루어 보면 눈 안에 나타나는 빛은 능히 한 몸의 신기가 따라서 응하게 하여 모두 움직이게 한다는 것을 알 수 있다. 그러나 간혹 신기가 대수롭지 않게 여겨 조금 응하거나 전혀 망매하여** 응하지 않기도 하는 것은 나타난 빛에 대한 경험 때문이다. 그 선과 악, 이로움과 해로움을 알게 된다면, 비록 그 낌새가 순간적으로 나타나더라도 선하며 이롭다는 것을 알아 신기가 기꺼이 움직이고, 악하며 해롭다는 것을 알아 신기가 놀라 움직이며, 선악도 이로움과 해로움도 없음을 알아 신기가 아득하게 응하여 움직이지 않기도 한다. 이것이 바로 눈동자가 영상과 빛깔을 출입하게 하는 관문과 같은 목구멍이 되는 까닭이

● 햇빛이 대기 속의 수증기에 비쳐서 해의 둘레에 나타나는 빛깔 있는 테두리.
●● 경험이 적어 세상 물정에 아주 어둡다.

다. 바깥에 널리 퍼져 있는 형체와 빛을 눈동자로 거두어 안으로 모아들여 온몸의 신기에 두루 배어들게 하고, 또 능히 모든 감각이 얻은 경험을 거두어 모으는 것도 눈동자를 바깥과 통하게 함으로써 온갖 사물과 부합됨을 증명한다. (…)

소견을 가려 세운다

모든 통(通) 중에 안통(眼通)이 가장 넓고 믿을 만하니, 제규제촉*이 증험하는** 것도 보고 난 뒤에야 결정되며, 제규제촉이 미치지 못하는 것도 보고 나면 능히 미친다. 이것은 이미 익숙하게 신기가 눈에 통하여 뚜렷한 표준을 지닌 자의 능력을 가리킨 것이다.

대체로 사람의 눈동자는 그저 색만을 나타낼 수 있을 뿐이나, 오직 눈동자에 신기가 통하여 인정(人情)과 물리(物理)를 안으로 거두어 모으고, 그것을 밖으로 드러내 활용하여 한 가지 일을 증험하기도 하고 두 가지 일을 증험하기도 한다. 증험이 쌓이면 지각에 표준이 생겨서 모든 형체와 빛깔이 눈에 띄자마자 전달되고, 선악과 이로움과 해로움은 지각을 통하지 않고서도 드러나며, 마침내는 보이지 않는 형상을 헤아리거나 거칠고 험한 일을 경륜함***에 이르기까지 간격을 조리 있게 계획하게 되어 환하기가 가슴속에 품은 생각과 같고, 시종의 수미(首尾)를 밝게 살피는 것이 꼭 눈앞에서 대

• 인체에 있는 여러 감각 기관과 그 기능.
•• 실지로 사실을 경험하다. 또는 증거로 삼을 만한 경험을 하다.
••• 일정한 포부를 품고 일을 조직적으로 계획하는 것.

하는 듯하게 된다. 이것을 일러 견(見)이라 하니, 곧 식견이다 의견이다 하는 것이다.

견이란 눈동자가 물체를 비추는 데서 비롯하며, 헤아려 재는 표준이 형성되는 것이다. 그러나 안팎을 출입할 때 항상 인정과 물리를 떠나지 않는다면 견이 어긋나거나 잘못되지 않지만, 조금만 꼼꼼하지 않고 거친 점이 있어도 견이 어긋나고 잘못되기 쉽다.

무릇 천하에 도를 구하는 사람의 옳음과 옳지 못함, 성실함과 불성실함은 오직 소견을 얻어 확립하느냐에 달려 있다. 한 사람의 소견을 좇아 세운 것이 두 사람을 통해 세운 소견만 못하고, 두 사람을 통해 얻어 세운 소견은 백 사람을 통하고 천 사람을 통해서 얻어 세운 소견에 미치지 못한다. 따라서 만 사람을 통해 세운 소견과 억조 사람을 통해 세운 소견은 모두 등급이 다르다.

한때의 소견을 좇아서 얻어 세운 것은 일 년이 걸려 얻어 세운 소견만 못하니, 따라서 백 년, 천 년, 만 년이 걸려 세운 소견은 각각 그에 따라 차등이 생긴다. 또 한 고을, 한 나라에서 천하의 온갖 사물에 이르기까지도 각각 그에 따라 통함에 차등이 있으며, 따라서 소견 또한 차등이 있다. 대개 통이 작으면 견도 작아서 스스로는 치우침과 막힘에 빠진 줄 몰라 천하의 온갖 일을 사법(死法)과 사투(死套)˙로 보게 되니, 작게 통하는 것은 또한 통하지 못한 것이 되는 줄

˙ 사법은 실제로 적용되지 않아 효력을 잃은 법률을 이르는 말이고, 사투는 쓸모없어진 어떤 방식을 뜻한다.

어찌 알겠으랴. 만약 통한 것이 넓으면 경험이 골고루 닿아, 방(方)이 없는 가운데 방이 있음을 볼 수 있고, 방이 있는 가운데 방이 없음을 볼 수 있으므로, 드디어 한 사람의 한때의 소견을 가지고 만 사람의 만세의 소견과 화합하며, 또 만 사람의 만세의 소견을 가지고 요령을 한데 모아, 어긋남과 거스름이 없이 우뚝하게 소견을 세우니 이것이 바로 진정한 도리이다. (…)

눈으로 보는 것은 신기에 따라 다르다

나의 눈동자로 남의 눈동자를 관찰하여 그 사람의 선악순박(善惡純駁)과 희소노원(嬉笑怒怨)˙을 알고, 상대 또한 자신의 눈동자로 나의 눈동자를 보아 나의 선악순박과 희소노원의 감정을 아는 것은 피차 마찬가지다.

그 관찰한 바를 가지고 이미 그러한 것과 장차 그러할 것, 성실함과 거짓됨과 얻고 잃음에 이르기까지, 그 얕음과 깊음, 우월함과 열등함의 구분이 있는 것은 신기의 통함이 자연 같지 않기 때문이다.

대개 눈동자가 이 사람을 통하는 것은 지금의 일이지 과거의 일이 아니며, 신기의 습염˙˙은 과거에 있던 것이지 지금 있는 것이 아니다. 그러므로 만약 지난날의 습염에 집착하여 바야흐로 지금 눈앞에 대하는 사물을 능히 변통하지 못한다면 어긋남과 잘못됨을

- 선악순박은 선함, 악함, 순수함, 불순함을 뜻하고, 희소노원은 기쁨, 슬픔, 노여움, 원통함을 뜻한다.
- ● 버릇이 고칠 수 없을 정도로 깊이 몸에 뱀.

어찌 피할 수 있으랴. 신기의 습염은 처음부터 심긴 뿌리와 깊은 근원이 같지 않으니, 심히 흐려진 자취를 거두어 모으면 빠지거나 집착됨이 매우 많아 변통에 방법이 없으며, 깨끗하고 밝은 이치를 쌓아 올리면 기억해 내고 풀기가 아주 쉬워 변통이 매우 넓다. 거두어 모으고 쌓아 올린 것이 없으면 늙도록 생소하지 않은 소견이 없으며, 세상을 마치도록 쓰는 것이 다만 형질•에 본래 갖추고 있는 것일 뿐이다. 만약 허망한 외도에 빠져들면 습염이 모두 허망하다.

이 속에 쌓인 것이 서로 다른 것을 지니고 눈동자로 통하면 소견 역시 좇아서 같지 않으니, 이것이 어찌 눈동자의 허물이겠는가. 신기의 습염이 같지 않음은 타고난 형질에 말미암지만, 그 병통의 근원을 캐어 보면 모두 우주를 능히 통관하지••못하고 자기가 익힌 바를 고집하여 지키기 때문이다. 만약 능히 우주를 통관하고 여러 사람의 현명함과 어리석음과, 얻은 것의 우열을 비교하여, 어느 사람은 깨끗하고 밝은 이치를 쌓았기에 경우에 따라 변통하여 성인도 되거나 현인도 되었으며, 어느 사람은 심하게 흐린 흔적을 거두어 모은 까닭에 이르는 곳마다 집착하여 고루하고 둔하며 고집 세고 기필하는 사람이 되었으며, 누구는 쌓아 모은 것이 전혀 없기 때문에 일을 당해도 멍청하여 어리석고 쓸모없는 사람이 되었으며, 누구는 허망함이 버릇이 되고 그에 물든 탓에 당연한 것을 버리고

● 사물이 생긴 모양과 성질.
●● 전체를 통하여 내다보다. 또는 전체에 걸쳐서 훑어보다.

이상한 것을 좋아해서 색은행괴(索隱行怪)ᵉ하는 사람이 된 것을 환하게 안다면, 어찌 중간이나 아래의 사람이 되기를 즐겨 배우랴.

용감하게 나아가는 법은, 나쁜 풍습과 좋지 않은 버릇을 씻어 버린 뒤 맑고 밝은 세계의 사람으로 변화하여, 정밀한 이치의 드나듦을 눈을 통해서 시험한다면, 눈동자와 신기가 절로 하나가 되어, 어긋나거나 틀어질 근심 없이 서로 응하고 돕는 보탬이 있게 된다.

— 최한기 『국역 기측체의 1』(권영대 외 4인 옮김, 한국고전번역원 1979)

● 매우 후미지고 으슥한 것을 캐내고 괴이한 일을 함.

회남자

👤 **유안**(劉安, BC 179~BC 122)

중국 전한 시대의 사상가이자 문학가. 한나라 초대 황제 고조 유방의 손자다. 아버지 유장이 반역 혐의를 받고 자살한 후, 회남왕으로 봉해졌다. 제후국 왕으로서 지니고 있던 특권과 재력에, 자신의 뛰어난 학문적 재능을 바탕으로 수많은 학자들을 불러 모아 많은 책을 지었다. 『회남자』 역시 유안이 주도하여 여러 학자들이 함께 저술한 철학서로, 형이상학과 우주론부터 국가 정치와 개인의 처세까지 다루고 있다. 한나라 초기의 다양한 사상과 문화, 자연 과학적 지식들을 두루 담고 있어 중국의 대표적인 고전으로 꼽힌다.

• 이어지는 글은 천지의 존재 방식을 설명하는 '천문훈'의 일부이다.

사람들은 으레 동양의 수학과 과학이 서양보다 뒤졌을 것이라고 짐작합니다. 하지만 고대 중국인이 하늘과 땅의 거리를 측정한 방법은 매우 논리적이고 수학적입니다. 이 글을 읽고 고대 중국의 계산법을 현대 수학식으로 표현해 봅시다.

천지 사이에는 음양이라는 두 가지 기가 나뉘어 있다. 양은 음에 의해 생기고 음은 양에 의해 생긴다. 음양의 두 가지 기가 서로 뒤섞이어 사우●가 서로 통하며 두 가지 기의 소장●●에 의해 만물이 생긴다. 살아 있는 모든 것 가운데서 제일 귀한 것은 사람이다. 그런즉 인간의 몸에 갖추어져 있는 구멍과 팔다리와 몸은 모두 하늘에 통해 있다.

하늘에 구중이 있는가 하면 사람에게도 아홉 구멍이 있고 하늘에 사시가 있어서 12월을 제정하는 것처럼 사람에게도 사지가 있어서 12절(節)을 구사하고 있다.●●● 하늘에 열두 달이 있어서 365일을 제

● 사방이나 천하를 비유해 이르는 말.
●● 쇠하여 사라짐과 성하여 자라남.
●●● 구중은 하늘의 아홉 방위를 이르는 말이며, 사람의 아홉 구멍이란 귀·눈·코·입·요도·항문에 있는 구멍들을 말한다. 사시란 사계절을 가리키는 말이고, 12절이란 사람의 팔다리에 각기 3개씩 있는 큰 관절을 통틀어 이르는 말이다.

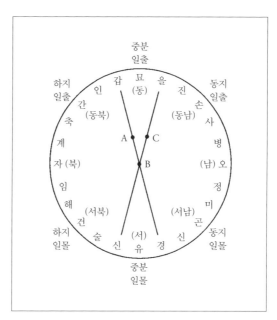

춘분과 추분, 동지와 하지에 해가 뜨고 지는 방향을 전통적인 24방에 표시한 그림.

정하는 것처럼, 사람에게도 십이지가 있어서 360절을 부려 쓰고 있다. 그러므로 일을 함에 있어서 하늘에 순응하지 않을 경우 그 삶에 위배되는 것이다.

동지에서 이듬해 정월 초하루까지 날짜를 세어, 그 사이에 오십 일이 있으면 백성들의 식생활은 넉넉하다. 오십 일이 채 안 될 경우 부족한 하루마다 한 말을 줄인다. 남는 날이 있으면 하루마다 한 되를 늘인다. 이로써 그 해의 풍흉을 점치는 것이다. (…)

정조 및 정석*에 우선 첫 번째 표지(45면 그림의 A)를 동쪽에 세워

* 정조(正朝)는 해가 뜨는 시간, 정석(正夕)은 해가 지는 시간인 것으로 보인다.

둔 뒤 두 번째 표지를 가지고 첫 번째 표지의 뒤쪽서쪽 열 발자국 지점(45면 그림의 B)으로 가서 해가 처음으로 북우(갑)에서 뜨는 것을 관찰한다. 해가 질 때에는 또 다른 표지(45면 그림의 C)를 동쪽에 세우고 서쪽의 표(B)에 의해 해가 북우(신)에 지는 것을 바라보고는 이에 의해 동과 서를 정한다(즉 A·C). 두 표의 중앙과 서쪽의 표(B)로 연결되는 선이 동서의 바른 방향이다.

동짓날에 해는 동남우(손)에서 나와 서남우(곤)로 들어간다. 춘분과 추분에 이르면 해는 동쪽의 가운데(묘)에서 나와 서쪽의 가운데(유)로 들어간다. 하지에는 동북우(간)에서 나와 서북우(건)로 들어간다. 동짓날이나 하짓날에는 정남(正南)에 온다.•

동서남북의 넓이를 알려면 네 가지 표지(47면 그림 (나)의 P·R·S·T)를 가로세로 1리••인 정사각형의 모퉁이에 세우고 춘분이나 추분의 십여 일 전에 북(北, 북측의 2)과 표지(P·R)를 따라, 여명부터 일출까지 관망하고는 (P·R과) 상응하는 때를 살핀다. 상응한 때(춘분 또는 추분)에 해와 두 표지(P·R)는 일직선상에 있다. 그러므로 다음에는 남쪽 표지(S)를 기준으로 관망한 결과(XS)가 전표(PT)를 끊은 길이(YT)를 나눗수로 삼아 표의 동서(RS)를 나누고, (그 몫에) 표의 남북(PR)을 곱하면 이것(R)에서 동과 서에 이르는 거리를 알게 되는 것이다.

• 동짓날은 겨울철 밤이 가장 긴 날, 하짓날은 여름철 낮이 가장 긴 날이다. 춘분과 추분은 봄과 가을에 낮과 밤의 길이가 같은 때이다.
•• 거리의 단위. 1리는 약 0.393킬로미터에 해당한다.

예를 들면 (S에서) 해가 나오는 것을 보고, 전표(PT)를 끊은 길이(YT)가 1촌*이라고 하면 1촌마다 1리의 비율이 된다. 1리는 1만 8천 촌이므로 이 수를 곱하면 이것(R)에서 동쪽(X)까지는 1만 8천 리라고 하는 계산이다.

한편 해가 지는 것(47면 그림 (가)의 X′)을 보고 전표(RS)를 끊은 길이(Y′S)가 반 촌이라 하면 반 촌마다 1리의 비율이 되며, 반 촌으로 1리의 적촌(1만 8천 촌)을 나누면 3만 6천 리를 얻는다. 그러므로 이것(P)에서 서(X′)

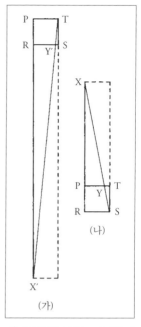

おお 본문에 나오는 거리의 계산법을 옮긴이가 정리한 그림.

까지의 거리는 3만 6천 리이다.** 1만 8천 리와 3만 6천 리를 더한 것이 동서의 거리, 즉 동쪽 끝에서 서쪽 끝에 이르는 길이이다.

아직 춘분이 안 되었는데도 (예컨대 1월에) (해와 PR이) 일직선으로 보이고 추분이 되었건만 일직선이 안 되면 (예컨대 추분이 지난 9월에 일직선이 된다면) 이곳은 (정중앙에서) 남쪽으로 치우친 것이다. 아직 추분이 안 되었는데 (예컨대 7월에) 일직선으로 보이고 춘분이 되었

• 길이의 단위로 '치'라고도 한다. 1촌은 약 3.03센티미터에 해당한다.
•• 삼각형 XRS와 삼각형 STY, 그리고 삼각형 X′TP와 TY′S는 서로 닮은꼴이다. 이 글에서는 닮은꼴 도형의 비율을 이용하여 YT를 통해 RX를, Y′S를 통해 PX′를 구했다.

는데도 일직선이 되지 않는다면 (예컨대 춘분을 지난 3월에 일직선이 되었다면) 이곳은 북쪽으로 치우친 것이다.

춘분과 추분의 날에 일직선이 되면 이곳은 남북의 중앙과 동서를 연결하는 선 위에 있는 것이다. 남북의 중앙에서 정면의 위를 알고자 할 경우, 아직 추분이 아닌데도 (해와 PR이) 일직선이 안 되면(추분의 해와 일직선이 되면), 남북을 잇는 선의 중심에 있는 것이다.

남북의 중심에서 남쪽 끝과 북쪽 끝에 이르는 거리를 알려면, 서남의 표지(S)에서 해를 관망한다. 하짓날 처음으로 뜬 해가 북쪽 표지(PR)와 (P에서) 교차되면 동쪽의 표지(RX)와 동북의 표지가 같게 되며, 정동(正東)은 1만 8천 리이므로 중심(S)에서 북쪽 끝까지의 거리 또한 1만 8천 리이다. 이것을 두 배하면 남북의 거리가 된다.

가운뎃점에서의 수(數)에 의하지 않는 경우에는 전표(PT)를 끊은 길이를 이것에 더하거나 뺀다. 즉 전표의 안을 끊은 길이가 1촌이라 하고 1촌마다 해와의 거리는 1리를 뺀다. 또 표의 밖을 끊은 길이가 1촌이라 하고 1촌마다 해와의 거리는 1리를 더한다.

하늘의 높이를 알기 위해서는 높이가 1장•인 표지를 정남북 방향으로 1천 리의 간격을 두고 세운 다음, 같은 날에 그 그림자를 잰다. 북쪽 표지의 그림자가 2척, 남쪽 표지의 그림자가 1척 9촌이라면, 남쪽으로 1천 리를 갈수록 그림자는 1촌씩 짧아지는 것이다. 남쪽으로 2만 리를 간 지점에서 그림자가 없어지는데, 이곳이 곧 해의

• 길이의 단위. 1장은 1척의 열 배로 약 3미터에 해당한다.

바로 아래에 해당하는 지점이다.

그림자가 2척이고 높이가 1장(10척)이라면 그 비율은 그림자 1에 높이 5이다. 그러므로 이곳에서 남쪽으로 해의 바로 아래에 해당하는 거리 2만 리를 놓고, 이것에 5배를 하면 10만 리이다. 이것이 하늘의 높이다. 그림자와 표지의 길이가 똑같다면, 하늘의 높이와 해의 바로 아래 지점에 이르는 거리는 똑같다.

— 유안 『회남자: 상』(안길환 편역, 명문당 2013)

수학이란 무엇인가

👤 앨프리드 노스 화이트헤드(Alfred North Whitehead, 1861~1947)

영국의 철학자 겸 수학자. 영국 케임브리지 대학에서 오랫동안 수학과 물리학을 연구하고 가르치다가, 63세에 미국으로 건너간 뒤 하버드 대학에서 십 년 넘게 철학을 가르쳤다. 20세기를 대표하는 철학자 중 한 명으로, 과학에 대한 냉철한 인식을 바탕으로 독자적인 형이상학 체계를 만들었다. 다양한 분야에서 많은 책을 집필했는데, 『수학이란 무엇인가』는 대중을 위해 쓴 수학 교양서이다. 수학의 근원, 수의 의미, 기호화 등을 쉽게 설명하며 수학의 매력을 알려 준다. 지은 책으로 『이성의 기능』 『과정과 실재』 등이 있다.

• 이어지는 글은 12장 '자연의 주기성'에서 골랐다.

일 년은 365일, 하루는 24시간. 옛사람들은 자연 현상에서 주기적으로 반복되는 규칙을 발견하여 이런 기준을 만들었습니다. 이 글을 읽으며 자연 현상을 해석하는 과정에서 수학의 역할은 무엇인지 찾아봅시다.

자연의 주기성

자연 생태계는 주기적으로 일어나는 일련의 사건들에 의해서, 즉 아예 동일한 사건의 반복이라 말해도 괜찮을 만큼 너무나 흡사한 사건들이 존재하기에 질서 있게 보인다. 지구의 자전은 끊임없이 이어지는 나날들을 만들어 낸다. 그날그날은 분명 그 전날과 다르지만, 우리는 한 날(하루)의 의미를 편의상 추상적으로 정의하여 거기에 담긴 개별성과 우연성을 어느 정도 배제하고 있다. 그러나 한 날에 대한 추상적 정의가 철저한 상태에서는, 임의의 두 날 사이에는 내용상 차이가 전혀 없게 되며 하루하루 살아가면서 겪는 구체적 현상과는 상관없어진다. 즉 하루란 반복되는 지구 자전의 1회일 뿐이다. 그리고 태양의 주위를 도는 지구의 공전 궤도 또한 해마다

계절이 반복되게 하며, 자연계에 또 다른 중요한 주기성을 부여한다. 다소 덜 근본적이지만 또 다른 한 가지 주기성은 달의 위상*에 의해 부여된다. 근대 이후 문명화된 세계에서는 조명 기술이 발달하여 달의 위상이 지닌 중요성이 많이 옅어졌지만, 고대에는 사람들이 달빛에 많이 의지하고 살았다. 따라서 거의 모든 국가에서 달의 위상에 따르는 독자적 책력 체계가 발견되었다. 특히 주와 월로 나누는 체계는 시리아와 메소포타미아에서 시작되어 그들의 종교와 더불어 유럽 전역으로 퍼져 나갔다. 하지만 달의 주기성이 실질적으로 지구의 역사에 영향을 끼친 것은 달빛의 밝기의 위상을 통해서가 아니고, 주로 조류**를 통해서이다.

우리 신체의 생리 작용도 주기성을 띤다. 그것은 반복되는 심장 박동과 호흡이 관장한다. 또한 일상생활의 여러 면에서도 주기성은 기본 전제로 받아들여진다. 어떤 사건이라도 그것이 진행되는 중에 "이는 전에도 발생한 적이 있다."라고 말할 수 없는 부분을 찾기란 어렵다. 만일 세계 안에서 일어나는 경험을 축적하는 데 지침이 될 개념이 없다면, 사람들이 새로운 상황에 처할 때마다 동일성의 원형으로 삼을 무언가를 자신의 과거에서 찾을 수 없다면, 그리고 시간을 측정하는 수단이 없어 양적 관념이 없어진다면. 사건들이란 그저 앞서거나 뒤서거나 하며 발생하는, 시점만 다른 막연한

• 달이 초승달, 반달, 보름달 등으로 관측되는 모습이 변하는 것을 말한다.
•• 밀물과 썰물 때문에 일어나는 바닷물의 흐름. 달의 인력이 주된 원인이다.

현상쯤으로 이해될 것이다. 그러나 지금 우리는 이런 소박한 이해의 수준은 넘어서고자 한다. 세 사건 A, B, C가 순서대로 발생했을 때, 우리는 A가 B 전에 발생했고 B는 C 전에 발생했다고 말할 수 있다. 또한 A와 B 사이의 시간은 B와 C 사이의 시간의 두 배라는 식의 진술도 가능하다. 이때 시간의 양이란 (간격 중에) 개입된 자연적 사건이 몇 번 반복되었는지 관측함으로써 결정된다. 따라서 A와 B 사이 시간의 길이는 며칠, 몇 달 또는 몇 년 등 우리가 나타내고자 하는 반복되는 사건의 형태에 따라 다양하게 표현된다. 사실 문명의 초기에는 이들 시간을 측정하는 세 양태•가 서로 개별적이었다. 그리고 이들을 일관성 있는 단일한 측정 체계로 융합하는 작업은 문명국가나 문명화를 꾀하는 국가에 우선시되는 과학 임무였다. 이 임무의 전말은 우리가 꼭 짚어 보고 넘어가야 할 사안이다. 단순하게 어떤 한 해의 일수가 몇인지(이를테면 365.25……) 결정하는 일뿐만 아니라, (그 선행 작업으로) 계속 이어지는 해마다 일수가 동일한지 먼저 살펴봐야 한다. 세계 속에는 다양한 주기성이 존재하되 그 어떤 두 가지도 서로 정합되지 않는다고 볼 수 있다. 어떤 해는 200일이고 다른 해는 350일이 되는, 그런 가능성도 배제할 수 없다. 따라서 비중이 더 큰 주기들이 보편성을 보이며 일치하는지 판정하는 일은 자연 과학의 일차적 단계에 속한다. 이런 일치성은 직관적인 사유로 밝힐 수 있는 영역이 아니다. 그것은 단지 경험에 바

• 사물이 존재하는 모양이나 형편.

탕하여 관측된 자연적 사실일 뿐이다. 이를 필연적인 무언가로 보는 한 그것은 결코 정확하게 옳은 것이 될 수 없다. 주기성은 불일치하는 요소를 내포하기 마련이다. 어떤 경우에는 이 일치하지 않는 사실들이 쉽게 확인되어 금방 명백히 밝혀진다. 그러나 어떤 경우에는 일치하지 않는 사실이 명백해지기까지 극도로 세련된 관측과 천문학적인 정확도가 필요하다. 포괄적으로 말하자면, 심장의 박동처럼 생명체에서 유래하는 반복성은 다른 형태의 반복성에 비해 아주 빠른 진동을 보인다. 그리고 대단히 안정되고 명확한 반복성—이때의 안정성은 고도의 정확성과도 서로 일치함—은 거시적 규모의 지구 운동이나 천체의 운동에서 볼 수 있다.

그러므로 우리는 천문학적 반복성이 동일한 시간 간격을 차지한다고 상정하게 된다. 하지만 극도로 세련된 천문학상의 관측에서 검출해 낸 불일치는 어떻게 처리해야 할까? 얼핏 생각하기에는 주기성을 보이는 현상들 중에서 어떤 한 가지가 동일한 시간을 차지한다고(예컨대 모든 날 또는 모든 해는 길이가 같다고) 가정해 둘 뿐, 달리 방도가 없어 보인다. 그러나 그렇지 않다. 물론 어떤 식으로든 가정은 반드시 있어야 하지만, 천문학자가 시간의 표준 길이를 결정하는 과정의 전반에는 '운동 법칙은 정확하게 증명된다.'는 가정이 깔려 있다. 이에 대한 설명을 하기에 앞서, 시간의 표준 길이를 결정하는 일이 이처럼 천문학자에게 넘겨진 유래에 주목해야 한다. 그들이 다루는 반복성은 다른 무엇보다 상대적으로 안정된 일치성을 보이기 때문이다. 만일 여러 가지 주기적 사건들 중 인간 신체의 일부 특성에서 이처럼 탁월한 일치성이 보인다고 확인되었다면, 우리는 시계를 조정하기 위해서도 의사를 찾아가야 마땅하다.

어떻게 자연의 주기성과 결부된 시간의 표준 길이를 결정하는 문제와 운동 법칙이 연관되는지 보자면, 우선 시간을 측정할 때 기준이 되는 반복적인 양태 두 가지가 서로 일관되게 정합하지 않으면 (즉 일정성을 유지하여 항상 일치하지 않으면) 동일한 물체의 속도가 여러 가지로 나타난다는 점을 명심해야 한다. 예를 들어 우리가 한 시간을 하루의 $\frac{1}{24}$로 정의한다고 하자. 그리고 기차가 시속 20마일로 두 시간 동안 등속 운동하는 경우를 보자. 이때 기간의 길이를 측정해 본 결과 극단적으로 일치하지 않았는데, 처음 한 시간이 나중 한 시간의 두 배였다고 하자. 그러면 이 같은 시간 측정법에 따라 기차가 달린 기간은 두 부분으로 나뉘는데, 각 부분은 모두 기차가 동일한 거리, 즉 20마일을 이동한 기간이다. 그러나 처음 경과 기간은 나중 기간의 두 배이다. 그렇다면 기차는 등속을 띠지 않고, 평균해서 볼 때 후반 기간의 속도가 전반 기간의 속도보다 두 배 빠르다고 볼 수 있다. 따라서 기차가 등속으로 운동했는지에 관한 물음은 전적으로 우리가 채택하는 시간의 기준이 무엇이냐에 달려 있다.[•]

한편 지구 상에서 볼 수 있는 사소한 일상 수준으로 제한한다면,

[•] 불일치를 보이는 시간 체계에 기준을 둔다면 등속 운동을 한 것이고, 순수한 기간의 길이에 기준을 둔다면 등속 운동이 아닌 셈이다.

다양한 천문학적 반복성은 절대적인 일치성을 보이는 것처럼 여겨질 수도 있다. 더구나 절대적인 일치성을 상정한다면, 또 그로부터 물체들의 속도와 그 속도의 변화까지 상정한다면, 우리는 앞서 언급한 바 있는 운동 법칙들이 거의 정확히 입증된다는 것을 알 수 있다. 그런데 이때 어떤 천문학적 현상을 직접 연관시키면 운동 법칙들은 단지 근사적으로 정확할 따름이다. 그렇지만 행성과 항성•의 회전과 운동 속도를 약간 수정해 상정하면 우리는 운동 법칙들이 그야말로 정확하게 입증됨을 깨닫게 된다. 그러고 나면 수정된 내용을 채택하게 된다. 이때 시간의 표준 길이가 채택되는데, 사실상 천문학적 상상을 바탕으로 정의된 것이기는 해도 어떤 일률성이나 천문학적 현상들 중 무언가와 일치시키기 위한 것은 아니다. 그럴지라도 일반적으로 시간의 일률적 흐름은 모든 자연 현상의 근거로 여겨지며, 그 일률성 자체가 다시 주기적 사건의 관측에 의존한다는 거시적 사실이 여전히 남는다.

표면적으로는 우발적이고 반복성에서 예외인 것으로 보이지만, 한편으로는 규칙성을 유지하는 현상도 실은 주기성에 원인이 있다. 일례로 공명의 원리를 살펴보자. 공명이란 서로 연관된(중첩 가능한) 두 조의 사건이 동일한 주기를 가질 때에 발생하는 현상이다. 방치되어 있는 모든 물체에서는 일정 시간 동안 그 물체의 특성에

• 천구 위에서 상대 위치가 고정되어 별자리를 이루는 별. 항성들은 중심부의 핵융합 반응으로 스스로 빛을 낸다. 태양, 북극성, 북두칠성 등이 항성이다.

따른 미세한 진동이 발생한다는 것은 동역학[*] 법칙에 속한다. 따라서 작은 추가 달린 단진자는 항상 그 모양과 무게의 분포와 길이 등의 특성에 따라 일정 시간 동안 진동하기 마련이다. 더 복잡한 물체는 진동 방식이 여러 가지일 수 있다. 그러나 그 각각의 진동 양태는 모두 고유의 자체 '주기'를 갖는다. 이처럼 한 물체가 보이는 주기를 그 물체의 '자유' 주기라 일컫는다. 따라서 단진자는 오직 하나의 (자유) 주기를 갖고, 현수교[**]처럼 복잡한 물체는 여러 개의 주기를 갖는다. 한편 바이올린의 현들처럼 모든 진동 주기가 가장 긴 주기의 간단한 약수들인 기구는 악기로 활용할 수 있다. 즉 가장 긴 주기가 t초일 때 나머지 주기는 $\frac{1}{2}$t, $\frac{1}{3}$t……가 되어야 한다. 단 그 나머지 (t보다 작은) 주기들 중 어느 것이 빠지더라도 상관없다. 이번에는 그 자체가 주기적인 어떤 원인체를 통해 한 물체의 진동을 자극한다고 하자. 이때 원인체의 주기가 물체의 주기와 거의 같다면, 물체의 진동 상태는 매우 격렬해진다. 자극의 강도가 작은 경우라고 해도 결과는 매우 흡사하다. 이런 현상을 '공명'이라 일컫는다. 이는 쉽게 이해할 수 있다. 누군가 흔들바위를 뒤집어 놓고자 한다면 그는 밀기에 가장 좋은 시점을 계속 확보하려고 바위가 흔들리는 진동에 '장단을 맞추어서' 밀 것이다. 만일 바위의 장단을 무시하고 밀면, 어떤 때는 진동이 커지고 또 어떤 때는 진동이 멈춘다. 그

---

[*] 물리학의 한 갈래로 물체 사이에 작용하는 힘과 물체의 운동 사이의 관계를 연구한다.
[**] 양쪽 언덕에 줄이나 쇠사슬을 건너지르고, 그것에 의지해서 매달아 놓은 다리.

러나 장단을 맞추어 밀면 미는 힘이 더 효율적으로 전달된다. 공명이란 애초에 소리와 관련된 개념이다. 그러나 그와 동일한 현상이 소리의 영역을 넘어 널리 발생한다. 비슷한 예로 빛의 흡수와 방출의 법칙, 무선 전신에서 수신하는 쪽의 '조정', 행성들이 서로의 운동에 미치는 영향의 상대적 비중, 발맞추어 통과하는 부대가 현수교에 미치는 위험성, 몇 대의 선박이 특정한 속도로 운항하며 특정한 박자로 기관음을 낼 때 선박에 나타나는 강한 진동 등은 공명에 의한 현상들이다. 두 주기적 사건의 결합이 지속적으로 일어나면 주기의 중첩이 일련의 안정된 현상으로 보일 것이고, 그 결합이 우발적이고 일시적인 형태라면 격렬하고 돌발적인 폭발로 보일 수도 있다.

다시 말하건대, 앞에서 언급한 고유의 진동 주기들이란 우리의 감각을 안정되게 자극하는 것처럼 보이는 현상의 바탕에 자리한 원인자이다. 우리는 한결같은 조명 아래서 여러 시간 동안 일할 때 반복되며 이어지는 소리를 듣기도 한다. 그러나 현대 과학이 제대로 정립된다면 자연계에는 이처럼 안정적으로 지속되는 실체적 대응물이 따로 존재하지 않는다는 것을 알게 된다. 안정된 조명이란 복사 매질*을 통한 수없이 많은 주기적 파동(광파)이 눈을 자극하는 것이기 때문이며, 안정된 소리란 공기를 통한 수많은 주기적 파동

---

* 파동이나 물리적 작용을 한 곳에서 다른 곳으로 옮겨 주는 매개물. 예를 들어 음파를 전달하는 공기 등이 있다.

(음파)이 귀를 자극하는 것이기 때문이다. 그렇지만 광학이나 음향학을 설명하는 일은 우리의 목표가 아니다. 수학을 자연 탐구에 알맞은 도구로 만들기 위해 꼭 필요한 첫 단계는, 사물이 타고나는 주기성을 수학이 표현해 낼 수 있어야 한다는 사실을 밝히는 것이다. 오로지 이 점을 명백히 하기 위해 지금까지 관련된 이야기를 했다. 이 점을 간파했다면 다음에 다룰 개념인 주기 함수(즉 삼각 함수)의 중요성도 인식할 수 있다.

— 앨프리드 노스 화이트헤드 『화이트헤드의 수학이란 무엇인가』
(오채환 옮김, 궁리 2009)

1. 히포크라테스는 바람, 물, 햇빛, 토양 등 주변의 자연환경을 비롯한 생활 습관이 사람의 건강에 큰 영향을 끼친다고 생각했습니다. 『의학 이야기』를 읽고, 다음 중 히포크라테스의 기준에서 건강에 가장 이로운 상황을 골라 봅시다.

- 승주 할머니가 그러시던데, 예전에는 빗물을 받아서 드셨대.
- 기빈 우리 시골집도 비슷해. 집 근처에 연못이 있는데, 옛날에는 그 물을 드셨다더라.
- 서현 우리 아빠는 지금도 새벽마다 산에 올라가서 물을 떠 오셔. 매일 해 뜨는 걸 봐서 상쾌하대.
- 정원 그래도 물이 있어서 다행이다. 저번에 텔레비전을 보니까 추운 데 사는 사람은 얼음을 녹여서 마시더라고.

2. 최한기는 서양 과학과 동양 사상을 접목하여 눈의 구조와 원리에 대해 고찰합니다. 『기측체의』를 읽고 다음 문장들의 빈칸에 알맞은 단어를 적어 봅시다.

- 눈의 모양이 _____ 같아서 보이는 물체의 크기는 실제보다 작다.
- 눈동자에 ____가 통해야 비로소 한 번 본 것도 깊게 새겨져서 오래도록 잊히지 않는다.
- 사람의 옳음과 옳지 못함, 성실함과 불성실함은 오로지 ____을 확립하느냐에 달려 있다.
- 오랫동안 많은 사람이 세운 소견을 한데 모아 어긋남과 거스름이 없이 세우면 그것이 바로 진정한 ____이다.

3. 다음 사진은 주변에서 쉽게 관찰할 수 있는 주기적인 자연 현상들입니다. 사진을 보고 다음 물음에 답해 봅시다.

(가)   (나)

❶ (가)와 (나)에서 확인할 수 있는 자연의 주기성이 무엇인지 적어 봅시다. 그리고 그러한 주기성이 인간의 삶에 어떤 영향을 미치고 있는지 생각해 봅시다.

· (가)와 (나)에서 확인할 수 있는 주기성: _ _ _ _ _ _ _ _ _ _ _ _
_ _

· 자연의 주기성이 인간의 삶에 미치는 영향: _ _ _ _ _ _ _ _ _
_ _ _ _ _ _ _ _ _ _ _ _ _ _ _ _ _ _ _ _

❷ 『수학이란 무엇인가』를 읽고 자연의 주기성을 해석하는 데 있어 수학이 어떤 역할을 하는지 적어 봅시다.

_ _
_ _

4. 유안이 펴낸 『회남자』에는 당시 중국에서 동서남북의 거리를 계산하던 방법이 소개됩니다. 닮은꼴 삼각형의 비율을 이용하는 등 생각보다 수학적이라는 점이 흥미롭지요. (나)는 『회남자』에 나오는 거리 계산법을 수학식으로 표현한 것입니다. (가)를 바탕으로 (나)를 완성해 봅시다.

(가) 예를 들면 (S에서) 해가 나오는 것을 보고, 전표(PT)를 끊은 길이(YT)가 1촌이라고 하면 1촌마다 1리의 비율이 된다. 1리는 1만 8천 촌이므로 이 수를 곱하면 이것(R)에서 동쪽(X)까지는 1만 8천 리라고 하는 계산이다.

(나) 삼각형 XRS와 삼각형 (①)은 닮은꼴이다. 닮은꼴 도형의 비율을 이용해 식을 세우면 다음과 같다.

　　RS : TY = RX : TS

(가)에 나온 수치를 촌 단위로 환산해서 수식에 대입하면,

　　18000 : (②) = RX : 18000

　　(②) × RX = 18000 × 18000

　　∴ RX = (③)촌

18000촌은 1리이므로, RX는 (④)가 된다.

- ①:
- ②:
- ③:
- ④:

5. 다음은 동양 과학에 대한 서양 학자의 생각을 설명한 글입니다. 제시문에 등장하는 셀던과 노스럽의 시선에 서양 중심적인 사고방식이 없는지 생각해 보고, 우리나라 역사에서 적절한 예를 찾아 이들의 논리를 반박해 봅시다.

20세기 중반의 철학자 노스럽에 따르면 동양과 서양이 자연을 대하는 방식에는 근본적인 차이가 있다. 동양에서는 직접적인 직관을 중요시하는 반면, 서양에서는 추상적인 가정을 거쳐서 판단한다. 하지만 직관을 통해 얻어지는 개념은 즉각적인 이해의 범위를 벗어나지 못한다. 그렇기 때문에 동양의 과학은 서양처럼 발전하지 못하고 박물관 정도의 수준에 머무른 것이다.

노스럽과 같은 시기의 철학자 셀던은 동양과 서양의 차이를 다음과 같이 설명한다. 서양의 사고방식은 물질을 변화시킴으로써 과학 문명을 이루어, 물질적으로 풍요로운 생활을 누리려고 한다. 그에 비해 동양의 사고방식은 내적인 수양으로써 자기 자신을 갈고닦아 도에 이르는 것을 지향한다. 그리하여 서양에서는 자연 과학이 탄생해 현실 세계를 발전시키려고 하지만, 자연을 개량하는 데 관심이 없는 동양은 세속적 현세를 넘어 종교적인 세계에 이르는 것을 목표로 삼고 있다.

2

근대
과학

세상을 지배하는
법칙을 찾아서

시데레우스 눈치우스
· 갈릴레오 갈릴레이

'과학자'라고 하면 여러분은 가장 먼저 누가 떠오르나요? 꽤 많은 사람이 갈릴레이나 뉴턴을 꼽을 듯합니다. 갈릴레이가 증명한 지동설, 뉴턴이 정리한 만유인력의 법칙은 여전히 교과서에서 빠지지 않으니까요. 그리고 'F = ma' 같은 과학자가 만든 수학식들도 뒤따라 생각날 수 있겠네요. 하지만 처음부터 과학이 자연 현상을 수학으로 표현했던 것은 아닙니다. 불과 수백 년 전에 시작된 새로운 과학이라고 봐야 하지요. 16~17세기 유럽에서 등장한 새로운 자연 과학의 경향을 '근대 과학'이라고 부릅니다. 근대 과학은 오늘날까지 큰 영향을 미치고 있는데, 우리가 배우는 과학의 뿌리는 근대 과학에 있다고 해도 지나치지 않을 겁니다. 지금부터 근대 과학이 왜 생겨났는지, 그리고 근대 과학이란 무엇인지 탐구해 보겠습니다.

근대 과학의 등장은 '과학 혁명'이라고 불릴 정도로 엄청나게 새로운 사건입니다. 오랫동안 여러 사람의 연구가 모여 근대 과학이라는 새로운 흐름을 이루었지요. 근대 과학이 탄생한 배경을 알려면 당시 사회부터 살펴봐야 합니다. 그때 유럽에서는 교회가 지배하던 중세 사회가 무너지고 사회 질서가 새로이 만들어지던 참이었습니다. 인간이 신에게서 벗어나 개인의 자유와 이성을 추구하게 되었지요. 대표적인 예로는 이탈리아를 중심으로 유럽 여러 나라에서 일어났던 르네상스 운동을 꼽을 수 있습니다. 르네상스 운동은 인간의 개성, 합리성, 이성을 추구하며 문학, 미술, 건축, 자연 과학 등 다양한 분야에서 근대화의 디딤돌이 되었습니다. 우리는 특히 근대화가 자연 과학에 미친 영향에 주목해야 합니다. 근대 유럽인에게 자연은 더 이상 신비롭고 두렵기만 한 존재가 아니었습니다. 인간이 이성을 바탕으로 관찰하고 실험해서 법칙을 발견하면, 이를 적극적으로 이용해야 한다는 주장이 등장했지요. 그리고 이런 주장이 근대 과학의 사상적 바탕이 되었습니다.

한편 일상생활의 필요에 따라 근대 과학이 생겨났다는 의견도 있습니다. 예를 들어 해상 무역이 활발해지며 정확하게 항로를 계산하는 일이 점차 중요해졌고, 그러기 위해서는 별의 움직임을 관찰해 자신의 위치를 가늠하는 일이 필수였습니다. 한데 기존의 천동설대로 계산을 했더니 크게 오차가 나는 겁니다. 이는 목숨을 좌우할지 모르는 중대한 문제였지요. 결국 좀 더 정확한 별자리 계산 방법이 필요해졌고, 그 결과 지동설이 등장했다는 것입니다.

사실 근대 과학이 탄생한 원인으로 한 가지를 콕 집을 수는 없습니다. 앞서 말한 사회적 변화와 일상의 필요도 원인 중 일부에 불과하지요. 그래도 근대 과학의 특징에 대해서는 대략 정리할 수 있습니다.

근대 과학의 핵심적인 방법은 바로 '실험'과 '관찰'입니다. 실험과 관찰로써 경험한 것만 과학의 탐구 대상이 될 수 있다는 사고방식이 근대 이후 널리 퍼졌지요. 경험을 중요하게 여기는 이러한 태도는 "지식은 책 속에서가 아니라, 사물 그 자체에서 탐구하는 것"이라고

한 영국의 과학자 윌리엄 길버트의 말에서도 잘 드러납니다.

근대 과학의 또 다른 중요한 특징은 '수학'입니다. 근대 이전만 해도 수학과 과학은 그다지 긴밀하지 않았습니다. 하지만 합리성과 이성이 중요해지면서 자연 현상을 수학적으로 간결하게 표현할 수 있다는 믿음이 퍼졌지요. 이는 자연이 더 이상 추상적인 철학의 대상이 아닌, 구체적인 탐구의 대상이 되었음을 의미합니다. 근대 과학에서 비롯된 기계적이고 수학적인 탐구 방법은 지금까지도 이어지고 있습니다. 자신의 가설을 수학 공식으로 만들고, 이를 실험과 관찰로 검증하는 것은 현재도 가장 널리 쓰이는 연구 방법이니까요.

지금껏 근대 과학의 등장 배경과 특징에 대해 간단하게 설명했지만 좀 어려울지 모르겠습니다. 근대 과학에서는 경험을 중요시했으니, 우리도 직접 당시의 글들을 읽어 보는 게 좋겠습니다. 2장에서는 근대 과학의 사상적 바탕이 된 고전 두 편과 근대 과학의 성립에 크게 기여한 과학자의 관측 노트, 그리고 시간이 흘러 다른 영역으로 확장된 근대 과학 사상을 엿볼 수 있는 글을 소개합니다.

첫 번째 책은 영국의 철학자 프랜시스 베이컨이 쓴 『학문의 진보』입니다. 베이컨의 철학은 근대 과학이 성립되는 데 중요한 밑거름이 되었습니다. 그는 학문에서 경험과 이성의 결합이 무엇보다도 중요하다고 주장했거든요. 실험과 관찰로써 얻은 자료를 이성의 힘으로 소화시켜야 한다고 했지요. 그렇게 진리, 즉 새로운 수단을 발견해서 인간의 생활을 풍요롭게 하는 것이야말로 학문의 목적이라고 보았습니다. 또한 베이컨은 아리스토텔레스 이후 오랫동안 이어져 온 학문의 계통을 새롭게 정의하려고 했습니다. 우리가 읽을 글에서도 베이컨은 아리스토텔레스를 반박하며 자연 과학에서 형이상학과 물리학을 구별합니다. 과학을 하나의 학문으로 구분하고 그 학문이 다루는 분야에 대해 논한 베이컨의 글을 읽으면 근대 과학의 사상적 뿌리가 어디에 있는지 짐작해 볼 수 있습니다.

다른 철학자가 쓴 글도 소개합니다. 바로 르네 데카르트의 『철학의 원리』입니다. 우리에게 철학자로 유명한 데카르트입니다만, 그는 뛰어난 수학자이자 과학자이기도 했습니다. 고대 그리스 로마 이후 학문이란 곧 철학이었고, 과학도 수학도 철학에 포함되었거든요. "나는 생각한다. 고로 존재한다."라는 데카르트의 말은 학자의 기본 자세를 담고 있습니다. 데카르트는 진리를 찾는 사람이라면 만물을 일단 의심해야 한다고 말합니다. 감각과 선입견에서 벗어나 모든 것을 의심하고 객관적으로 증명하려는 태도가 바로 철학의 첫걸음이라는 것이지요. 이는 앞서 말한 과학적 방법으로 이어지는 사고방식입니다. 덧붙여, 과학자 데카르트를 엿볼 수 있는 글도 같이 소개합니다. 데카르트는 이미 우주에 태양이 하나가 아니라는 사실을 알았습니다. 그리고 자기 나름대로 '소용돌이 이론'이라는 가설을 세워서 행성과 혜성의 운동을 설명하려고 했지요. 사실 우주에 관한 데카르트의 이 이론은 현대의 우리가 보기에 얼토당토않을지 모릅니다. 그럼에도 이 글을 권하는 것은 이후 데카르트의 이론이 반박되는 과정에서 그 유명한 만유인력의 법칙이 등장했기 때문입니다.

　그렇다면 근대 과학의 초창기에는 실제로 어떻게 연구가 이뤄졌을까요? 갈릴레오 갈릴레이의 천문 관측 노트『시데레우스 눈치우스』가 알맞은 사례입니다. 갈릴레이는 과학에서 수학, 관찰, 실험을 강조하여 '근대 과학의 아버지'라고 불릴 정도입니다. 당시는 덧셈, 뺄셈 부호조차 없었으니 그의 주장은 가히 혁명적이었죠. 갈릴레이의 업적은 한두 가지가 아니지만 역시 천체를 관측해서 지동설을 증명한 게 가장 의의가 큽니다. 그래서 우리가『시데레우스 눈치우스』에 주목해야 하지요. 갈릴레이는 이 책에 망원경을 이용해 태양, 달, 금성, 은하수, 목성 등 천체를 관측한 결과를 담아냈습니다. 특히 그 중에서도 목성 둘레를 공전하는 네 개의 위성을 발견한 것은 지동설의 결정적인 증거 중 하나였지요. 오직 지구만이 위성을 거느릴 수 있다고 하는 천동설로는 목성의 위성을 설명할 수 없거든요. 몇 달에 걸쳐 끈질기게 목성을 관측한 갈릴레이의 글에서 근대 과학의 시작점을 엿볼 수 있습니다.

　마지막 고전은 시간을 건너뛰어 19세기 말에 출간된 지그문트 프로이트의『꿈의 해석』입니다. 너무나 유명한 책이지만, 과연 근대 과학과 어떤 관계가 있을까요? 이성과 합리성을 중요시하는 근대 과학은 이후 유럽을 휩씁니다. 자연 과학뿐만 아니라 경제학 같은 사회 과학에도 근대 과학의 사상이 자리 잡았고, 유럽이 세계의 주도

권을 쥐게 되면서 전 세계로 퍼져 나갔지요. 『꿈의 해석』은 곳곳으로 전파된 근대 과학의 사상을 찾아볼 수 있는 책입니다. 정신 분석학을 창시한 프로이트는 과학적으로 해석할 가치가 없다고 여겨지던 꿈의 내용에서조차 객관적인 규칙을 찾으려 했습니다. 그 결과 인간 심리의 깊은 곳에 자리한 '무의식'을 발견했지요. 정신 분석학에 대해서는 지금까지도 논란이 끊이지 않지만, 프로이트 자신은 꿈이 과학적 연구의 대상이 될 수 있다는 것을 의심하지 않았습니다. 여러 사람의 꿈에서 일정한 규칙을 찾으려 한 프로이트의 글을 읽으면서, 과연 눈에 보이지 않는 정신도 과학의 대상이 될 수 있을지 생각해 보길 바랍니다.

학문의 진보

👤 프랜시스 베이컨(Francis Bacon, 1561~1626)

영국의 법률가이자 철학자. 대법관이 되는 등 공직에서 성공했으나, 그보다는 데카르트와 함께 근대 철학의 개척자로 높게 평가받는다. 과학 철학의 핵심으로 귀납적 추론을 강조했는데, 이는 실험과 관찰을 중시하는 근대 과학의 방법론을 상징한다. "아는 것이 힘이다."라는 말로 대표되는 그의 사상은, 인류가 세계에 대한 지식을 쌓을수록 세계를 더 잘 통제할 수 있다는 서양 근대 세계관의 기초가 되었다. 『학문의 진보』는 베이컨 철학의 전체적인 밑그림을 보여 주는 책으로, 베이컨은 이 책에서 당대 세계의 다양한 지식을 넘나들며 자신의 견해를 밝혔다.

• 이어지는 글은 제2권의 7장에서 골라 실었다.

과학 수업이 없는 학교를 상상할 수 있나요? 사실 과학이 독립된 학문으로 인정받은 건 그리 오래전 일이 아닙니다. 베이컨의 업적 중 하나는 학문의 체계에서 과학을 구분해 냈다는 것입니다. 베이컨이 정의한 과학과 현대 과학은 어떤 차이점이 있는지 생각하며 읽어 봅시다.

우선 '자연 과학' 즉 '자연에 대한 이론'은 '물리적인 것'과 '형이상학적인 것'으로 구분된다. 여기서 말하는 '형이상학'은 기존과 의미가 다른 것임을 유념해 주길 바란다. 판단력이 있는 자라면 누구에게든 쉽게 드러나겠지만, 나는 지금의 맥락만이 아니라 다른 많은 맥락에서도, 설령 내 착상이나 관념이 옛것과 다를지라도 옛 용어들을 그대로 유지하려고 노력하고 있다. 그 이유는 너무 논리 정연하고 명석하게 내용을 전달하는 것이 외려 불러올지 모르는 오해를 피하기 위해서이다. 이 때문에 나는 진리와 지식의 진보에 어긋나지 않는다면, 용어에서든 견해에서든 옛것에서 크게 벗어나지 않으려고 주의하고 있다. 이 문제와 관련하여 나는 철학자 아리스토텔레스에게 경악을 금치 못한다. 그는 옛것이라면 무조건 차별하고 반박하는 정신으로 작업을 진행했다.

제멋대로 학문의 신조어를 꾸며 낸 것은 물론, 옛 지혜를 모두 파괴하여 말살하고자 했다. 그는 오로지 잘못된 점을 공격하거나 비난하기 위해서 옛 저자나 학설을 언급했다. 그가 명예를 얻고 추종자를 거느릴 심산이었다면 옳은 길을 택한 셈이다. 오늘날 인간적 진리로 널리 퍼져 확고하게 자리 잡은 진리 중 최고의 진리로 기록되고 밝혀진 것이 바로 다음 경구이기 때문이다. "나는 내 아버지의 이름으로 왔으매 너희가 영접치 아니하나, 만일 다른 사람이 자기 이름으로 오면 영접하리라."● 그러나 이 신성한 경구를 주의 깊게 검토해야 한다. (원래 이 경구가 최대의 기만인 적그리스도에 적용된 것이었음을 기억하자.) 오히려 어떤 사람이 옛사람이나 선조를 전혀 개의치 않고 오직 '자기 이름으로 온다.'는 것은, 비록 영접받는 자신의 운과 성공에는 도움이 될지 몰라도 진리를 위해서는 결코 좋은 징조가 아니라는 사실을 이 경구에서 배울 수 있다. 물론 나는 아리스토텔레스라는 뛰어난 인물이 제자(알렉산드로스 대왕)에게서 그런 기질을 배운 것은 아닐까 하고 생각한다. 실로 아리스토텔레스는 제자를 경쟁적으로 모방했던 듯이 보인다. 제자가 모든 민족을 정복하려 했듯이, 아리스토텔레스 자신은 모든 학설을 정복하려 했던 것이다. 일부 혹평가가 아리스토텔레스에게 그의 제자와 비슷한 칭호를 부여한 것도 무리는 아니다. 이를테면 그의 제자에게

●『요한복음』5장 43절. 여기서는 아리스토텔레스가 오직 자신의 새로움을 통해 명성과 추종자를 얻은 것을 비유하는 내용이다.

세상에 지극히 무익한 선례를 남긴,

운 좋은 대지의 약탈자

라는 칭호가 부여되었듯이, 아리스토텔레스에게는

운 좋은 학문의 약탈자

라는 이름이 주어질 수 있을 것이다. 내 입장은 이와 정반대이다. 나는 옛것과 미래의 진보 사이에 친근하게 교류가 이루어지길 바라며 그렇게 되도록 펜으로 최선을 다할 작정이다. 이를 위해 '무덤에 들 때까지' 옛것을 지키고 옛 용어들을 유지하는 것이야말로 가장 바람직한 일일 것이다. 비록 내가 용법이나 정의를 조금씩 바꾸기도 하겠지만, 그런 경우에도 적절한 행정 절차를 따르듯이 바꿀 것이다. 설령 다소 변경하더라도, 타키투스*가 현명하게 꿰뚫어 본 것처럼 '동일한 관직명'을 지키겠다는 뜻이다.

그러면 이제 내가 형이상학이라는 용어를 어떻게 사용하며 어떤 의미로 받아들이고 있는가 하는 문제로 되돌아가자. 내 생각으로는, 앞서 언급된 바 있는 '제1철학'**(혹은 종합 철학)과 형이상학은

* 고대 로마의 역사가이자 정치가. 로마 제국의 정치 제도를 칭송하고 초기 역사를 썼다.
** 자연이나 정신 같은 특수한 존재가 아니라 존재 일반의 성질과 원리를 연구하는 형이상학의 철학. 아리스토텔레스에서 시작되어 근세 초기까지 널리 쓰였다.

여태까지 동일한 것으로 혼동되어 왔지만, 지금부터는 뚜렷이 구분되는 두 분야로 나누어야 한다. 나는 종합 철학을 지식 전체를 낳은 부모 내지 공통의 조상이라고 규정했고, 형이상학은 방금 전에 자연 과학의 한 분과 내지 한 줄기로 분류했다. 비슷한 맥락에서, 나는 모든 학문 분야에 무차별적으로 적용되는 공통 원리와 공리들을 종합 철학에 할당한 바 있다. 또한 나는 종합 철학이 '양', '유사성', '다양성', '가능성' 같은 상대적이고 부가적인 성질을 연구해야 한다고 하면서, 이런 성질을 논리적으로 취급하기보다는 그것들이 자연 내에서 작용하는 방식 그대로 취급해야 한다는 단서를 붙이기도 했다. 그뿐만 아니라, 나는 지금까지 형이상학과 혼동되어 온 '자연 신학'에 대해서도 그 경계와 범위를 분명하게 설정했다. 그렇다면 이제 형이상학에는 무엇을 남겨 둘 것인가 하는 문제만이 남는 셈이다. 나는 이 문제에 대해서 대체로 옛 관점을 아무 편견 없이 유지하려고 한다. 옛 관념에 따르면 '물리학'은 물질에 내재하는, 그렇기에 일시적인 것을 연구하는 반면에, 형이상학은 물질로부터 분리된(추상화된), 그렇기에 영원한 것을 연구한다. 물리학이 단지 자연을 존재와 운동의 관점에서 다룬다면, 형이상학은 한 걸음 나아가 자연에서 이성이나 오성* 등 밑그림에 해당하는 것을 다룬다는 말이다. 이렇듯 옛 분류에서 뚜렷하게 구분한 차이는 우리에게도 매우 친숙하고 쉽사리 이해할 만한 것이다. 우리는 이미 자연 철

* 감성 및 이성과 구별되는 지력. 넓게는 사고 능력을 가리킨다.

학 전체를 '원인에 대한 탐구'와 '결실의 생산'으로 구분했거니와, 이제는 원인에 대한 탐구와 관련된 분야를 기존에 정립된 원인 분류법에 따라 다시금 나눌 차례가 되었다. 기존의 원인 분류법에 따르면, 물리학은 '질료인'과 '작용인'을 연구하고 다루는 것이요, 형이상학은 '형상인'과 '목적인'을 다루는 것이라고 하겠다.[•]

우리는 방금 물리학이라는 용어를 흔히들 관용적으로 쓰는 '의학'이라는 의미 대신, 그것의 어원적인 의미에서 사용했다.[••] 이 경우에 물리학은 '자연사'와 '형이상학' 사이의 중간쯤에 위치한다. 자연사가 다양한 사물을 취급한다면, 물리학은 원인을 다루되 변할 수 있고 상대적인 원인만 취급하며, 형이상학은 변할 수 없고 고정된 원인을 취급한다. 이를테면,

> 똑같은 불로 부드러운 진흙을 딱딱하게 만들기도 하고,
>
> 단단한 양초를 녹이기도 한다.

불은 진흙에 대해서만 단단하게 만드는 원인이고, 양초에 대해서만 녹이는 원인으로 작용한다. 불이 무엇이든 단단하게 하거나 무

- 아리스토텔레스에 따르면 질료인은 형상을 이루는 바탕 재료로 조각에서의 대리석 등이며, 작용인은 사물 생성과 변화의 원인으로 건축에서의 건축가 같은 것이다. 형상인은 사물의 본질이나 형상이 되는 원인으로 집의 설계도 등이며, 목적인은 사물의 운동이 실현하려 하는 목적이다.
- •• 중세에서 베이컨의 시대까지 서양에서는 'physique'나 'physic'이라는 단어가 인체에 관한 지식이나 질병과 치료에 관한 지식을 뜻하는 말로 쓰였다.

엇이든 녹이는, 변치 않는 원인이 될 수는 없다. 이렇듯 물리적 원인은 질료에 따르는 것(질료인)이요, 질료에 따라 다르게 작용하는 것(작용인)에 불과하다. 물리학은 세 분야로 나뉘는데, 그중에 두 분야는 통합되거나 집합된 자연을 연구하며, 세 번째 분야는 흩어지거나 분산된 자연을 연구한다. 자연에서 집합이 이루어지는 방식은 두 가지이다. 하나의 완전한 총체로 집합되기도 하지만, 원리나 씨앗에 해당하는 것들만이 집합되기도 한다. 이런 맥락에서 보면 물리학의 첫 번째 분야는 사물의 짜임새나 구성을 '전체적인 것으로' 다룬다. 두 번째 분야는 사물의 원리들이나 시간적 근원들을 다룬다. 세 번째는 사물의 다양성과 특수성에 관한 분야로 개별 실체 또는 각 실체의 성질이나 본성을 다룬다. 세 번째 분야는 자연사 기록에 더해지는 주석이나 부연 설명 같은 것에 불과하기 때문에 더 자세히 설명할 필요는 없겠다. 앞서 말한 물리학의 세 분야가 결핍되어 있다고 보기는 힘들다. 다만 각 분야가 과연 얼마나 완전하고 진실하게 연구 중이냐는 것이 문제인데, 이에 관해 당장 판결을 내리지는 않겠다. 어쨌든 사람들이 각 분야에 노력을 게을리하지 않았다는 것만은 분명하다.

형이상학에는 이미 형상인과 목적인을 연구한다는 역할을 부여했다. 이 중 형상인에 대한 연구는 쓸모없고 헛된 것으로 보일지 모른다. 기존의 뿌리 깊은 편견에 사로잡힌 채, 인간의 연구 능력으로는 본질적인 '형상들', 즉 진정으로 차별되는 특징들을 발견하는 것이 불가능하다고 생각할 수 있기 때문이다. 이런 편견에 반하여, 나는 형상*의 발견이야말로 ─발견할 수만 있다면─ 모든 지식 분야를 통틀어 가장 가치 있는 일이라고 생각한다. 발견 가능성을 말하자면, 바다만 보인다고 해서 육지가 존재하지 않는다고 믿는 무능한 항해사의 잘못을 따르지 말아야 할 것이다. 이와 관련하여 플라톤은 그의 이데아론에서 "형상이야말로 진정한 인식 대상"이라고 밝혔다. 실로 자신의 재능을 높은 절벽 위로 끌어 올린 인물다운 견해였다. 그럼에도 플라톤의 견해는 결실을 거두지 못했는데, 이는 그가 형상을 질료에서 완전히 분리된 것으로 고려한 탓이었다. 플라톤은 형상이 질료에 의해 제한되거나 결정되지 않는다고 생각하여 신학으로 관심을 돌렸으며 이로 인해 그의 자연 철학은 온통 신학의 영향을 받게 되었다. 그러나 형상을 밝히는 것은 인류의 현상태를 위해 풍부한 결실을 약속하는 중요한 일이기에, 형상이 무엇인지 판단하고 통찰할 수 있으려면 실천과 시술과 지식의 활용 쪽에서 눈을 떼지 않고 주도면밀하게 관찰하려는 노력이 필요할 것이다. 이제부터 나는 실체의 형상을 논의하되, 인간의 형상은 다루지 않겠다. 인간의 형상에 관해서는 "여호와 하나님이 흙으로 사람을 지으시고 생기를 그 코에 불어넣었다."라고 언급되어 있고, 이 점에서 인간은 "물로 하여금 낳게 하고", "땅으로 하여금 낳게 한"

● 베이컨이 말하는 '형상'의 정의에 대해서는 아직도 논란이 있다. '근대적 자연법칙'과 같은 뜻이라는 의견도 있지만, 아리스토텔레스가 말한 사물의 본질이라는 개념에서 벗어나지 못한 것이라는 의견도 존재한다.

다른 피조물들과 뚜렷이 구별되기 때문이다.* 오늘날 실체의 형상은 합성이나 이식(移植) 같은 작용으로 인해 그 수가 당혹스러울 정도로 늘어났기 때문에, 모든 형상을 빠짐없이 연구하는 것은 거의 불가능하다. 마치 알파벳 문자들을 합성하고 그 순서를 이리저리 바꾸는 과정에서 거의 무한하게 늘어난 단어들을 놓고 각 단어를 만드는 음성의 형상을 빠짐없이 찾아내는 일이 불가능하거나 가망 없는 것과 같은 이치라고 하겠다. 그렇지만 반대로 각각의 알파벳 철자를 만드는 음성의 형상을 연구하는 것은 비교적 쉬운 일로, 일단 그런 형상들을 인식하게 되면 철자들로 구성되고 합성된 모든 어휘의 형상도 분명하게 제시할 수 있을 것이다. 물론 이런 방식으로 사자나 떡갈나무, 금의 형상을 연구하려는 시도는 헛된 일에 불과하다. 물이나 공기의 형상은 두말할 것도 없다.** 그러나 감각, 자발적 운동, 섭생, 색채들, 무거움과 가벼움, 밀집과 희박, 열과 냉, 그 밖의 다양한 본성 및 성질에 대해서는 그 각각의 형상을 연구해야 한다. 알파벳 철자와 마찬가지로 이런 본성들은 그 수가 많지 않을뿐더러 모든 피조물의 본질은 바로 그 본성들로 구성되기 때문이다. 이런 의미에서 나는 그 본성들의 참된 형상을 연구하는 것이야말로 우리가 지금 정의하는 형이상학의 몫이라고 말하고 싶다. 물론 물리학도 그러한 본성들을 연구하고 검토한다. 그러나 어떤 방

* 『창세기』에 나오는 구절을 인용한 것이다.
** 베이컨은 형상이 마치 알파벳처럼 만물을 구성하는 기본 단위라고 정의했다. 이는 아리스토텔레스의 개념과 차별되지만 근대적 자연법칙과도 다르다.

식으로 검토하는가? 물리학은 그 본성들의 '질료인'과 '작용인'을 다룰 뿐, '형상들'을 다루지는 않는다. 예를 들어 물거품이나 눈〔雪〕이 흰색인 원인을 연구한다고 하자. 만일 누군가 공기와 물의 미묘한 혼합이 그 원인이라고 말한다면 이를 틀렸다고는 할 수 없다. 그렇지만 그것을 흰색의 형상이라고 할 수 있을까? 그렇지 않다. 그것은 작용인에 해당하기 때문에 작용인은 '형상의 운반자'일 뿐, 형상 그 자체가 될 수는 없다. 내가 보기에 형이상학의 이러한 역할이 충실하게 수행된 적은 없다. 그리 크게 놀랄 일도 아닌 것이 지금까지 사용해 온 발견 방법으로는 형상을 발견하는 것 자체가 불가능하기 때문이다. 무엇보다도 오류의 뿌리는 인간이다. 사람들은 개별 사례들에서 너무 동떨어진 곳에 틀어박힌 채, 아무 준비 없이 몹시 성급하게 출발하곤 했던 것이다.

— 프랜시스 베이컨 『학문의 진보』(이종흡 옮김, 아카넷 2002)

철학의 원리

👤 르네 데카르트(René Descartes, 1596~1650)

프랑스의 철학자이자 수학자, 물리학자. 근대 철학의 아버지로 불리며 인간의 이성과 사고력을 중시하는 합리주의를 대표한다. 해석 기하학을 창시하여 근대 수학의 디딤돌을 놓았고, 빛의 원리와 자유 낙하 등을 연구해서 물리학 발전에도 공헌했다.『철학의 원리』는 원래 데카르트가 기독교의 공식 교과서로 쓰이기를 바라고 쓴 야심작으로, 자신의 철학을 한눈에 볼 수 있도록 체계적으로 정리했다. 아울러 철학자로 잘 알려진 데카르트가 자연 과학에 얼마나 관심이 깊었는지도 엿볼 수 있다. 지은 책으로『방법 서설』『성찰』『정념론』등이 있다.

• 이어지는 글은 '첫 번째 부분: 인간 인식의 원리들에 대하여'와 '세 번째 부분: 가시 세계에 관하여'에서
  골랐다.

"우주 공간은 눈에 보이지 않는 물질로 가득하다." 데카르트는 우주의 구조를 이렇게 이해했습니다. 우주에 대해 이미 검증된 사실만을 배운 우리에게는 좀 생소한 개념이지요. 이 글에서는 천동설도 지동설도 아닌 '소용돌이 운동설'을 찾아볼 수 있습니다.

1. 진리를 추구하는 자는 살아가는 동안 한 번은 가능한 한 모든 것을 의심해 봐야 한다

우리는 어린아이로 태어나 이성을 제대로 사용하기도 전에 감각적인 것들에 대해 여러 가지 판단을 내려 왔다. 그 때문에 생긴 많은 선입견으로 인해 우리는 진리를 인식하는 데 어려움을 겪고 있다. 이런 선입견에서 벗어날 수 있는 유일한 방법은, 사는 동안 한 번은 확실치 않다는 의혹이 조금이라도 있는 것이라면 무엇이든 의심하도록 노력하는 것뿐이다.

2. 더 나아가 의심스러운 것들을 틀린 것으로 간주해야 한다

가장 확실하고 쉽게 인식되는 것이 무엇인지 더 분명히 찾아내기 위해서는 의심스러운 것을 틀리다고 여기는 게 도움이 된다.

3. 그러나 이런 의심을 일상적인 삶에 적용해서는 안 된다

우리는 진리를 추구하는 경우에 한해서만 그런 의심을 적용해야 한다. 왜냐하면 일상생활에서는 의심에서 벗어나지 못한 채 행동할 수밖에 없는 경우가 매우 잦은 탓에, 그럴듯해 보일 뿐인 것을 어쩔 수 없이 받아들여야 할 때가 많기 때문이다. 때에 따라서는 두 개의 판단 중 한쪽이 다른 쪽보다 진리에 더 가까워 보이지 않는데도 그중 하나를 선택할 수밖에 없는 경우도 있다.

4. 무엇 때문에 감각적인 것들을 의심할 수 있는지

따라서 오직 진리 탐구에만 몰두하고자 하는 지금, 우리는 무엇보다도 감각적인 것들이나 허구적인 것들이 존재하는지 의심하게 된다. 그 이유로는 첫째, 우리는 감각이 때로 오류를 저지른다는 사실을 알고 있으며 한 번이라도 우리를 속인 적이 있는 것들에 대해서는 많이 신뢰하지 않는 것이 현명한 처사이기 때문이다. 둘째, 우리는 매일 꿈속에서 어디에도 존재하지 않는 것들을 수없이 느끼거나 상상하듯이 보는데, 모든 것을 의심하는 자가 꿈과 현실을 확실히 구분하도록 해 주는 그 어떤 특징도 드러나지 않기 때문이다.

5. 무엇 때문에 수학적 증명들조차도 의심할 수 있는지

그 밖에도 우리는 예전에 더없이 확실하다고 간주했던 것들, 즉 수학적 증명이나 오늘날까지 명백하다고 믿었던 원리도 의심한다. 왜냐하면 적지 않은 사람들이 확실해 보이는 것과 관련해서 이따금씩 오류를 저질렀다는 사실과, 우리가 틀렸다고 본 것들을 아주 확실하고 명백한 것으로 여겼다는 사실을 알고 있기 때문이다. 또 무엇보다도 우리를 창조한 전능한 신이 존재한다고 들었기 때문인데, 어쩌면 신이 우리를 창조할 때 아주 명백해 보이는 것에 대해서도 항상 오류를 저지르게끔 만들려 했을지도 모를 일이다. 신이 그렇게 했을 가능성이 우리가 이미 알고 있는 가능성보다, 즉 우리가 때때로 오류를 저지르는 가능성보다 적어 보이지는 않는다. 우리가 만일 전능한 신이 아니라 스스로 혹은 어떤 다른 존재에 의해 창조된 것이라고 생각한다면, 다시 말해 창조자에게 더 적은 능력을 부여할수록 우리가 항상 오류를 저지르는 불완전한 존재라는 사실은 더욱더 믿을 만해진다.

6. 우리는 의심스러운 것에 대해 동의하지 않을 수 있는, 따라서 오류를 피할 수 있는 자유 의지를 지니고 있다

그러나 그 무엇이 우리를 창조했든, 그리고 우리의 창조자에게 얼마나 큰 힘이 있든, 또 창조자가 어떤 속임수를 쓰든, 우리에게는 언제나 완전히 확실하지 않은 것들에 동의하지 않을 수 있는 자유가 있다는 것을, 따라서 오류를 방지할 수 있다는 것을 경험을 통해 알고 있다.

7. 우리는 의심하는 동안에는 자신이 존재한다는 사실을 의심할 수 없다. 따라서 이것은 우리가 순서에 따라 철학을 할 때 처음으로 인식하는 것이다

앞서 말했듯 어떤 식으로든 의심할 수 있는 것이라면 모두 거부할 뿐만 아니라 모두 거짓으로 간주하고자 하기 때문에, 우리는 신도 하늘도 어떤 물체도 존재하지 않는다고 쉽게 가정할 수 있다. 그리고 우리에게는 손도 다리도 결국 어떤 육체도 없다고 가정할 수 있다. 그러나 그렇다고 해서 그런 생각을 하는 우리가 무(無)라고 결론을 내릴 수는 없다. 왜냐하면 생각하는 무언가가 생각하고 있을 때 존재하지 않는다고 믿는 것은 모순이기 때문이다. 따라서 이러한 인식, '나는 생각한다, 고로 존재한다.'라는 순서에 따라 철학하는 자라면 처음으로 만나는 인식이자 모든 것 중에서 가장 확실한 인식이다. (…)

26. 지구는 그것이 속한 하늘에서는 정지해 있지만 그 하늘에 의해 끌려가고 있다

넷째로 우리는 지구가 어떤 기둥으로 지탱되어 있거나 끈에 매달려 있지 않고, 매우 유동적인 하늘에 사방으로 둘러싸여 있다는 것을 알고 있다.[•] 그러나 지구가 어떤 운동 성향을 가지고 있다는 것

• 데카르트는 항성과 행성 사이의 공간이 진공 상태가 아니라 '하늘 물질'이라고 불리는 유동체 또는 액체로 가득 차 있다고 생각했다.

을 모르므로 지구는 정지해 있고 운동 성향을 띠지 않는다고 해 보자. 지구에 운동 성향이 없다고 해서 그 사실이 하늘이 지구를 끌고 가는 것이나 지구가 하늘의 운동에 따르는 것을 방해한다고 믿지는 말자. 이는 매우 많은 물이 눈에 띄지 않게 흘러가면서 닻으로 고정되어 있지도 않고 바람이나 노에 의해 움직이지도 않는 배를 끌고 갈 때, 그 배가 멈춰 있는 듯이 보이는 것과 마찬가지다.

27. 모든 행성에 대해 우리는 같은 생각을 해야 한다

다른 행성들 역시 불투명하고 햇빛을 반사한다는 점에서 지구와 같기 때문에, 우리는 그것들도 지구처럼 각각이 존재하는 하늘의 영역 내에서는 정지해 있다고 생각할 것이다. 그리고 우리가 관측하는 행성들의 위치 변화는 지구처럼 단지 그것들이 담겨 있는 하늘의 물질이 모두 움직이는 데서 비롯되는 현상이다.

28. 비록 하늘에 의해 끌려가지만, 지구나 행성이 고유한 의미에서 운동하는 것은 아니다

운동의 본성에 관한 설명*을 기억하자. 운동이란(고유한 의미에서, 그리고 사실대로 말하자면) 물체가 자신과 맞닿아 있으면서 정지해 있다고 여겨지는 물체들과 이웃해 있다가, 다른 물체들과 이웃한 상태

---

* 데카르트는 눈에 보이는 세계에는 오직 물질과 운동밖에 없다고 주장했다. 그래서 눈에 보이는 세계는 단순히 하나의 기계이며, 각 부분의 형상과 운동밖에 고찰할 게 없다고 했다.

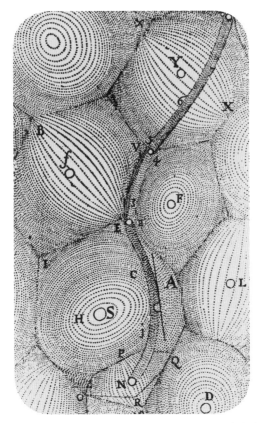

♊ 데카르트의 우주관을 표현한 그림. f, F, S, Y 등은 모두 태양 같은 항성을 표시한 것이다. 데카르트는 우주에 항성계가 수없이 있으며, 우주 공간은 하늘 물질로 가득하다고 생각했다. 그림의 중심에 있는 각 항성계를 가로지르는 듯한 길은 혜성의 이동로이다.

로 이동하는 것이다. 그러나 일상적으로는 행위, 즉 어떤 물체가 한 장소에서 다른 장소로 움직이게 하는 모든 행위를 운동이라고 부른다. 이런 의미에서 물체의 위치를 어떻게 규정하느냐에 따라 똑같은 물체가 움직이고 있다고도 할 수 있고, 동시에 움직이지 않는다고도 할 수 있다. 이로부터 지구나 다른 행성들이 고유한 의미에서는 어떠한 운동도 하지 않는다는 결론이 나온다. 왜냐하면 행성들과 닿아 있는 하늘의 부분이 운동하지 않는다고 여겨지는 한, 행성들이 하늘과 맞닿아 이웃한 상태로부터 이동하는 것은 아니기 때문이다. 이웃한 상태로부터 이동하기 위해서는 행성들이 닿아 있는 하늘의 부분들과 동시에 전부 분리되어야 하는데, 이런 일은 일어나지 않는다. 그러나 하늘의 물질은 유동적이다. 그 때문에 때로는 행성과 인접한 하늘 물질의 작은 부분들 중 일부가 행성에서 멀어진다. 그러나 이는 단지 하늘의 작은 부분에 속한 운동에 의해 일어나는 일이지 그 행성에 속한 운동 때문에 일어나는 일은 아니다. 이는 지구 표면에서 일어나는 물과 공기의 부분적인 이동이 지구가 아닌 일부 물과 공기에 속하는 운동인 것과 마찬가지이다.

29. 운동을 그 고유한 의미가 아니라 일상적인 의미로 이해하더라도 지구에 운동을 귀속해서는 안 된다. 그러나 다른 행성들이 움직인다고 하는 것은 옳다

운동을 일상적인 의미로 이해하면, 다른 모든 행성은 움직인다고 해야 하며 태양과 항성 또한 그렇다. 그러나 지구 또한 움직인다고 하는 것은 매우 적합하지 않다. 왜냐하면 대중은 움직이지 않는다고 여기는 지구의 부분들로 별들의 위치를 정하기 때문이다. 그리고 대중은 그들이 정한 위치에서 별들이 멀어져 가는 한 그것들이 운동한다고 판단한다. 이는 사는 데 도움이 되며 따라서 합리적이다. 우리는 모두 유년기부터 지구는 둥글지 않고 평평하며 어디에나 똑같은 위아래가 있고 똑같은 세계의 축들, 즉 동서남북이 있다고 믿어 왔다. 이 때문에 그것들을 사용해서 다른 모든 물체의 장소를 정했다. 그러나 어떤 철학자가 지구는 유동적이며 움직일 수 있는 하늘에 담긴 둥근 구인 반면, 태양과 항성은 서로의 위치를 항상 동일하게 유지한다는 점에 주목하고, 지구의 위치를 정하기 위해 태양과 항성을 움직이지 않는 것으로 간주하여 사용하기 때문에 지구가 운동하는 것이라고 주장한다면, 이는 당치 않은 이야기가 될 것이다. 왜냐하면 첫째, 철학적인 의미에서 장소는 항성들처럼 아주 멀리 떨어져 있는 물체가 아니라 운동한다고 보이는 물체와 닿아 있는 것을 통해서 규정되어야 하기 때문이다. 둘째, 그 철학자가 일상적인 의미에서 지구가 아닌 항성들을 움직이지 않는 것으로 여기는 이유란 그가 항성들 너머에는 어떤 물체 ——항성에서 분리되어 항성이 운동한다는 주장의 근거가 될 수 있는—— 도 없다고 믿기 때문이라는 것밖에 없다. 그리고 그 철학자가 지구는 정지해 있다고 한다면, 이는 항성들을 고려하면 지구가 움직인다는 의미에서이다. 그러나 이를 믿는 것은 합리적이지 않다. 우리의 정신은 세계에 있는 어떤 한계도 인정하지 않는 본성을 지녔다. 그래서 신의 위대함과 우리 감각의 허약함에 주목한다면, 누구라도 우리가 볼 수 있는 항성들 너머에 다른 물체들이 존재하리라고 추측할 것이다. 이를 고려하면 지구는 정지해 있는 반면 항성은 모두 움직인다고 할 수 있다. 그러니 그렇지 않다고 하는 것보다 옳다고 판단된다.

30. 행성들은 하늘에 이끌려 태양 둘레를 돈다

지구의 운동에 관한 걱정이 모두 없어졌으므로 이렇게 가정하자. 행성들이 머무는 하늘의 물질은 전부 소용돌이처럼 태양을 중심으로 끊임없이 돌며, 태양과 가까운 부분은 먼 부분보다 빠르게 돈다.˙ 그리고 모든 행성은(지구도 그중 하나인데) 항상 하늘 물질의 동일한 부분 사이에 머문다. 단지 이것만으로도 행성의 모든 현상을 매우 쉽게 이해할 수 있다. 물이 소용돌이를 이루는 강의 곳곳에 풀 줄기들을 놓으면, 그 풀 줄기들이 물에 끌려가는 것을 볼 수 있다. 그중 몇몇은 고유한 중심의 둘레를 도는데, 소용돌이의 중심에 가까울수록 더 빨리 온전한 원을 그린다. 또 아무리 풀 줄기들이 계속 원운동을 하려고 해도, 결코 완전한 원을 그리지는 못하고 길이나 너비 등이 어느 정도 편차를 보인다. 이 모든 현상을 행성들과 관련해서도 쉽게 상상할 수 있으며, 단지 이것만으로도 행성들의 모든 현상을 설명할 수 있다.

—르네 데카르트 『철학의 원리』(원석영 옮김, 아카넷 2012)

˙ 데카르트는 태양계의 외곽에서는 소용돌이가 다시 매우 빨라지며 이에 맞춰 운동하는 천체가 혜성이라고 주장했다. 또한 빠른 속도 덕에 혜성은 태양계와 인접한 다른 항성계를 넘나들 수 있다고 했다.

시데레우스 눈치우스

👤 갈릴레오 갈릴레이(Galileo Galilei, 1564~1642)

이탈리아의 천문학자이자 물리학자, 수학자. "자연은 수학적 언어로 쓰인다."라고 주장하여 과학에서 수학의 중요성을 강조했다. 또한 물체의 낙하 속도가 무게에 비례한다는 아리스토텔레스의 주장이 오류임을 증명했고, 관성의 법칙을 발견했으며, 낙하하는 물체의 가속도가 일정하다는 사실도 밝혀냈다. 직접 제작한 망원경으로 천체를 관측하여 지동설을 증명했지만, 성서를 모독했다는 이유로 종교 재판에서 유죄 선고를 받았다. 『시데레우스 눈치우스』는 갈릴레이의 천체 관측 일지로 태양의 흑점, 달 표면의 굴곡, 목성의 위성, 금성의 위상 변화 등 지동설의 근거들이 들어 있다.

• 이어지는 글은 갈릴레이가 1610년 1월부터 2월까지 목성을 관측한 기록 중 일부이다.

갈릴레이라는 이름을 들으면 누구나 쉽게 지동설이 연상될 겁니다. 하지만 갈릴레이가 어떻게 지동설을 증명해 냈는지는 대부분 잘 모르지요. 성실한 관측 노트인 이 글을 읽으며 목성을 관측한 결과가 어떻게 지동설의 근거가 되는지 정리해 봅시다.

1610년 1월 7일, 해가 지고 한 시간이 지난 뒤에 내가 만든 망원경으로 별자리를 살펴보고 있자니 하늘에 목성이 나타났다. 내 망원경은 세상에서 가장 좋은 것이라 나는 작지만 매우 밝은 별 세 개(성능이 나쁜 예전 망원경으로는 볼 수 없었던 별)가 목성 옆에 있는 것을 보게 되었다. 나는 이 별들이 붙박이별(항성)이라고 믿었지만, 그래도 여간 흥미롭지 않았다. 왜냐하면 정확히 한 줄로 나란히 있었을 뿐만 아니라 황도*와도 나란히 정렬해 있었고, 크기가 같은 다른 별들보다 밝았기 때문이다. 목성을 기준으로 한 별들의 배열과 위치는 다음과 같았다.

동쪽   ✳   ✳ ◯ ✳   서쪽

* 천구에 나타나는 태양의 궤도.

목성의 동쪽에 두 별이 있었고, 하나는 서쪽에 있었다. 서쪽에 있는 별과 제일 동쪽에 있는 별이 나머지 별보다 조금 더 크게 보였다. 앞서 말했듯 처음에는 그 별들을 붙박이별이라고 믿었기 때문에 목성과의 거리에는 관심을 기울이지 않았다. 그러나 8일에 똑같이 관측을 한 나는 미지의 운명에 이끌린 듯, 세 별들이 당초 기대했던 위치와 매우 다른 곳에 있는 것을 발견하게 되었다. 그림에 나타나 있듯이 모든 별이 목성의 서쪽에 같은 간격으로 위치해 있었고, 전날보다 서로 더 가깝게 붙어 있었다. 이때까지만 해도 나는 이 별들이 더불어 움직이고 있다고는 생각하지 못했다. 그렇지만 나는 전날 두 붙박이별의 서쪽에 있던 목성이 어떻게 동쪽으로 움직일 수 있었을까 하는 의문을 품었다.

동쪽  서쪽

그래서 천문학적 계산 결과와 달리, 목성이 순행*하며 고유의 운동을 해서 이 별들을 우회한 것이 아닌가 하고 생각했다. 이런 이유로 나는 다음 날을 애타게 기다렸다. 그러나 다음 날에는 유감스럽게도 하늘이 온통 구름으로 덮여 있었기 때문에 여간 실망스럽지 않았다.

• 지구에서 볼 때 천체가 지구 자전과 같은 방향, 즉 서에서 동으로 움직이는 운동.

그다음 날인 10일, 별들은 목성을 기준으로 다음과 같은 위치에 있었다.

동쪽   ✳   ✳   ⭕   서쪽

오직 두 개의 별만이 목성의 동쪽에 있었다. 내가 생각한 대로 세 번째 별은 목성 뒤에 숨어서 보이지 않았다. 전처럼 그 별들은 목성과 일직선 상에 있었고, 황도를 따라 나란히 정렬되어 있었다. 이것을 보아 위치 변화가 목성 때문이 아님을 확신할 수 있었다. 또 나는 관측된 별들이 같은 별임을 알고 있었기 때문에(목성을 앞질러 가거나 뒤따라가는 어떠한 것도 그 먼 거리 안에서 황도를 따라 정렬하지 않기 때문에) 내 의문은 이내 놀라움으로 바뀌었다. 내가 관측한 변화의 원인이 목성이 아닌 별들에 있다는 사실을 알게 된 것이다. 그래서 그 별들을 좀 더 정확하고 정밀하게 관측해야겠다는 생각이 들었다.

그리고 11일, 나는 별들이 다음처럼 배열되어 있는 것을 보았다.

동쪽   ✳ ✳   ⭕   서쪽

오직 두 별만 목성의 동쪽에 있었다. 가운데 있는 별과 목성의 거리는 두 별 사이의 거리에 비해 세 배쯤 멀었다. 전날에는 두 별의 크기가 거의 같았지만, 이날은 제일 동쪽에 있는 별이 다른 별보다

두 배쯤 커 보였다. 그래서 나는 조금도 의심치 않고, 이 세 개의 별이 목성 둘레를 돌고 있다는 결론에 도달했다. 금성과 수성이 태양 둘레를 도는 것처럼 말이다. 여러 번 관측한 결과 이 결론은 명백해 보였고, 목성 둘레는 도는 별은 세 개가 아닌 네 개라는 것을 알 수 있었다. (…)

2월 26일 밤 나는 처음으로 다른 붙박이별을 기준으로 삼아, 황도를 따라 움직이는 목성과 그 옆에서 함께 움직이는 별들이 어떻게 진행하는지 관측하기로 마음먹었다. 한 붙박이별을 관찰할 수 있었기 때문이다. 이 붙박이별은 목성에서 동쪽으로 가장 떨어져 있는 별의 동쪽으로 11분 떨어진 곳에서 약간 남쪽으로 다음 그림처럼 자리 잡고 있었다.

27일, 해가 지고 한 시간 사 분이 지난 뒤, 별들은 다음과 같이 배열되어 있었다.

가장 동쪽에 있는 별은 목성과 10분 떨어져 있었고, 동쪽으로 가까운 별은 목성과 30초 떨어져 있었다. 서쪽 가까이 있는 별은 목성과 2분 30초 떨어져 있었고, 그 별에서 1분 거리에 가장 서쪽에 있는 별이 있었다. 목성 가까이 있는 두 별은 작게 보였는데, 특히 동쪽 별이 아주 작았다. 더 떨어져 있는 두 별은 아주 잘 보였는데, 서쪽 별이 더 밝았다. 이들은 황도와 나란히 직선을 이루고 있었다.

앞서 말한 붙박이별과 비교해 보니, 이 별들이 동쪽으로 이동한 것을 분명히 알아볼 수 있었다. 두 그림에서 볼 수 있듯이, 목성과 동반 행성들이 모두 이 붙박이별에 더 가까워졌기 때문이다. 그러나 해가 지고 다섯 시간이 지난 뒤, 목성 가까이 있던 동쪽 별은 목성에서 1분 거리로 멀어졌다. (…)

이상은 내가 처음 발견한 네 개의 메디치 별*들을 최근에 관측한 결과이다. 아직 이 별들의 주기를 계산할 수는 없었지만, 이 결과를 통해 주목할 만한 몇 가지 사항은 설명되었다고 본다.

무엇보다 중요한 점은, 목성이 '세계의 중심'**을 십이 년 주기로 도는 동안 이 메디치 별들이 모두 의심할 여지없이 목성 둘레를 돈다는 것이다. 메디치 별들이 비슷한 간격으로 목성을 앞서거나 뒤서거나 하며 따라가는 것, 아주 작은 범위 안에서 서쪽이나 동쪽으로 움직이는 것, 순행에서든 역행에서든 모두 목성을 따라 움직이

---

* 갈릴레이는 목성 주위를 도는 네 위성을 발견한 뒤, 후원자의 이름을 따서 '메디치 별'이라고 이름 지었다.
** 태양을 가리키는 말이다.

는 것, 이 세 가지 사실이 그 증거이다. 게다가 이 별들은 목성 가까이에서 두 개나 세 개, 때로는 네 개 전부가 동시에 모여 있곤 하지만, 목성과 가장 먼 곳에서는 두 개의 별이 하나로 합쳐진 듯이 보이는 법이 없다. 이러한 사실로 미뤄 볼 때, 이 별들은 서로 다른 궤도를 돌고 있다. 또한 더 작은 원을 그리며 목성 둘레를 도는 별이 더 빠르게 공전한다는 것도 알 수 있다. 목성과 가까운 별들은 어제는 서쪽에 있다가 오늘은 동쪽에 있기도 했고 그 반대의 경우도 있었다.

한편 주의해서 아주 정확하게 관찰한 결과, 가장 큰 원을 그리며 도는 행성의 주기는 십오 일 정도로 보인다. 따라서 우리는 행성이 태양 둘레를 돈다는 코페르니쿠스의 체계를 조심스럽게 수용하면서도, 지구와 달이 태양을 일 년에 한 번씩 함께 도는 동시에 달이 지구 둘레를 돌기도 한다는 것이 너무 당혹스러워서 이러한 우주의 구성을 불가능한 것으로 결론짓고 마는 사람들의 당혹감을 단번에 없앨 수 있는 뛰어난 논거를 얻게 되었다. 이제까지는 한 행성의 둘레를 돌며 그 행성과 함께 태양 둘레를 크게 돌기도 하는 것(달)을 하나밖에 몰랐지만, 이제는 네 개의 별이 목성 둘레를 돌면서 그 목성과 함께 십이 년 주기로 태양 둘레를 크게 공전한다는 것을 알게 되었기 때문이다.

이제 메디치 별들이 목성 둘레를 아주 작게 공전하는 동안에 이따금씩 두 배 가까이 커 보이는 이유를 설명해야 한다. 지구의 수증기 때문은 아니다. 왜냐하면 목성과 그 주위에 있는 붙박이별들의 크기가 변하지 않는 동안에도, 메디치 별들은 작아졌다 커졌다 했기 때문이다. 게다가 이 별들이 눈으로 보이는 크기가 변할 만큼 궤도에서 지구와 먼 지점과 가까운 지점을 오갔다고 상상하기란 어렵다. 작은 원운동으로는 그렇게 될 수 없으며, 타원 운동(이 경우에는 거의 직선 운동) 또한 이런 겉보기 변화를 설명하기 어렵다. 나는 기꺼이 내 생각을 말하겠고, 현명한 사상가에게 판단을 맡기겠다. 널리 알려진 현상이지만, 관측하는 동안 눈앞에 지구의 수증기가 있으면 태양이나 달이 더 크게 보이는 반면 붙박이별들은 더 작게 보인다. 이런 이유로 지평선 근처에서는 발광체가 더 크게 보이지만, 별(그리고 행성)은 더 작게 보이고 대개는 잘 안 보인다. 그 수증기에 빛이 흩어지면 더욱 잘 안 보인다. 그래서 앞서 말한 대로 달과 다르게 별(그리고 행성)은 낮이나 어스름이 깔렸을 때 아주 작게 보인다.

앞서 말한 것뿐만 아니라 앞으로 우주 체계에 대해 더 충분히 논의할 것들을 미루어 보면, 지구뿐만 아니라 달도 틀림없이 수증기 구(球)에 둘러싸여 있다. 다른 행성들에 대해서도 똑같이 추측할 수 있으므로, 목성 근처에 주위 에테르•보다 밀도가 높은 구가 있어서 메디치 별들도 달처럼 그 원소의 구에 감싸여 있을지도 모른다. 메

• 예전에 빛이나 열을 전달하는 매체라고 생각했던 가상의 물질. 모순점이 발견되어서 지금은 더 이상 논의되고 있지 않다.

디치 별들이 지구에서 멀 때는 이 원소의 구가 시야를 가로막아서 별들이 더 작게 보이고, 지구에 가까울 때에는 이 구가 없거나 얇아져서 별들이 더 크게 보인다. 시간이 부족해서 이 문제를 좀 더 깊이 연구할 수 없었다. 그러나 현명한 독자께서는 이 문제들에 대해 머잖아 더 많은 이야기가 나올 것을 기대해 주시기 바란다.

— 갈릴레오 갈릴레이 『갈릴레오가 들려주는 별 이야기: 시데레우스 눈치우스』
(장헌영 옮김, 승산 2009)

꿈의 해석

👤 지그문트 프로이트(Sigmund Freud, 1856~1939)

오스트리아의 심리학자이자 신경과 의사. 히스테리 환자를 치료하며 무의식이라는 미지의 분야를 연구하는 정신 분석학을 창시했다. 그의 정신 분석학은 인간의 심리와 정신병 치료에 관한 이론이면서 문화와 사회를 해석하는 시각을 제공한다. 그래서 등장 이후 심리학, 사회학, 철학, 교육학 등 다양한 분야에 영향을 미쳤다. 『꿈의 해석』은 제목 그대로 프로이트가 꿈에 대해 전반적으로 연구한 결과를 담은 책으로, 그가 무의식의 존재를 증명하는 데 중요한 역할을 했다. 지은 책으로 『정신 분석학 개요』 『종교의 기원』 등이 있다.

• 이어지는 글은 5장 '꿈—재료와 꿈—출처'에서 골랐다.

소중한 사람이 죽는 꿈

전형적이라 부를 수 있는 또 다른 일련의 꿈은 소중한 친척, 부모나 형제자매, 자녀 등이 죽는 꿈이다. 이 꿈은 즉시 두 부류로 구분해야 한다. 하나는 꿈속에서 전혀 슬픔을 느끼지 않아 깨어난 후 자신의 무정함에 놀라고 의아해하는 경우이다. 다른 하나는 죽음을 몹시 비통해하며 자는 동안 격렬하게 우는 꿈이다.

첫 번째 부류의 꿈은 제쳐 둘 수 있다. 그것들은 전형적으로 다루어야 할 어떠한 이유가 없다. 분석해 보면 그러한 꿈들은 표현하는 내용과는 다른 의미를 지니고 있으며, 모종의 다른 소원을 감추기 위한 사명을 띠고 있는 것을 알 수 있다. 언니의 외동아들이 죽어 관 속에 누워 있는 광경을 보는 꿈이 그런 경우이다. 이모가 어린 조카의 죽음을 바라는 것은 아니다. 우리가 알고 있듯이, 여기에는 다만 오랫동안 보지 못한 사랑하는 사람을 다시 만나고 싶은 소원이 감추어져 있을 뿐이다. 과거에 이와 비슷하게 오랜 시간이 지난 후에 다른 조카의 시신 옆에서 그와 재회한 적이 있었기 때문이다. 꿈의 실제 내용을 이루는 이러한 소원은 슬퍼할 동기를 제공하지 않는다. 그 때문에 꿈속에서 전혀 슬픔을 느끼지 못하는 것이다. 여기에서도 꿈속에서 느끼는 감정이 겉으로 드러난 꿈-내용●이 아니라 잠재적 꿈-내용에 속하고, 꿈의 '감정' 내용은 '표상' 내용을 다스리는 왜곡의 지배에서 벗어나 있는 것을 알 수 있다.

사랑하는 친척의 죽음 앞에서 비통한 감정을 느끼는 꿈들은 다르다. 이것들은 내용이 말하는 것, 즉 관계된 사람이 죽었으면 하는 소원을 의미한다. 비슷한 꿈을 꾼 적이 있는 사람과 독자들이 내 해석에 반발하리라는 것을 충분히 예상할 수 있기 때문에, 나는 되도록 상세하게 증명해야 한다.

우리는 꿈에서 성취된 것으로 묘사되는 소원들이 항상 현재 품고 있는 소원만은 아니라는 것을 알려 주는 꿈을 이미 하나 해명했다. 그것들은 오래전에 지나가 버리고 다른 것들에 뒤덮여 억압된 소원일 수 있다. 오로지 꿈에 다시 나타났기 때문에 아직 존재한다고 인정해야 하는 것들이다. 그러한 소원들은 우리가 세상을 떠난 사람들을 생각할 때처럼 죽어 버린 것이 아니라, 피를 마시자마자 생

●프로이트는 꿈을 해석하기 위해 꿈꾼 사람의 기억, 연상, 말 속에서 드러나는 '꿈-내용'과 꿈의 원천인 '꿈-사고'를 구별했다. 그리고 꿈-내용에서 꿈-사고를 도출하는 과정을 '꿈-작업'이라고 했다.

명을 얻는 오디세우스의 그림자들 같다.[*] 상자 속 죽은 아이의 꿈에서는 십오 년 전 품었으며, 그 당시부터 솔직하게 고백했던 소원이 문제였다.[**] 이 소원조차 유년 시절의 기억에서 출발한다고 덧붙이는 것은 꿈-이론에 중요할 수 있다. 꿈을 꾼 부인은 어린 시절—정확하게 언제인지는 말할 수 없다—어머니가 자신을 잉태했을 때 무척 화나는 일이 있어 배 속의 아이가 죽었으면 하고 몹시 바랐다는 이야기를 들은 적이 있었다. 자신이 어른이 되어 직접 임신하게 되었을 때, 그녀는 단지 어머니의 예를 따른 것이었다.

누군가 몹시 비통해하며 아버지나 어머니, 형제자매가 죽는 꿈을 꾸었다고 해서, 그 꿈을 그가 '지금' 그들의 죽음을 바란다는 증거로 이용해서는 안 된다. 꿈-이론은 그렇게 많은 것을 요구하지 못한다. 단지 그가—언젠가 어렸을 때—그들의 죽음을 바란 적이 있었다고 추론하는 것으로 충분하다. 그러나 내가 이렇게 유보 조건을 달더라도, 나는 이것이 내 견해에 반대하는 사람들을 무마하는 데 도움이 되지는 못할 거라고 생각한다. 그들은 현재 그런 소원을 품고 있지 않다고 확신하는 만큼, 그런 생각을 한 적이 있다는 가능성에 강하게 이의를 제기할 것이다. 그러므로 나는 그렇다는 것을

- 그리스 신화의 영웅 오디세우스는 미래를 알기 위해 죽은 자들이 있는 지하 세계를 방문한다. 망령들은 염소의 피를 마시면 잠시 말을 할 수 있었다.
- 프로이트의 환자 중 열다섯 살 먹은 외동딸이 죽어서 상자 속에 누워 있는 꿈을 꾼 여성이 있었다. 프로이트는 이 여성이 임신했을 때 전혀 행복하지 않았으며 배 속의 아이가 죽길 바랐다는 사실을 알고, 그 소원이 꿈의 원인이라고 주장했다.

증명하기 위해 오래전 파묻혀 버린 어린 날 체험의 일부를 끄집어내야 한다.

먼저 어린이들의 형제자매 관계에 주목해 보자. 나는 왜 다들 그것이 사랑이 넘치는 관계라고 가정하는지 이해할 수 없다. 성인들 세계에서 형제간의 불화 사례는 누구나 쉽게 경험할 수 있으며, 이러한 불화가 유년 시절에서 비롯되었거나 아니면 옛날부터 존재했다는 사실을 종종 확인할 수 있기 때문이다. 어른이 되어 서로 아주 다정하고 많은 도움을 주지만, 어린 시절에는 끊임없이 싸웠던 사람도 많다. 손위는 손아래 동생을 괴롭히고 골탕 먹이거나 장난감을 빼앗는다. 동생은 손위 형제에 대해 무력한 분노에 불타며, 시기하고 두려워한다. 또는 처음으로 싹튼 자유의 충동과 권리 의식이 손위 형제라는 압제자를 향하기도 한다. 부모들은 형제 사이가 좋지 않다고 말하지만, 왜 그러한지 도무지 이유를 알지 못한다. 어린이의 착한 성격 역시 성인들에게서 발견하길 기대하는 착한 성격과는 다르다는 것을 쉽게 알 수 있다. 어린이는 철저하게 이기적이다. 어린이는 자신의 욕구를 격렬하게 느끼며, 특히 경쟁자인 다른 아이들, 1차적으로 형제에 대한 고려 없이 무조건 그것을 충족하려 든다. 그렇다고 우리는 아이가 '나쁘다'고 말하지 않는다. 그저 '버릇이 없다'고 할 뿐이다. 형법처럼 우리도 어린이의 나쁜 행위에 대해 어린이 책임이 아니라고 판단한다. 그것은 당연한 일이다. 우리가 아동기라고 여기는 시기에 어린 이기주의자 안에서 이타적 움직임과 도덕이 깨어나고, 마이네르트*의 말을 빌리면 2차적 자아가 1차적 자아를 뒤덮고 방해한다고 예상할 수 있기 때문이다. (…)

형제자매의 죽음을 바라는 소원은 그들을 경쟁자로 생각하는 어린이의 이기심을 통해 설명할 수 있다면, 온갖 사랑을 베풀고 욕구를 해결해 주는 부모가 죽기를 바라는 소원은 어떻게 설명할 수 있을까? 이기적 관점에서 보면 오히려 계속 살아 있기를 소원해야 맞지 않을까?

부모의 죽음에 관한 꿈이 주로 꿈꾸는 사람과 성별이 같은 쪽에만 해당된다는 경험이 이러한 어려움을 해결하도록 이끌어 준다. 즉 남자는 대부분 아버지의 죽음을, 여자는 어머니의 죽음을 꿈꾼다. 이것을 규칙이라고 내세울 수는 없지만, 그런 경우가 눈에 띄게 많기 때문에 일반적으로 중요한 계기를 통해 그것을 해명할 필요가 있다.

요점만 말하면 성적으로 어느 한쪽을 좋아하는 경향이 일찍부터 눈을 떠, 소년은 아버지를, 소녀는 어머니를 사랑의 경쟁자로 보고 이 경쟁자를 없애면 자신에게 유리하다고 생각하는 것으로 보인다.

이런 생각을 끔찍한 것으로 비난하기 전에, 여기에서도 부모 자식 사이의 현실적인 관계에 주목할 필요가 있다. 효성이라는 문화적 요구가 이 관계에서 바라는 것과 일상생활을 관찰한 결과 실제로 드러나는 것을 구분 지어야 한다. 부모 자식 관계에는 적대감을

• 오스트리아의 정신 신경학자로 주로 뇌의 구조와 기능에 대해 연구했다.

불러일으키는 동기가 한 가지 이상 숨어 있다. 검열을 통과할 수 없는 소원을 품게 하는 조건은 아주 많다. 먼저 부자 관계를 자세히 살펴보자. 나는 신성시되는 모세의 십계명이 우리의 현실을 인지하는 감각을 무디게 한다고 생각한다. 우리는 인류 대부분이 다섯 번째 계명*을 멀리하고 있다는 것을 감히 인정하려 들지 않는다. 신분의 고하를 막론하고 다른 이해관계 앞에서 부모에 대한 효성심은 뒷전으로 밀려나기 십상이다. 태곳적부터 신화와 전설을 통해 우리에게 전해 내려오는 어두운 이야기들은 아버지의 전권과 그것을 휘두를 때의 냉혹함에 대해 유쾌하지 않은 표상을 심어 준다. 어미 돼지가 낳은 새끼들을 수퇘지가 먹어 치우듯이 크로노스**는 자기 자식들을 삼키고, 제우스는 자기 아버지를 거세한 다음 스스로 지배자가 되어 아버지 자리를 차지한다. 고대의 가족 안에서 아버지가 절대적 권력을 휘두를수록 장차 그 자리를 이어받을 아들은 그만큼 더 적의 입장이 될 수밖에 없었고, 아버지의 죽음 후 직접 지배하고 싶어 조바심을 냈을 것이다. 우리 시민 사회에서도 아버지는 아들이 스스로 결정하는 능력과 이에 필요한 수단을 지니길 거부하여, 적개심이 자연스럽게 싹트도록 도와주는 경우가 많다. 의사는 아들에게서 아버지를 잃은 고통보다 마침내 바라던 자유를 얻은 기쁨이 더 큰 경우를 자주 접하게 된다. 아버지들은 오늘날 우

---

* 모세가 신에게서 받았다는 십계명 중 다섯 번째 계명인 '너희 부모를 공경하라.'를 가리킨다.
** 그리스 신화에 나오는 신. 아들에게 지위를 빼앗긴다는 예언을 믿고, 자식들이 태어나는 대로 잡아먹다가 아들인 제우스에 의해 쫓겨났다고 한다.

리 사회에서 골동품이 되어 버린 '가장의 권리'를 발작적으로 움켜쥐곤 한다. 입센처럼 예로부터 전해 내려오는 부자간의 투쟁을 중심으로 작품을 쓰는 시인들은 전부 성공을 확신할 수 있다. 모녀 갈등의 동기는 딸이 자라 어머니를 감시인이라고 생각하게 되면서 표출된다. 딸은 성적 자유를 갈망하지만, 어머니는 활짝 핀 딸을 통해 자신의 성적 요구를 단념할 때가 되었다는 것을 깨닫는다.

이런 관계들은 누구나 분명히 알 수 있는 것이다. 그러나 예부터 부모에 대한 효성을 절대적인 것으로 여겨 온 사람들이 부모가 죽는 꿈을 꾸는 경우, 그러한 관계들은 꿈-해명에 별로 도움이 되지 않는다. 우리는 앞에서 논한 바를 통해 부모의 죽음을 바라는 소원이 유년기에서 유래한다는 사실에 어느 정도 준비가 되어 있다.

정신 신경증* 환자들을 분석해 보면 이러한 추측은 의심의 여지 없이 확인된다. 여기에서 어린이의 성적인 소원——싹트는 단계에서 이렇게 부를 수 있다면——이 아주 어린 나이에 깨어나며, 여자아이가 느끼는 최초의 애정은 아버지에게, 남자아이 최초의 유아기 욕망은 어머니에게 향한다는 것을 알 수 있다. 따라서 사내아이에게는 아버지가, 여자아이에게는 어머니가 방해되는 경쟁자이다. 우리는 이러한 감정에서 죽음을 바라는 소원이 얼마나 쉽게 깨어나는지 이미 형제자매 관계에서 자세히 살펴보았다. 성적인 선호

● 정신적 영향 때문에 정신이나 신체에 증상이 나타나는 신경증. 불안 히스테리, 강박 신경증 등이 있다.

는 일반적으로 이미 부모에게서 나타난다. 둘 다 성별의 마법이 판단을 흐리게 하지 않을 때는 어린이들의 교육을 위해 엄격하려고 노력하지만, 자연히 남자는 어린 딸을 귀여워하고, 여자는 아들 편을 들게 된다. 어린이는 사랑받는 것을 즉시 알아채고, 그것에 반대하는 부모 쪽에 반항한다. 어린이에게 있어 어른에게 사랑받는다는 것은 특별한 욕구의 충족일 뿐 아니라, 모든 일에서 자신의 뜻대로 할 수 있다는 것을 의미한다. 그래서 어린이는 부모 중 어느 한쪽을 선택하는 경우 자신의 성적 충동을 따름과 동시에, 부모에게서 받은 자극을 그대로 되풀이한다.

어린이 편에서 나타나는 이런 유아기 애정의 징후는 대부분 쉽게 간과된다. 그중 몇 가지는 최초의 유년기가 지난 다음에도 눈에 띌 수 있다. 내가 아는 어떤 소녀는 여덟 살인데, 어머니가 식탁에서 자리만 뜨면 그 기회를 이용해 자신이 어머니의 후계자라고 선언한다. "이제 내가 엄마가 되겠어요. 카를, 야채 더 들겠어요? 좀 더 들어요." 아주 총명하고 생기 넘치는 네 살 소녀에게서 아동 심리의 이런 측면이 특히 분명하게 드러난다. 그 아이는 터놓고 이렇게 말한다. "엄마가 어디로 가 버릴지도 몰라요. 그러면 아빠는 나와 결혼해야 해요. 내가 아빠의 부인이 되겠어요." 어린이의 삶에서 이런 소원이 어머니를 깊게 사랑할 가능성을 완전히 배제하는 것은 아니다. 아버지의 여행 중 어머니 옆에서 잘 수 있었던 소년이 아버지의 귀가 후 자기 방의 마음에 안 드는 사람에게로 돌아가야 한다면,

사랑하는 아름다운 엄마의 옆자리를 차지하기 위해 아버지가 영영 돌아오지 않기를 바라기는 쉬울 것이다. 그리고 이런 소원 성취의 수단이 아버지의 죽음이라는 것은 분명하다. 예를 들어 할아버지 처럼 '죽은' 사람들은 한번 집을 떠나면 다시는 돌아오지 않는다는 것을 어린이는 경험으로 알기 때문이다.

이와 같이 어린이들을 관찰한 결과가 내가 제안한 해석에 무리 없이 들어맞는다 할지라도, 물론 충분한 확신까지는 이르지 못한 다. 의사로서 성인 신경증 환자들을 정신 분석할 때는 그런 확신이 절로 든다. 이에 해당되는 꿈들을 이야기하기에 앞서 그것들을 소 원-꿈으로 해석해야 한다는 말을 미리 해 두어야 한다. 어느 날 나 는 어떤 부인이 많이 울었는지 퉁퉁 부은 얼굴로 몹시 슬퍼하는 것 을 보았다. 그녀는 친척들이 자신을 소름 끼쳐 하기 때문에 다시는 그들을 만나고 싶지 않다고 말한다. 그러고는 어떤 꿈이 생각나는 데 그 꿈의 의미가 무엇인지 도무지 모르겠다고 불쑥 이야기한다. 그녀가 네 살 때 꾼 꿈으로, 이런 내용이다. "살쾡이 아니면 여우인 듯한 짐승이 지붕 위를 걸어 다닌다. 무엇인가 밑으로 떨어진다. 아 니면 그녀가 떨어진 것인지도 모른다. 그다음 사람들이 죽은 어머 니를 집 밖으로 내가고, 그녀는 몹시 슬퍼 운다." 나는 이 꿈이 어머 니의 죽음을 바라던 그녀의 어린 시절 소원을 의미하고, 친척들이 그녀를 소름 끼쳐 할 거라는 생각은 바로 이 꿈 때문이라고 이야기 했다. 그녀는 이 말을 들은 즉시 꿈-해명의 실마리가 되는 재료를 제공했다. 언젠가 어린 시절 부랑자에게서 '살쾡이 눈'이라는 욕설을 들은 적이 있었던 것이다. 그리고 그녀의 어머니는 그녀가 세 살 때 지붕에서 떨어진 벽돌에 머리를 맞고 많은 피를 흘렸다. (…)

지금까지의 내 수많은 경험에 따르면, 어른이 되어 정신 신경증을 앓게 되는 어린이들의 정신에서 부모가 중대한 역할을 한다. 그 시기에 형성된 부모의 어느 한쪽에 대한 사랑과 다른 한쪽에 대한 증오심은 훗날 신경증 증상에 아주 중요한 부동의 심리적 자극 재료이다. 그러나 나는 정신 신경증 환자들이 절대적으로 새로운 것, 그들만의 특유한 것을 만들어 낼 수 있어, 정상적인 인간들과 분명하게 구분된다고는 생각하지 않는다. 부모를 향한 그들의 애정 어린 소원이나 적대적인 소원은 대부분 어린이들의 정신에서도 일어나는 것이다. 다만 환자들의 경우 정도가 더 뚜렷하고 강하기 때문에 눈에 띈다고 보는 것이 훨씬 개연성이 있으며, 이는 정상적인 어린이들을 관찰함으로써 이따금 확인된다.

— 지그문트 프로이트 『꿈의 해석』(김인순 옮김, 열린책들 2004)

생각 키우기

1. 베이컨은 고대 그리스 이후 오랫동안 이어져 온 학문의 체계를 재정립합니다. 특히 자연 과학을 하나의 학문으로 구분한 점이 눈에 띄지요. 다음은 베이컨이 정의한 학문의 갈래와 그 특징을 나열한 것입니다. 『학문의 진보』를 읽고 학문의 갈래와 특징을 올바르게 짝지어 봅시다.

학문의 갈래	특징
형이상학	지식 전체를 낳은 부모 또는 공통의 조상이다.
자연사	자연에 존재하는 다양한 사물을 다룬다.
종합 철학	자연 현상에서 변할 수 있고 상대적인 원인을 취급한다.
물리학	아리스토텔레스의 원인 분류법을 따르면 형상인과 목적인을 다룬다.

2. 데카르트는 "나는 생각한다. 고로 존재한다."라는 말로 학자의 기본자세를 논한 철학자이면서 우주의 원리를 탐구한 과학자입니다. 데카르트의 다재다능한 면모가 드러나 있는 『철학의 원리』를 참고하여 다음 문장이 데카르트의 의견과 일치하면 ○, 그렇지 않으면 × 표를 해 봅시다.

- 진리를 추구한다면 조금이라도 불확실한 것은 무엇이든 의심해 봐야 한다. (　)
- 이 세상에서 '생각하고 있는 나'의 존재만은 절대로 의심할 수 없다. (　)
- 지구를 포함한 모든 행성은 태양을 중심으로 스스로 운동한다. (　)
- 태양을 중심으로 회전하는 하늘 물질의 움직임은 태양과 가까울수록 느리다. (　)

3. 꿈을 과학적 연구 대상으로 여긴 프로이트는 꿈의 내용에서 객관적 규칙을 찾으려 했습니다. 그 결과 인간의 무의식이 꿈에 영향을 미치며, 꿈의 내용은 과거와 현재의 소원이 반영된 것이라고 주장했지요. 『꿈의 해석』을 읽고 다음 표의 빈칸을 채워 봅시다.

꿈의 내용	꿈의 원인
꿈속에서 가까운 사람이 죽었지만 전혀 슬프지 않았다.	모종의 다른 소원을 감추기 위한 꿈으로 전형적인 원인이 없다.
꿈속에서 가족이 죽었는데 너무나 슬퍼서 자다가 울음을 터뜨렸다.	
대부분 남자는 아버지가 죽는 꿈을, 여자는 어머니가 죽는 꿈을 꾼다.	

4. (가)는 천동설을 대표하는 프톨레마이오스의 우주관을 나타낸 그림과 그에 대한 설명이고, (나)는 갈릴레이가 망원경으로 목성을 관측한 결과를 정리한 것입니다. (나)를 바탕으로 프톨레마이오스의 우주관이 잘못된 이유를 생각해 봅시다.

(가) 고대 그리스의 천문학자 프톨레마이오스는 자신의 책『알마게스트』에서 천동설을 바탕으로 하는 우주관을 설명한다. 프톨레마이오스의 우주관은 다음과 같이 정리할 수 있다.

지구는 구체로서 우주의 중심에 자리하여 움직이지 않는다. 태양, 달, 별 같은 천체는 지구를 중심으로 완벽한 원을 그리며 운동한다. 천체들의 영역 역시 둥근 공과 같은 모양으로 그 크기는 유한하다.

이후 유럽에도 전해진『알마게스트』는 기독교의 교리에 맞춰 변형되었다. 그렇게 변형된 기독교적 천동설은 갈릴레이에 의해 지동설이 증명될 때까지 전 유럽에서 믿어졌다.

(나) 망원경으로 목성을 관측한 갈릴레이는 목성 주위에서 네 개의 별을 발견했다. 몇 달 동안 목성과 그 별들의 움직임을 관측한 갈릴레이는 다음과 같은 사실을 알게 되었다.

첫째, 이 별들은 비슷한 간격으로 목성을 앞서거니 뒤서거니 하며 따라간다.

둘째, 이 별들은 아주 작은 범위 안에서 서쪽이나 동쪽으로 움직인다.

셋째, 이 별들은 순행에서든 역행에서든 모두 목성을 따라 움직인다.

5. 과학과 사회는 동떨어져 있지 않고, 서로 영향을 주고받으면서 변화합니다. 근대 과학이 확립되던 시기의 유럽에서는 그런 경향이 두드러지지요. (가)는 과학 혁명이 일어나던 당시의 유럽 사회에 대한 설명이고, (나)는 근대 과학의 특징을 정리한 글입니다. (가)와 (나)를 읽고 근대 과학이 당시 사회와 어떤 영향을 주고받았는지 논해 봅시다.

(가) 15~16세기 유럽에서는 여러 가지 변화가 일어났다. 그중 몇 가지를 예로 들면 다음과 같다.

먼저 바닷길을 통한 무역이 중요해졌는데, 그로 인해 아메리카 대륙의 발견 등이 이루어졌다. 또한 구텐베르크가 활판 인쇄를 발명하여 지식이 예전보다 훨씬 빠르고 쉽게 전파될 수 있었다. 종교 개혁이 전 유럽으로 퍼질 수 있었던 것도 활판 인쇄 덕분이라 할 수 있다. 종교 개혁은 중세 교회의 억압적인 교리로부터 사람들을 해방시키기는 했지만, 종교 갈등을 유발해 전쟁이 벌어지기도 했다.

(나) 근대 과학은 자연을 탐구하는 방법으로 실험, 관찰, 수학을 중요시한다. 면밀한 실험과 관찰을 통해 객관적인 정보를 수집하고, 이로부터 이끌어 낸 자연의 법칙을 수학으로 표현하는 것이다. 이러한 탐구 방법은 지금까지도 이어지고 있다.

근대 과학이 이룩한 몇몇 업적은 사람들의 사고방식에 큰 변화를 주었다. 태양이 우주의 중심이라는 지동설은 천동설보다 훨씬 간략하게 천체의 운행을 설명할 뿐만 아니라 천체 관측 결과와도 일치했다.

갈릴레이를 거쳐 뉴턴에서 확립된 역학도 빼놓을 수 없다. 뉴턴은 관성의 법칙, 가속도의 법칙, 작용 반작용의 법칙, 만유인력의 법칙을 수학적으로 증명했다. 이로써 하늘에 있는 행성의 운동과 지구에서 벌어지는 조석 간만의 차를 하나의 법칙으로 설명할 수 있게 되었다.

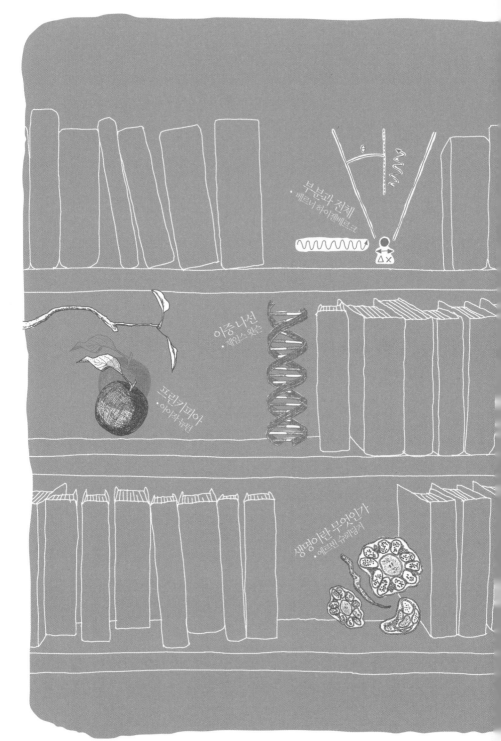

운동과 생명

생명의 비밀에 대한
단서는 물리학에 있다

상대성의 특수 이론과 일반 이론
• 알베르트 아인슈타인

e=mc²

"자연은 진공을 싫어한다."

이게 웬 우스갯소리냐고요? 그런데 유럽인들은 이 미신 같은 말을 이천 년 넘게 믿었답니다. 고대 그리스의 철학자 아리스토텔레스는 자연이 진공을 싫어하기 때문에 아무것도 없는 공간이란 존재할 수 없다고 했습니다. 이 개념은 17세기에 물리학자 토리첼리가 수은 기둥을 이용한 실험으로 진공의 존재를 증명하기 전까지 전 유럽에 퍼져 있었지요.

19세기 말의 독일 사상가 막스 베버는 서양의 근대화를 '합리화 및 탈주술화 과정'이라고 정의합니다. 이는 근대 과학에도 똑같이 적용되지요. 2장에서 봤듯 근대 과학은 자연을 신비로운 존재가 아닌 일종의 기계로 보고, 어떻게 작동하는지 알아내려 했습니다. 그리고 그 작동 원리를 합리적인 수단인 수학으로 표현했지요. 후대의 학자들은 근대 과학을 대표하는 갈릴레이, 데카르트, 뉴턴 등이 자연을 대하는 태도를 가리켜 '기계론적 자연관'이라고 부릅니다.

과학과 자연관은 서로 영향을 주고받으며 변화합니다. 그래서 기계론적 자연관 역시 변화를 맞이했지요. 3장에서는 이러한 과학과 자연관의 변화에 대해 살펴보려 합니다.

등장 이래 오랫동안 굳건했던 기계론적 자연관은 20세기 초에 흔들리기 시작합니다. 입자의 구조, 빛의 속도, 에너지의 흐름 등 뉴턴 물리학으로 설명할 수 없는 현상들이 관측되었거든요. 이런 상황에서 아인슈타인의 상대성 이론과 양자 물리학이 등장해 시공간은 절대적이며 자연 현상에는 명확한 인과 관계가 있다는 기계론적 자연관의 기본 전제를 뒤집습니다. 기존의 과학이 그리는 세계가 질서 있게 법칙을 따르는 입자들로 구성되었다면, 새로운 과학은 서로 끊임없이 관계를 맺는 사건들로 세계를 묘사하지요. 바야흐로 '전일론적 자연관'이 등장한 것입니다.

기계론적 자연관은 자연 현상에서 예측할 수 있는 규칙을 찾기 위해 점점 작은 대상을 탐구합니다. 그에 반해 전일론적 자연관은 자연에 예측할 수 없는 성질이 있음을 인정하고, 좀 더 복잡하며 본질적인 현상의 경향을 해석하는 데 집중하지요.

이렇듯 자연 전체를 하나의 현상으로 파악하는 전일론적 자연관은 물리학이 눈에 보이지 않는 영역을 연구하게 되면서 등장했습니다. 양자 물리학이 물질의 구성 원리를 알아내고, 천체 물리학이 원소와 별의 탄생 과정을 밝힘으로써 모든 물질은 따로 떼어서 생각할 수 없으며 서로 관계를 맺고 있다는 사실이 밝혀졌거든요.

전일론적 자연관이 일으킨 변화는 여러 과학 분야로 퍼져 나갑니다. 양자 물리학이 밝힌 물질의 구성 원리로 화학 결합이 어떻게 이루어지는지도 설명할 수 있습니다. 또한 그 이론이 생물학에도 적용돼 생명과 유전 작용의 원리를 물리적·화학적으로 해명하게 되었지요. 이렇게 전일론적 자연관을 바탕으로 하는 과학적 방법론은 다양한 분야에 적용할 수 있는 일반 원리라는 것이 증명되었습니다.

다만 전일론적 자연관이 등장했다고 해서 기계론적 자연관이 완전히 내쳐진 것은 아닙니다. 우리는 여전히 뉴턴의 이론을 배우고 있으니까요. 두 자연관 역시 서로 영향을 주고받으며 부족한 부분을 보완하는 관계라고 보는 것이 타당합니다.

20세기 초에 이루어진 자연관의 변화는 방대하고 복잡한 탓에 짧은 글로 다 파악하기는 어렵습니다. 그래도 3장에서 소개하는 다섯 편의 고전을 읽으면 과학과 자연관의 관계를 이해하는 데 큰 도움이 될 것입니다.

흔히 근대 과학은 1687년 세 권으로 출간된 아이작 뉴턴의 『프린키피아』에서 완성되었다고들 합니다. 뉴턴은 눈에 보이는 자연 현상을 수학적으로 증명했습니다. 특히 우주와 지구에서 일어나는 모든 거시적인 운동에 적용되는 만유인력의 법칙은 천상과 지상을 통합하며 사회에 큰 충격을 주었지요. 20세기 들어 양자 물리학이 대두되며 그 지위가 흔들리기도 했지만, 지금도 뉴턴의 이론은 큰 영향력을 발휘하고 있습니다. 여러분이 읽을 글은 『프린키피아』의 마지막에 해당하는 주석입니다. 원래 초판에는 없었지만 뉴턴이 사람들의 반박에 답하기 위해 덧붙인 글이지요. 이 세계는 신의 작품일 수밖에 없다는 내용에서 독실한 기독교인이기도 했던 뉴턴의 면모가 드러납니다. 그리고 불확실한 가설은 배제하고 오로지 기계적이며 수학적으로 자연 현상을 해석하려 하는 뉴턴의 기계론적 자연관도 담겨 있고요. 뉴턴의 글에서 과학 이론뿐만 아니라 그의 자연관까지 찾아보기를 바랍니다.

두 번째 고전은 알베르트 아인슈타인의 『상대성의 특수 이론과 일반 이론』입니다. 앞서 말했듯 19세기 말과 20세기 초, 갈릴레이와 뉴턴 등이 확립한 고전 물리학은 거센 도전을 받습니다. 그리고 아인슈타인이 특수 상대성 이론과 일반 상대성 이론을 내놓으면서 영원할 것 같던 고전 물리학이 뿌리째 흔들렸지요. 절대 변하지 않는 것이라 믿던 시간과 공간 역시 상대적이며 관찰하는 사람의 상태에 따라 달라진다는 사실이 밝혀졌으니까요. 사실 아인슈타인의 이론 자체는 보통 사람들이 이해하기 버거운 수학으로 표현되어 있습니다. 다만 이 책은 아인슈타인이 일반인을 대상으로 최대한 풀어서 쓴 것이라 의미가 있지요. 만만치 않은 도전이 되겠지만, 고전 물리학과 현대 물리학을 잇는 징검다리로서 꼭 읽어 봐야 하는 글입니다.

20세기 초에 등장한 양자 물리학은 전 세계에 큰 혼란을 일으켰습니다. '불확정성의 원리'로 유명한 베르너 하이젠베르크의 자서전 『부분과 전체』에서 그 예를 볼 수 있지요. 1927년, 하이젠베르크와 닐스 보어 등의 물리학자들이 주축이 되어 '코펜하겐 해석'이라는 것을 내놓습니다. 이는 그때까지 발표된 양자 물리학 이론을 새롭게 해석하는 방법이었지요. 그런데 그 내용이 워낙 파격적이었습니다. 코펜하겐 해석에 따르면 우리는 자연 현상을 그저 확률적으로만 파악할 수 있을 따름입니다. 이 해석은 철학에도 영향을 미쳤습니다. 인간이 무언가를 '아는' 데는 근본적인 한계가 있다는 뜻이었기 때문입니다. 그때까지 모든 일에는 인과 관계가 있고 그것을 밝혀낼 수 있다고 확신하던 사람들은 코펜하겐 해석을 받아들이지 못했습니다. 심지어 양자 물리학의 기초를 쌓았던 아인슈타인조차 "신은 주사위를 굴리지 않는다."라며 코펜하겐 해석을 비판했지요. 여러분께 소개하는 글은 하이젠베르크가 칸트 철학을 믿는 그레테 헤르만과 양자 물리학에 대해 토론하는 장면입니다. 칸트 철학은 뉴턴 물리학을 바탕으로 하기 때문에 헤르만 역시 양자 물리학의 확률적 해석을 탐탁지 않게 여겼지요. 무언가를 안다는 말의 의미를 곱씹으며 그들의 대화에 주목합시다.

양자 물리학이 성립되는 데 큰 공을 세운 에르빈 슈뢰딩거의 대표작으로 『생명이란 무엇인가』를 꼽는 것이 좀 의아할지도 모르겠습니다. '물리학자가 웬 생명?' 하고 말입니다. 얼핏 유기체에는 물리 법칙을 적용할 수 없을 것 같기도 하고요. 하지만 생물학과 물리학은 서로 동떨어진 학문이 아닙니다. 애초에 고대 그리스의 물리학은 생물까지 다루었거든요. 게다가 양자 물리학자들은 생물학과 물리학을 연결하는 새로운 학문을 제창했지요. 슈뢰딩거 역시 생명과 유전 현상을 양자 물리학으로 설명할 수 있다고 생각했습니다. 그러한 내용으로 이루어진 강연을 엮은 책이 『생명이란 무엇인가』입니다. 사실 지금 보자면 오류도 많고 억지스러운 가정도 있습니다. 슈뢰딩거 이후에야 본격적으로 생물 물리학이 발전했으니 당연하지요. 하지만 DNA의 구조를 밝힌 왓슨과 크릭 역시 슈뢰딩거의 글에서 영향을 받았다고 합니다. 과학책을 읽는 목적은 꼭 최신 정보를 얻기 위해서만은 아닙니다. 슈뢰딩거의 글에는 여러 요소를 통합해서 생명을 바라보는 전일론적 자연관의 사고방식이 담겨 있습니다.

　제임스 왓슨의『이중 나선』에서는 조금 다른 관점으로 과학을 바라볼 수 있습니다. DNA의 이중 나선 구조는 모르는 사람이 없을 정도로 유명하지요. 하지만 우리는 이 책에서 DNA의 구조가 아닌 다른 내용, 바로 현대 과학의 특징을 살펴보려고 합니다. 아인슈타인을 마지막으로 천재 과학자 한 명이 놀라운 성과를 거두기는 힘들어졌습니다. 과학의 분야가 너무나 다양해지고 복잡해졌거든요. 그래서 협동이 점점 중요해졌지요. 제임스 왓슨과 프랜시스 크릭도 앞선 연구자들의 성과를 바탕으로 다른 분야의 도움을 받아 DNA의 구조를 밝혀냈습니다. 하지만 과학자도 사람이다 보니 서로 갈등을 빚곤 합니다. 왓슨의 글에도 새로운 아이디어를 둘러싼 대립이 등장하는데, 여기서 지은이가 왓슨이라는 점에 주의해야 합니다. 아무래도 혼자 쓴 글이라 개인적인 해석과 편견이 포함되었을 수 있거든요. 현대 과학 연구의 특징을 확인함과 더불어 노벨상 수상자의 인간적인 면모도 엿볼 수 있는 흥미로운 글로 3장을 마무리합니다.

프린키피아

👤 **아이작 뉴턴**(Isaac Newton, 1642~1727)

영국의 물리학자이자 천문학자, 수학자. 우주에 존재하는 모든 물질의 운동 원리를 설명하는 만유인력의 법칙으로 널리 알려져 있다. 그 외에도 미적분학을 개발하고 빛이 혼합광이라는 사실을 밝히는 등 수학과 자연 과학의 발전에 막대한 공헌을 했다. 2005년, 영국 왕립학회 회원들은 아인슈타인보다 뉴턴이 인류와 과학에 공헌한 바가 크다고 평가하기도 했다. 『프린키피아』는 뉴턴 물리학의 집대성이라 불리는 책으로 관성의 법칙, 가속도의 법칙, 작용 반작용의 법칙, 만유인력의 법칙이 수학적으로 증명되어 있다. '프린키피아'는 일종의 준말로 라틴어 원제는 '자연 철학의 수학적 원리'이다.

• 이어지는 글은 『프린키피아』의 마지막에 해당하는 '일반 주석'이다.

뉴턴이 이룩한 수많은 업적의 바탕에는 그의 자연관이 자리하고 있습니다. 그럼에도 불구하고 우리는 뉴턴이 어떤 태도로 자연을 대했는지 자세히 모릅니다. 다음 글에 녹아들어 있는 뉴턴의 자연관이 어떤 것인지, 꼼꼼히 읽으며 찾아봅시다.

소용돌이 운동 가설*은 많은 어려움에 부딪힌다. 각 행성에서 태양으로 그은 동경**이 시간에 비례해서 그리는 면적을 묘사하려면, 소용돌이 각 부분의 주기는 태양과 그것들과의 거리의 제곱에 비례해야만 한다. 그런데 행성의 (공전) 주기가 태양으로부터의 거리의 $\frac{3}{2}$제곱에 비례하려면 소용돌이의 각 부분의 주기도 태양과 떨어진 거리의 $\frac{3}{2}$제곱에 비례하지 않으면 안 된다. 좀 더 작은 소용돌이가 토성, 목성 및 다른 행성들 주위에서의 그것들보다 더욱 작은 공전을 유지하면서, 게다가 태양 주변의 더 큰 소용돌이 속에서 교란되지 않고 조용하게 헤엄칠 수 있으려

* 데카르트는 우주에 진공은 없으며 눈에 보이지 않는 '하늘 물질'이 공간을 채우고 있다고 했다. 그리고 하늘 물질이 태양을 중심으로 소용돌이를 그리기 때문에 행성이 태양 둘레를 공전한다고 주장했다.
** 어떤 점의 위치를 표시할 때, 기준이 되는 점으로부터 그 점까지 그은 직선. 이 글에서는 행성에서 태양까지 뻗은 선분을 말한다.

면 태양의 소용돌이는 모든 부분의 주기가 서로 같아야만 한다. 그런데 소용돌이의 운동과 일치할 터인 태양이나 여러 행성의 그 축을 중심으로 하는 자전 운동은, 그 비율들과 너무나도 동떨어져 있다. 혜성의 운동은 상당히 규칙적이고, 행성의 운동과 같은 법칙에 지배받으며, 소용돌이 운동 가설로는 도저히 설명할 수 없다. 왜냐하면 혜성이 바로 소용돌이 운동의 관념과 부합되지 않게 자유로이 움직이며, 하늘의 모든 부분을 구별 없이 아주 편심적으로* 운동하고 있기 때문이다.

공기 중에 내던져진 물체는 공기 외에는 아무런 저항도 받지 않는다. 보일**이 만들어 낸 진공처럼 공기를 제거해 버리면, 저항은 없어지고 만다. 왜냐하면 이 빈 공간에서는 가느다란 솜털 한 조각이든 황금 한 덩어리든 모두 같은 속도로 낙하하기 때문이다. 그리고 같은 논리가 지구 대기 위쪽의 우주 공간에도 해당되어야 한다. 우주 공간에서는 운동들에 저항하는 공기가 존재하지 않아서 모든 물체는 가장 큰 자유 속도로 움직이며, 행성과 혜성은 주어진 종류의 궤도와 위치에서 앞서 설명한 법칙에 따라 공전을 계속할 것이다. 이 물체들이 제법 간단한 인력 법칙에 의해 그 궤도를 따라 계속 움직이고 있다고는 하나, 이 물체들이 처음부터 그 법칙들에 의해 궤도 자체의 규칙적인 위치에 놓였던 것은 결코 아니다.

● 중심이 한쪽으로 치우쳐 있어 서로 맞지 않은 상태를 뜻하는 말.
●● '화학의 아버지'라 불리는 영국의 화학자. 인위적으로 진공을 만들어 냈고, 공기의 부피는 압력에 반비례한다는 보일의 법칙을 발표했다.

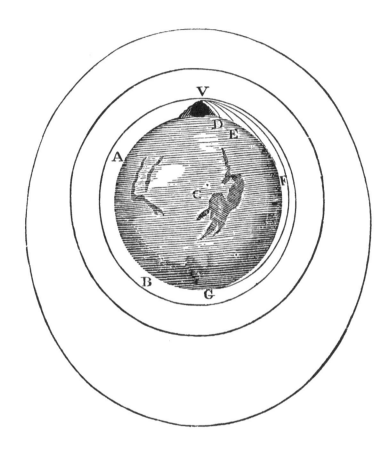

『프린키피아』에 나오는 그림으로, 낙하하는 물체와 지구 둘레를 공전하는 물체를 표현한 것이다. 뉴턴은 공기 마찰이 없는 높은 산에서 지면과 수평으로 포탄을 쏘는 상황을 가정했다. 포물선을 그리며 지면으로 낙하하는 포탄은 속도가 빠를수록 멀리 날아갈 것이다. 하지만 포탄이 충분히 빠르다면 지면으로 떨어지지 않은 채 계속해서 지구 둘레를 공전하게 된다. 뉴턴은 바로 달이 충분히 빠른 포탄과 같다고 생각했다. 이는 인공위성의 기초 원리에 해당한다.

여섯 개의 주요한 행성은 태양 주위에서 태양이 중심인 원을 같은 방향으로 공전하고 있고, 게다가 거의 같은 평면에 있다. 지구, 목성, 토성 주위에는 그 행성들이 중심인 동심원을 행성들의 궤도 평면 내에서 같은 운동 방향으로 도는 열 개의 달이 있다. 그러나 혜성의 궤도는 중심이 아주 치우쳐 있고 하늘의 모든 부분에 이르러 있으므로, 역학적인 원인만으로 이렇게나 많은 규칙적인 운동이 탄생했다고는 생각할 수 없다. 왜냐하면 그런 종류의 운동에 의하여 혜성들은 아주 빠르고 쉽게 행성의 세계를 통과하고, 혜성들이 가장 느리게 운동하고 가장 오래 체류하는 원일점*에 있어서는 서로 가장 멀리 떨어져 있기에 상호 간의 인력에 의한 교란이 가장 적기 때문이다. 태양과 행성과 혜성이라는, 참으로 웅장하고 아름다운 이 체계는 예지와 힘을 모두 갖춘 신(神)의 깊은 배려와 지배로부터 생겨났다고밖에 생각할 수 없다. 그리고 여러 항성이 또 다른 흡사한 여러 체계의 중심이라면, 그것 또한 같은 예지가 의도한 대로 형성된 것이며, 역시 모든 '유일자'의 지배에 굴복하지 않으면 안 된다. 특히 항성의 빛은 태양빛과 본성이 같으며, 빛은 각 체계로부터 다른 모든 체계로 지나가기 때문이다. 그리고 여러 항성의 체계들이 각각의 인력에 의하여 서로 낙하하지 않게끔, 신이 그 체계들을 서로 광막하게 끝없이 멀리 떼어 놓았기 때문이다.

이 전지전능한 신은 세상의 영혼이 아니라 만물의 주인으로서 모

* 태양 둘레를 도는 행성이나 혜성이 태양에서 가장 멀리 떨어지는 점.

든 것을 통치한다. 그리고 그 통치권 때문에 '주(主)인 신' 또는 '우주의 지배자'로 불리는 것이 당연하다. 왜냐하면 '신'이라는 것은 상대적인 호칭이며 종(從)에 대하여 관계를 맺는 것으로서, '신성'이란 신을 세상의 영혼이라고 공상하는 사람들의 생각처럼 신 자신의 몸으로의 군림이 아니라 종의 위에 서는 지배이기 때문이다. 지고의 신은 영원하고 무한하며 절대로 완전한 존재자이다. 그러나 제아무리 완전해도, 지배하는 힘이 없는 존재자는 '주(主)인 신'이라고 할 수가 없다.

왜냐하면 우리들은 우리의 신, 너희의 신, 이스라엘의 신, 신들의 신, 주(主)된 자들의 주(主)라고 하지만 우리의 영원자, 너희의 영원자, 이스라엘의 영원자, 신들의 영원자라고는 하지 않으며, 우리의 무한한 자 또는 우리의 완전한 자라고도 말하지 않기 때문이다. 이것들은 종과는 관계없는 칭호이다. '신'이라는 말은 보통 '주'를 뜻한다. 그러나 모든 주를 신이라고 말할 수는 없다. 신을 만드는 것은 영적인 존재자의 지배이며, 진정한 지배는 진정한 신을, 지고의 지배는 지고의 신을, 허구의 지배는 허구의 신을 만드는 것이다.

그리고 진정한 지배로부터, 신은 살아 있고 예지가 있으며 힘에 가득 찬 존재자가 된다. 또한 그 밖의 여러 가지 완전성 때문에 신은 지고의, 즉 완전한 존재자가 되는 것이다. 신은 영원하고 무한하며 전능하고 전지하다.

즉 영원에서 영원으로 지속하며, 무궁에서 무궁으로 두루 존재한다. 만물을 통치하며 모든 것 또는 이뤄질 수 있는 모든 것을 알고 있다. 신은 영원과 무한 그 자체는 아니지만 영원한 것, 무한한 것이다. 지속과 공간이 곧 신은 아니지만, 신은 지속하고 존재한다. 언제나 변치 않으며 모든 곳에 존재하고 또한 언제나 그 모두에 존재함으로써 시간과 공간들을 구성한다. 공간의 아주 작은 부분에도 늘 존재하며, 시간의 더 이상 쪼갤 수 없는 짧은 순간에도 존재하기 때문에, 만물의 창조자로서 주(主)된 자가 어디나 존재하지 않는다는 것 또한 결코 있을 수 없음이 확실하다. 지각이 있는 모든 영혼은 서로 다른 시각에 있어도, 감각과 운동의 기관이 여러모로 다르다 해도, 역시 나눌 수 없는 동일한 인격이다.

시간에는 이어지는 여러 부분이 있으며 공간에는 공존하는 부분들이 있는데, 한 사람의 인격 또는 사고 원리에 대해서 그 사람의 것도 아니고 다른 사람의 것도 아니라고 할 수는 없다. 하물며 신의 사고의 실체 속에서 그러한 것을 발견하는 일은 더욱 불가능하다.

어떠한 인간이든 지각이 있다면, 그의 전 생애와 감각 기관의 전부 또는 각각에 있어서 하나의 같은 인간이다. 신은 언제든, 어디서든, 같은 신이다. 신은 가상으로만 두루 존재하는 것이 아니고 실체적으로도 존재하는 것이다.

왜냐하면 실체 없이는 효능을 지닐 수가 없기 때문이다. 만물은 신 속에 포함되어 있으며 움직여지고 있지만, 다른 것에 대해서는 아무런 영향을 끼치지 않는다.

신은 물체의 운동으로부터 아무런 손해를 입지 않을 것이며 물체는 신의 존재로부터 아무런 저항도 받지 않는다.

지고의 신이 반드시 존재하여야 한다는 것은 모든 면에 있어서 인정되며, 또한 같은 필연성에 의하여 신은 언제든 어디서든 존재한다. 그러므로 그는 모두가 서로 닮았다고 할 수 있고, 모든 것이 눈이요, 귀요, 두뇌요, 팔이며, 모든 것을 지각하고, 이해하고, 행동하는 힘이다.

그러나 그 방법은 전혀 인간의 방법이 아니며, 또한 전혀 육체적이고 형이하적*인 방법이 아니다. 신은 아예 우리에게 알려지지 않은 방법으로 행한다. 눈 먼 사람에게 색의 관념이 없는 것처럼, 우리들은 전지의 신이 모든 것을 지각하고 이해하는 방법에 대하여 어떠한 관념도 없는 것이다.

그는 육체나 육체적 형태가 전혀 없으므로 안 보이고, 안 들리고, 만질 수도 없다. 그리고 무엇인가 형이하적인 사물로 표현하여 경배해야 할 것도 아니다. 우리는 그의 속성에 관해 여러 관념을 갖고 있지만, 도대체 진정한 실체가 무엇인지는 알지 못한다. 여러 물체에 있어서 우리는 단지 그 형태와 색만을 보고, 소리를 듣고, 표면을 만져 보고, 냄새를 맡고, 맛을 보는 것에 불과하다. 그 속의 실체는 우리의 감각으로든 정신의 성찰로든 어떤 식으로도 알 수 없다. 하물며 신의 실체의 관념에 대해서는 더욱더 알 수 없는 것이다.

* 형체를 갖추고 있는 물질의 영역과 관련된 것.

우리는 그저 신을 그 어질고 절묘한 사물의 구성과 목적인에 의하여만 알 수 있을 뿐이다. 신을 그 완전함 때문에 찬양하는 한편 또 그 지배 때문에 숭배하는 것이다. 즉 신의 종으로서 신을 숭배하는 것이다. 지배도, 섭리도, 목적인도 없는 신은 운명과 자연 이외의 아무것도 아니다. 맹목적이며 형이하적인 필연성은 항상 모든 곳에서 동일하기 때문에 사물에 아무런 차이도 낳을 수 없다. 수시로 다양한 곳에서 마주하는 여러 가지 자연 속 사물의 양상을 보면, 모두 이 존재할 수밖에 없는 신의 개념과 의지에서 생겨난 것뿐이다.

그런데 신은 보고, 말하고, 웃고, 사랑하고, 미워하고, 바라고, 주고, 받아들이고, 기뻐하고, 화내고, 싸우고, 생각하고, 일하고, 만든다고 비유하기도 한다. 그렇게 비유하는 까닭은 신에 대한 우리들의 관념이 모두 완전하지는 않지만 그래도 어느 정도는 닮은 점이 있는 인간의 양식과 유사한 추측으로부터 얻은 것이기 때문이다. 그리고 지금까지 신에 관해 말했지만, 사물의 현상들로부터 신에 대해 말한다는 것은 확실히 자연 철학에 속하는 일이다.

지금까지 우주와 우리(지구 상)의 바다에서 일어나는 여러 현상을 중력에 의한 것이라고 설명했는데, 아직도 이 힘의 원인을 정하지는 않았다. 틀림없이 중력은 어떤 원인으로부터 생겨나는 것이어야 한다. 그 원인 덕에 중력은 태양과 행성의 중심까지 조금도 줄어들지 않고 침입한다. 또한 그 원인 덕에 (기계적인 원인이 보통 그렇듯이) 중력은 물체의 작은 부분의 표면적의 크기에 따라 작용하는 것이 아니라 그것이 포함된 입체적 물질의 양에 따라 작용하며, 그 효과를 항상 거리의 제곱에 반비례하여 감소시키면서 모든 방향으로 아주 멀리까지 전달한다.* 태양으로 향하는 중력은 태양의 실체를 구성하는 각각의 작은 부분들로 향하는 중력을 합성한 것이다. 태양으로부터 멀어지면, 토성의 궤도까지 이르는 동안에는 중력이 정확하게 거리의 제곱에 반비례해서 감소한다. 이것은 여러 행성의 원일점이 정지해 있는 것을 보면 분명히 알 수 있다. 아니, 더욱이 여러 혜성의 원일점이 모두 가만히 있다면, 가장 먼 원일점에 이르기까지도 똑같이 말할 수 있다. 그러나 나는 지금까지 중력이 이러한 성질을 띠는 원인을 실제 현상에서 발견할 수는 없었다. 그리고 나는 가설을 만들지 않겠다.** 왜냐하면 실제 현상으로부터 도출할 수 없는 것들은 모두 가설이라고 불려야 하기 때문이다. 그리고 가설은 형이상적이든 형이하적이든, 아니면 신비적이든 역학적이든, 실험 철학에 있어서는 아무런 위치를 차지하지 못하기 때문이다. 실험 철학에서는 특수한 명제가 실제 현상에서 추론되고, 그런 다음 귀납에 의해 일반화된다.

이렇게 해서 물체의 불가입성,*** 가동성 및 충격의 힘, 그리고 운

• 입체적 물질이란 물체의 질량을 뜻한다. 이 문장을 식으로 표현하면 $F = G \frac{m_1 m_2}{r^2}$ 이다. F는 중력, G는 중력 상수, m은 물체의 질량, r은 물체 간의 거리이다.

•• 이 문장에서 가설이란 현대와 달리 신비로운 성질을 뜻한다. 뉴턴은 섣불리 중력의 원인을 가설로 세우지 않았고, 오직 드러난 현상만을 수학적으로 파악해야 한다고 생각했다.

••• 두 물체가 동시에 같은 공간을 차지하지 못하는 성질. 빈 병을 물속에 거꾸로 넣으면, 공기 때문에 물이 병 안으로 들어가지 못하는 것이 그 예이다.

동 법칙과 중력 법칙이 발견된 것이다. 그리고 우리 입장에서는 중력이 실제로 존재하며, 지금껏 설명해 온 여러 법칙에 따라 작용하고, 천체와 (지구 상의) 바다의 모든 운동을 설명하는 데 크게 도움이 된다면 그것으로 충분하다.

여기서 정기(精氣, Spirit), 즉 모든 조잡하고도 큰 물체 내에 가득 숨어 있는 아주 미세한 것에 대해 약간 덧붙여야겠다. 이 정기의 힘과 작용에 의해서 여러 물체의 작은 부분들은 가까운 거리에 있을 때는 서로 잡아당기고, 인접해 있을 때는 달라붙는다.

그리고 전기를 띤 물체들은 좀 더 먼 거리에까지 작용하며, 가까이 있는 미립자들을 끌어당기기도 하고 밀어내기도 한다. 또한 빛이 방출되어 반사되고, 굴절되고, 구부러지고, 물체를 가열한다. 모든 감각이 자극을 받고, 동물의 몸의 각 부분은 의지가 명령하는 대로 움직인다.

즉 이 정기의 진동에 의하여 자극이 신경의 고체 섬유를 따라 외부의 감각 기관으로부터 두뇌에 전해지고, 두뇌로부터 근육으로 교대로 전해진다. 그러나 이러한 것들을 몇 마디로 설명할 수는 없다. 또한 전기적이고 탄성적인 정기의 작용 법칙을 정확하게 결정하고 증명하기 위해서는 더욱 충분한 실험이 필요하다.

—아이작 뉴턴 『프린시피아 3』(조경철 옮김, 서해문집 1999)

$e=mc^2$

상대성의 특수 이론과 일반 이론

👤 **알베르트 아인슈타인**(Albert Einstein, 1879~1955)

독일 출신의 미국 이론 물리학자. 특수 상대성 이론, 일반 상대성 이론, 광양자 가설, 통일장 이론 등 다양한 이론을 발표해 현대 물리학의 발전에 디딤돌을 놓았다. 특히 시공간의 개념을 새로이 정립한 상대성 이론은 양자 이론과 함께 현대 물리학의 양대 축을 이루고 있다. 1921년에는 이론 물리학에 기여한 공로를 인정받아 노벨 물리학상을 받았다. 제2차 세계 대전 중 미국의 원자 폭탄 개발이 시작되는 데 간접적으로나마 관여했기 때문에 논란이 되었다. 『상대성의 특수 이론과 일반 이론』은 아인슈타인이 자신의 이론을 대중에게 설명하기 위해 쓴 책이다.

• 이어지는 글은 18장 '상대성의 특수 원리와 일반 원리'와 19장 '중력장'에서 골랐다.

상대성 이론이라고 해서 지레 겁부터 먹었나요? 상대성 이론을 이해하려면 시간과 공간

이 절대적이라는 고정 관념부터 버려야 합니다. 아인슈타인의 설명을 차근차근 따라가며 상대성 이

론의 의미를 생각해 봅시다.

상대성의 특수 원리와 일반 원리

우리가 앞에서 살펴본 것들 모두에 중심축이 된 기본 원리는 상대
성의 특수 원리, 즉 모든 등속 운동이 물리적 상대성을 갖는다는 원
리였다.[•] 그 의미를 주의 깊게 한 번 더 분석해 보자.

상대성의 특수 원리가 우리에게 전해 주는 관념의 관점에서 보면
모든 운동은 상대적인 운동으로만 여겨져야 한다는 것이 어느 경
우에나 분명했다. 우리가 앞에서 자주 이용한 둑과 기차의 예[••]를

- 뉴턴 물리학의 바탕에는 관측자의 상태에 관계없이 동일한 물리 법칙이 성립한다는 상대성
  원리가 있었다. 그렇기 때문에 물리량은 누가 측정하든 변치 않아야 했다. 하지만 이후 빛의
  속도가 항상 똑같다는 사실이 관측되며 뉴턴 물리학의 상대성 원리와 충돌하게 되었다. 아인
  슈타인은 기존의 상대성 원리와 광속 불변의 법칙이 모두 타당하며, 그러기 위해서는 관측자
  의 운동 상태에 따라 물리량, 즉 시간, 질량, 길이 등이 모두 달라져야 한다고 했다.
- • 아인슈타인은 상대성의 특수 원리를 증명하기 위한 사고 실험으로 진공 상태에서 등속으로
  직선 운동하는 기차와 그 선로 옆에 있는 둑을 예로 들었다.

다시 들여다보면 이제 우리는 그 예의 운동이 다음과 같은 두 가지 형태로 일어나며, 그 두 운동은 똑같이 정당화된다고 말할 수 있다.

① 기차가 둑을 기준으로 운동 중이다
② 둑이 기차를 기준으로 운동 중이다

운동에 대한 우리의 진술에서 기준체 역할을 하는 것은 ①에서는 둑이고 ②에서는 기차다. 단지 관련 있는 운동을 검출하거나 묘사하는 것만이 문제라면 우리가 어떤 기준체를 운동의 기준으로 보느냐 하는 것은 원리상 중요하지 않다. 이 점은 앞에서 이미 이야기했듯이 분명하다. 그러나 이 점을 우리가 탐구의 토대로 삼은 진술, 즉 '상대성 원리'로 불리는 훨씬 더 포괄적인 진술과 혼동해서는 안 된다.

우리가 지금까지 이용해 온 원리가 주장하는 바는 어떤 사건에 대해서든 그것을 묘사하는 데서 우리의 기준체로 기차를 선택할 수도 있고 둑을 선택할 수도 있다(이 역시 명백하다)는 것만이 아니다. 우리의 원리는 더 나아가 다음과 같이 주장한다는 점이 오히려 더 중요하다. 우리가 다음 두 가지 방식으로 일반적인 자연법칙을 그것이 경험에서 얻어진 대로 공식화한다고 가정해 보자.

● 여기서 가리키는 것은 뉴턴 물리학의 상대성 원리다.

① 둑을 기준체로 해서

② 기차를 기준체로 해서

그러면 일반적인 자연법칙(예를 들어 역학의 법칙이나 진공 속 빛 전파의 법칙)은 두 가지 방식 가운데 어느 방식으로 공식화해도 정확하게 똑같은 형식이 된다. 이는 다음과 같이 바꿔 표현할 수도 있다. 자연 과정에 대한 물리적 묘사에서는 기준체 K와 K′ 가운데 어느 하나가 다른 하나에 비해 독특하지 않다.(말 그대로 '특별히 두드러지지 않다.') 방금 한 두 진술 가운데 앞의 진술과 달리 뒤의 진술은 반드시 선험적*으로 성립해야 하는 것도 아니다. 뒤의 진술은 '운동'과 '기준체'라는 개념에 포함된 것이 아니고 그런 개념에서 끌어내지는 것도 아니다. 오직 경험만이 그 진술의 옳고 그름에 대해 판정해 줄 수 있다.

그러나 우리는 지금까지 자연법칙의 공식화와 관련해 모든 기준체 K의 동등성을 전혀 주장하지 않았다. 우리가 밟아 온 길은 다음과 같은 경로에 더 가깝다. 먼저 우리는 하나의 기준체 K가 존재하는데 그것의 운동 상태는 그것을 기준으로 갈릴레이 법칙**이 성립하도록 돼 있다는 가정에서 출발했다. 그리고 자유롭게 방치된

---

* 경험에 앞서서, 모든 독립된 지식이 인간에게 주어져 있다는 것을 뜻하는 말. 어떤 대상에 대한 인식이 선천적으로 가능함을 밝히려는 인식론적 태도이다.
** '관성의 법칙'과 같은 의미로, 다른 물체에서 충분히 멀리 떨어져 있는 물체는 계속해서 정지해 있거나 계속해서 직선을 그리며 같은 속도로 운동한다는 것이다.

입자가 다른 모든 입자로부터 충분히 멀리 떨어져 있으면 그 입자는 등속 직선 운동을 한다. K(갈릴레이 기준체)˙를 기준으로 보면 자연법칙은 최대한 간단해진다. 그러나 이런 의미에서는 K뿐만 아니라 다른 모든 기준체 K′도 선호될 수 있고, K′는 K를 기준으로 비회전 등속 직선 운동을 하는 상태에 있는 한 자연법칙의 공식화에서 K와 정확하게 동등할 것이다. 그러므로 기준체 K와 K′가 모두 다 갈릴레이 기준체로 생각돼야 한다. 상대성의 원리는 이들 기준체에 대해서만 타당하다고 여겨질 뿐이고 다른 기준체들(예를 들어 다른 종류의 운동을 하는 기준체)에 대해서는 타당하다고 여겨지지 않는다. 우리가 상대성의 '특수' 원리나 상대성의 '특수' 이론을 이야기하는 것은 바로 이런 의미에서다.˙˙

이와 대조적으로 '상대성의 일반 원리'라는 말로 우리가 이해하고자 하는 것은 다음과 같은 진술이다. 모든 기준체 K, K′ 등은 그 운동 상태가 어떠한가와 무관하게 자연 현상의 묘사(일반적 자연법칙의 공식화)에서 동등하다. 그런데 여기서 더 앞으로 나아가기 전에 지적해 두어야 할 것이 있다. 그것은 방금 제시한 공식화는 나중에 가서는 그때의 단계에서 분명해지게 될 이유로 좀 더 추상적인 공식화로 대체돼야 한다는 것이다.

상대성의 특수 원리를 도입하는 것이 정당화된 뒤로 일반화를 추

● 어떤 좌표계의 기준체에서 바라본 운동의 상태가 관성의 법칙에 어긋나지 않을 경우 그 기준체를 '갈릴레이 기준체'라고 한다.
●● 상대성의 특수 원리는 '같은 속도로 직선 운동을 하는' 특수한 상황에만 성립되기 때문이다.

구하는 지성을 가진 사람들은 모두 상대성의 일반 원리를 향해 나아가는 시도를 해 보자는 유혹을 느꼈을 것이 틀림없다. 그러나 간단하고 겉보기에 믿을 만한 하나의 고찰이 어쨌든 지금 당장에는 그러한 시도를 해서 성공하리라는 희망이 거의 없음을 시사하는 듯하다. 우리 자신이 일정한 속도로 달리는 우리의 친한 친구인 기차에 탔다고 상상해 보자. 기차가 등속 운동을 하는 한 그 기차에 타고 있는 사람은 기차의 운동을 감지하지 못한다. 그리고 이런 이유에서 그 사람은 그런 경우에 관찰되는 사실을 '기차는 정지 상태에 있고 둑이 운동하고 있음을 말해 주는 것'이라고 주저 없이 해석할 수 있다. 게다가 상대성의 특수 원리에 따르면 이런 해석이 물리적인 관점에서도 완전히 정당화된다.

이제 기차의 운동이 예를 들어 제동 장치를 강하게 작동함으로써 비등속 운동으로 바뀐다고 가정하면, 기차에 타고 있는 사람은 그에 상응하는 정도로 강하게 앞으로 쏠리는 경험을 하게 될 것이다. 운동의 속도가 느려지는 것은 기차에 탄 사람을 기준으로 한 물체들의 역학적 동태*에서 드러난다. 그 역학적 동태는 앞에서 살펴본 경우의 역학적 동태와 다르며, 이런 이유에서 동일한 역학의 법칙이 정지 상태에 있거나 등속 운동을 하는 기차를 기준으로 할 때 성립한 것과 같이 비등속 운동을 하는 기차를 기준으로 해서도 성립하는 것이 불가능해 보일 것이다. 어쨌든 비등속 운동을 하는 기차

* 움직이거나 변하는 모습.

를 기준으로 하면 갈릴레이 법칙이 성립하지 않는 것이 분명하다. 이 때문에 우리는 지금 단계에서는 상대성의 일반 원리와는 반대로 비등속 운동을 일종의 절대적인 물리적 실재로 인정해야 한다는 압박을 느끼게 된다. 그러나 뒤에서 우리는 곧 이런 결론이 유지될 수 없음을 알게 될 것이다.

중력장

"우리가 돌을 하나 집어 든 다음에 손에서 놓으면 그 돌은 왜 땅으로 떨어질까?" 이 질문에 대한 통상의 답변은 "지구가 그것을 끌어당기기 때문"일 것이다. 현대의 물리학은 다음과 같은 이유에서 이 답변을 다소 다르게 공식화한다. 전자기 현상에 대해 한층 더 주의 깊게 연구한 결과, 우리는 원격 작용을 '무엇인가 중간의 매질이 개입하지 않고서는 불가능한 과정'으로 바라보게 됐다. 예를 들어 자석이 한 조각의 철을 끌어당긴다면 우리는 이를 '자석이 중간의 빈 공간을 통해 철에 직접 작용했다는 의미'로 보는 데 만족할 수 없고, 패러데이*의 방식을 좇아 자석이 언제나 자기 주위의 공간에 무엇인가 물리적으로 실재하는 것, 즉 우리가 '자기장'이라고 부르는 어떤 것이 생겨나게 한다고 상상해야 한다고 느낀다. 그다음에는 이 자기장이 철 조각에 작용하고, 그래서 철 조각이 자석 쪽으로 움

* 영국의 물리학자, 화학자. 전자기 유도를 발견하고 전자기장 이론의 기초를 세웠다.

직이려 한다고 생각하는 것이다. 사실 다소 자의적인 이런 부수적 개념을 정당화하는 논거를 여기서 논의하지는 않겠다. 우리는 단지 자기장이라는 개념이 없는 경우에 비하면 그 개념의 도움을 받을 경우에 전자기 현상이 훨씬 더 만족스럽게 이론적으로 표현될 수 있으며, 이는 특히 전자기파의 전파에 잘 적용된다는 점만 언급해 두자.

중력의 효과도 이와 비슷한 방식으로 다뤄진다. 돌에 대한 지구의 작용은 간접적으로 일어난다. 지구는 자신의 주위에 중력장을 만들어 내고, 중력장은 돌에 작용해서 낙하라는 돌의 운동을 만들어 낸다. 우리가 경험으로부터 알고 있듯이 어떤 물체에 대한 이런 작용의 세기는 우리가 지구로부터 점점 더 멀어진다고 할 때 어떤 대단히 명확한 법칙에 따라 감소한다. 우리의 관점에서 말하면 이는 곧 다음과 같은 의미다.

중력의 작용을 가하는 물체로부터 거리가 멀어짐에 따라 중력의 작용이 감소함을 정확하게 표현하기 위해서는 공간 속 중력장의 속성을 지배하는 법칙이 완전히 명확해야 한다. 그 법칙은 다음과 같은 어떤 것이다. 물체(예컨대 지구)가 자기와 직접적으로 인접한 곳에 하나의 장을 만들어 낸다. 그리고 그 물체로부터 멀리 떨어진 점에서 중력장이 갖는 세기와 방향은 중력장 그 자체의 공간 속 속성을 지배하는 법칙에 의해 결정된다.

전기장 및 자기장과는 대조적으로 중력장은 대단히 주목할 만한 속성을 드러내며, 그 속성은 다음과 같은 이유에서 근본적인 중요성을 띤다.

하나의 중력장으로부터만 영향을 받는 운동 중인 물체는 가속을 받게 되는데, 그 가속은 그 물체의 물질적 상태나 물리적 상태에 전혀 의존하지 않는다. 예를 들어 한 조각의 납과 한 조각의 나무는 중력장(진공 속의) 속에서 정지 상태에 있다가 떨어지기 시작하거나 처음에 떨어지는 속도가 똑같은 상태에서 계속 떨어진다면 서로 정확하게 똑같은 방식으로 떨어진다.

대단히 정확하게 들어맞는 이 법칙은 다음과 같은 고찰에 따라 다른 형태로도 표현할 수 있다. 뉴턴의 운동 법칙에 따라 우리는 다음과 같음을 알고 있다.

(힘) = (관성 질량) × (가속도)

여기서 '관성 질량'은 가속되는 물체의 특성을 나타내는 상수다. 중력이 가속도의 원인이라면 이 식은 다음과 같이 쓸 수 있다.

(힘) = (중력 질량)×(중력장의 세기)

여기서 '중력 질량'도 마찬가지로 가속되는 물체의 특성을 나타내는 상수다. 이 두 관계식으로부터 다음과 같은 관계식을 얻을 수 있다.

$$(가속도) = \frac{(중력\ 질량)}{(관성\ 질량)} \times (중력장의\ 세기)$$

이제 우리가 경험으로부터 알게 된 바대로 가속도가 가속되는 물체의 성질이나 상태와 무관하고 일정하게 주어진 중력장에 대해 항상 똑같으려면 관성 질량에 대한 중력 질량의 비율도 마찬가지로 모든 물체에 대해 똑같아야 한다. 따라서 단위를 적절하게 선택함으로써 우리는 그 비율을 1과 같게 만들 수 있다. 그러므로 우리는 다음과 같은 법칙을 얻게 된다.

물체의 중력 질량은 그 관성 질량과 같다(동등하다).

역학에서 이 중요한 법칙에 대한 기록이 그동안에도 있었던 것은 사실이지만, 그것이 해석된 적은 없다. 이 법칙에 대한 만족스러운 해석은 우리가 다음과 같은 사실을 인식해야만 얻을 수 있다.

물체의 동일한 성질이 상황에 따라 '관성'으로 나타나기도 하고 '중력'(말 그대로 '무게')으로 나타나기도 한다.

다음 절에서 우리는 이것이 어느 정도나 실제로 들어맞는지, 그리고 이 문제가 상대성의 일반적 공리와 어떻게 연결되는지를 보이고자 한다.

— 알베르트 아인슈타인 『상대성의 특수 이론과 일반 이론』
(이주명 옮김, 필맥 2012)

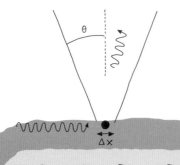

부분과 전체

베르너 하이젠베르크(Werner Heisenberg, 1901~1976)

독일의 이론 물리학자. 지금도 양자 물리학을 설명하는 가장 믿음직한 해설로 받아들여지고 있는 '코펜하겐 해석'의 중심 개념인 불확정성의 원리를 발표했다. 또한 원자핵, 우주선(線), 소립자 이론 등에 기여하여 현대 물리학에 많은 영향을 끼쳤다. 그러한 공로를 인정받아 1932년에는 노벨 물리학상을 받았다. 1957년에는 다른 학자들과 함께 독일군의 핵 무장을 반대하는 '괴팅겐 선언'을 주도하기도 했다. 『부분과 전체』는 하이젠베르크가 다른 석학들과 나눈 대화와 토론을 모은 책으로, 양자 물리학뿐만 아니라 철학, 정치 등 다양한 분야에 대한 고찰을 담고 있다.

• 이어지는 글은 10장 '양자 역학과 칸트 철학'에서 골라 실었다.

양자 물리학이 어려운 이유는 여러 가지 있겠지만 경험할 수 없는 영역을 다룬다는 점이 가장 큰 문제인 듯합니다. 이 글에서도 경험과 과학의 관계를 둘러싸고 치열한 토론이 벌어집니다. 과연 과학은 경험할 수 있는 것만 다뤄야 하는 것일까요?

양자 역학과 칸트 철학

나의 새로운 라이프치히 서클은 매년 빠른 속도로 확대되어 갔다. 여러 나라에서 대단히 재능 있는 젊은이들이 양자 역학*의 발전에 참여하거나 그것을 물질 구조에 응용하기 위해 우리 서클에 몰려들었다. (…)

그로부터 약 일이 년 후에 젊은 여성 철학자 그레테 헤르만이 철학적인 대화를 위한 특별한 기회를 마련했다. 그녀는 우리의 주장이 틀렸다고 철저히 믿고 있었으며, 따라서 원자 물리학**자의 철학적 주장과 대결하기 위해 라이프치히를 방문했던 것이다. 그레

- 입자와 입자 집단을 다루는 현대 물리학의 기초 이론. 입자가 나타내는 파동이면서 입자인 이중성, 측정할 때 드러나는 확정적이지 않은 관계 등을 설명한다.
- 물질의 기본적인 구성단위인 원자의 구조와 성질을 연구하는 물리학의 한 분야.

테 헤르만은 괴팅겐의 철학자 넬슨을 중심으로 한 학파에서 공부하고 공동 연구를 했으며, 19세기 초의 철학자이자 자연 과학자인 프리스가 해석한 바와 같은 칸트 철학의 사고방식 속에서 성장한 사람이었다. 철학적인 고찰도 다른 분야에서는 근대 수학에서 요구되는 정도로 엄밀해야 한다는 것이 프리스 학파, 즉 넬슨 학파의 주장이었다. 따라서 그레테 헤르만은 이른바 칸트에 의해 주어진 인과율*이라는 형식이 흔들릴 수 없다는 것을 그처럼 엄밀하게 증명할 수 있을 것이라고 믿고 있었다. 그런데 양자 역학이 인과율의 이 형식을 문제 삼았기 때문에 이 젊은 철학자는 이 싸움을 끝까지 해서 결말지으려고 결심한 것이다.

그녀가 폰 바이츠제커**와 나와 함께 토론했던 첫 대화는 다음과 같은 고찰에서 시작했던 것으로 생각된다.

"칸트의 철학에서 인과율이란 경험에 의해 기초가 설정되거나 반증될 수 있는 경험적 주장이 아니라, 그 반대로 모든 경험을 위한 전제이며, 칸트가 '아 프리오리(선험적)'라고 부른 사상 범주에 속하는 것입니다. 우리가 세계를 파악하는 감각 인상은, 그 인상이 선행하는 과정에서 결과하는 어떤 법칙이 없다면, 어떤 객체도 대응할 수 없는 감각의 주관적 유희일 뿐일 것입니다. 따라서 이 법칙, 즉 원인과 결과의 일의적인 연결은 사람들이 어떤 지각을 객관화하려

● 모든 일은 원인에서 발생한 결과이며, 원인 없이는 아무것도 생겨나지 않는다는 법칙.
●● 카를 프리드리히 폰 바이츠제커. 독일의 물리학자이자 철학자. 항성 속에서 일어나는 핵융합 과정을 밝혀냈다.

고 할 때에, 또 사람들이 어떤 것 ─ 사물이나 과정 ─ 을 경험했다고 주장하려 할 때에는 이미 전제로 삼아야 합니다. 한편 자연 과학은 경험을, 바로 객관적인 경험을 취급합니다. 그것은 다른 사람에 의해서도 제어될 수 있는 것이고, 엄밀한 의미에서 객관적일 수 있는 경험만이 자연 과학의 대상이 될 수 있습니다. 따라서 모든 자연 과학은 인과율을 전제해야 하며, 이로부터 인과율이 성립하는 한에서 자연 과학이 성립할 수 있다는 결론이 불가피하게 내려집니다. 그러므로 인과율이란 어떤 의미에서 우리의 감각 인상의 소재를 소화해 경험에 이르게 하는, 말하자면 사고의 도구입니다. 그리고 이와 같은 일이 이루어지는 범위 내에서만 우리는 자연 과학의 대상을 가질 수 있습니다. 따라서 양자 역학이 이 인과율을 해이하게 하면서 여전히 자연 과학으로 남아 있겠다는 것은 허용될 수 없는 일일 것입니다."(…)

이때 카를 프리드리히가 칸트 철학의 전제들을 좀 더 정확하게 분석하기 시작했다. 그는 이렇게 말했다.

"여기서 문제가 되고 있는 외관상의 대립은 마치 우리가 라듐 B '자체'에 관해 말할 수 있는 것처럼 취급하는 데서 생겨나고 있음이 틀림없습니다.* 그러나 이것은 자명한 것도 아니고 본래적으로 옳은 것도 아닙니다. 이미 칸트에서도 물자체**라는 것은 문제성이

---

* 하이젠베르크는 인과율의 붕괴를 뜻하는 예로 방사성 원자 라듐 B가 전자를 방출하고 라듐 C로 변하는 과정에는 어떠한 원인도 없다고 했다.
** 칸트가 주장한 개념으로, 인간의 감각으로 알 수 없는 존재의 객관적인 본질이다.

있는 개념입니다. 칸트는 사람들이 물자체에 대해 아무것도 확실히 말할 수 없다는 것을 알고 있었습니다. 우리에게 주어진 것은 다만 지각의 객체뿐임을 알고 있었습니다. 그러나 칸트는 지각의 객체를 물자체의 모델과 결부시키든가 혹은 정리가 가능하다고 가정했습니다. 따라서 칸트는 본래 우리가 일상생활에서 익숙해져 있으며, 나아가서 정밀한 형태로 고전 물리학의 기초를 형성하고 있는 저 경험의 구조를 선험적으로 주어진 것이라 전제하는 것입니다. 이런 견해에 따르면 세계는 시간의 경과에 따라 변화하는 공간 안의 물체와 일정한 규칙에 따라 차례차례 일어나는 사건으로 성립되어 있습니다. 그러나 원자 물리학에서는 지각은 이미 물자체의 모델에 연결되거나 그걸로 정리될 수 없다는 것을 우리에게 가르쳐 주고 있습니다. 그러므로 라듐 B 원자 '자체'라는 건 존재하지 않는 것입니다."

그레테 헤르만이 그의 말을 중단시켰다.

"당신이 물자체라는 개념을 사용하는 방법은 정확하게 칸트의 철학 정신에 상응하고 있지는 않는다고 생각됩니다. 당신은 물자체와 물리학적인 대상을 확실히 구분해야 합니다. 칸트에 따르면 물자체는 현상 안에는 간접적으로라도 전혀 나타나지 않습니다. 이 개념은 자연 과학에서나 전체적인 이론 철학에서 사람이 전혀 알 수 없는 것을 표시하는 기능만을 가지고 있습니다. 그것은 우리의 전체적인 지식은 경험에 의지하고 있으며, 그 경험은 바로 사물들이 우리에게 나타나는 바 있는 그대로를 안다는 것을 의미하고 있습니다. 또한 선천적인 인식도 '사물들이 존재하는 그 자체 그대로'와는 관계되지 않습니다. 왜냐하면 이 인식의 유일한 기능이 경험을 가능하게 하기 때문입니다. 만약 당신이 고전 물리학적인 의미에서 라듐 B 원자 '자체'를 운운한다면, 당신은 이미 그것으로써 바로 칸트가 대상 또는 객체라고 부른 것을 의미하는 것입니다. 객체란 현상 세계의 부분입니다. 의자도, 책상도, 그리고 별과 원자도 말입니다."

"사람들이 전혀 볼 수 없을 때에도 말입니까? 원자와 같이⋯⋯."

"물론입니다. 왜냐하면 우리는 그것들을 역시 현상에서 추론하기 때문입니다. 현상계*는 연결되어 있는 조직이며, 일상적인 지각에서도 사람이 직접 보는 것과 추론하는 것을 예리하게 구분하기란 불가능합니다. 당신은 지금 그 의자를 보고 있지만 그 뒷면은 보지 못합니다. 그러면서도 당신은 눈에 보이는 앞면과 같은 확실성을 가지고 그 뒷면을 받아들입니다. 자연 과학은 객관적이라는 의미는 지각에 대해서가 아니라 객체에 대해서 말하기 때문입니다."

"그러나 우리는 원자에 관해서는 앞면도 뒷면도 모릅니다. 그런데 어째서 그것이 의자나 책상과 같은 성질을 가져야 하는 것입니까?"

"그것이 객체이기 때문입니다. 객체가 없이는 객관적인 과학도

* 지각이나 감각으로 경험할 수 있는 세계.

존재할 수 없습니다. 그리고 객체라는 것은 실체라든가 인과성 등의 범주의 엄격한 응용을 포기한다면 경험의 가능성 일반도 포기하게 됩니다." (…)

여기서 나는 다시 이 대화에 끼어들고자 다음처럼 발언했다.

"당신은 지금 오늘날 양자론의 특징적인 성격을 정확하게 말했습니다. 원자적인 현상으로부터 법칙성을 추론하려고 한다면 우리는 더 이상 공간과 시간 안에서의 객관적인 사건들을 법칙으로 연결할 수 없으며, 그 대신—좀 더 신중한 표현을 사용한다면—관찰 상황이라는 것과 마주치게 됩니다. 다만 이 관찰 상황에 대해서만 우리는 경험적인 법칙들을 가질 수 있습니다. 우리가 그 같은 관찰 상황을 기술하는 데 사용하는 수학적 기호는 사실이라기보다 하나의 가능성을 나타내는 것입니다. 그것은 가능성과 사실의 중간적인 것을 나타낸다고 말할 수 있으며, 아마도 통계 역학*적인 열 이론에서 온도에 관해 말하는 정도의 의미에서 객관적이라고 말할 수 있을 겁니다. 이 가능성에 관한 일정한 지식은 어느 정도의 확실하고 또 예리한 예언을 허락하고 있는 것도 사실이지만, 일반적으로는 장래의 어떤 결과에 대한 확률적인 결론만을 허용하고 있을 뿐입니다. 일상 경험의 영역에서 먼 피안**에 떨어져 있는 경험 영역에서는 한 지각의 질서를 '물자체' 또는 '대상'이라는 모형으로는

● 분자, 원자, 소립자 등 작은 입자의 운동 법칙을 바탕으로 거시적인 물질의 성질이나 현상을 확률적으로 설명하려는 역학.
●● 현실적으로 존재하지 않고 공상적으로 생각해 낸 현실 밖의 세계.

6∕6 주사위를 던지기 전에는 단지 각각의 눈이 나올 확률만을 이야기할 수 있다. 하이젠 베르크는 원자의 현상을 해석하는 데 있어서도 명확한 결과가 아닌 경향만을 논할 수 있다고 주장했다. 이에 대해 아인슈타인은 "신은 주사위를 굴리지 않는다."라고 반박했다.

관철할 수 없다는 것, 따라서 다른 표현으로 간단히 말한다면, 원자는 더 이상 사물도 아니고 대상도 아니라는 것을 칸트는 예견할 수 없었던 것입니다."

"그렇다면 그 원자란 도대체 무엇이란 말입니까?"

"그것은 언어로 표현할 수 없습니다. 왜냐하면 우리의 언어는 일상 경험에서 형성된 것이기 때문입니다. 그런데 원자란 일상 경험의 대상이 아닙니다. 만약 당신이 만족하신다면 원자는 관찰 상황의 구성 요소이며, 현상의 물리적 분석에서 설명 가치가 높은 구성 요소입니다."

여기서 카를 프리드리히가 끼어들었다.

"언어적 표현의 어려움에 대해 현대 물리학에서 끌어낼 수 있는 가장 중요한 가르침은, 우리가 경험을 기술하는 데 사용하고 있는 모든 개념틀은 적용 범위가 한정되어 있다는 것입니다. '사물', '지각의 객체', '시점', '동시성', '외연' 등과 같은 개념의 경우에 우리는 이런 개념으로는 난관에 부딪힐 수밖에 없는 실험 상황을 제시할 수 있습니다. 그렇다고 이 개념들이 모든 경험의 전제가 아니라는 것을 의미하지는 않습니다. 다만 항상 비판적으로 분석되어야 하는 그런 전제가 중요하다는 것입니다. 따라서 그와 같은 전제에서는 절대적인 주장이 유도될 수 없다는 뜻입니다."

그레테 헤르만은 우리의 대화가 이와 같이 진전되는 것이 매우 불만이었을 것이다. 그녀는 칸트 철학의 사고 도구로 원자 물리학자들의 주장을 예리하게 논파할 수 있든지, 그렇지 않으면 칸트가 어디서 결정적인 사고 오류를 범했는지 통찰할 수 있기를 기대한 것이 틀림없다. 그러나 지금의 상태는 도대체가 색이 뚜렷하지 않고 해결되지 않은 미지근한 것이어서 그녀에게는 자기 희망을 만족시켜 주지 못하는 무기력한 것으로 보였을 것이다. 그녀가 다시 물었다.

"칸트의 물자체에 대한 이런 상대화는, 언어 그 자체의 상대화이고, 따라서 단순히 '우리는 아무것도 알 수 없다는 것을 안다'는 의미에서의 전적인 단념을 뜻하지는 않는다는 이야기이군요? 당신들의 견해에 따른다면 사람들이 확고하게 설 수 있는 인식의 토대는 존재할 수 없는 겁니까?"

여기서 카를 프리드리히는 매우 대담하게 자연 과학의 발전에서 좀 더 낙관적인 이해에 대한 정당성을 얻을 수 있다며 다음과 같이 대답했다.

"칸트는 그의 선천적인 것으로써 당시 자연 과학의 인식 상황을 정확하게 분석했지만 오늘의 원자 물리학에서 우리는 새로운 인식론적 상황 앞에 서 있습니다. 그것은 아르키메데스의 지레의 법칙*이 당시의 기술에서는 중요한 실제적 규칙성을 정확히 정식화했지만 오늘의 기술, 말하자면 전자 기술에서 이 법칙은 이미 충분한 것이 아니라는 사실과 비슷합니다. 아르키메데스의 법칙은 불확실한 의견이 아니라 '참지식'을 포함하고 있습니다. 지레에 관해서는 어떤 시대에도 통용될 것이며, 저 멀리 있는 다른 성운계의 행성에도 지레가 존재한다면 거기서도 아르키메데스의 주장은 옳을 것입니다. 인류가 지식의 확장과 더불어 지레 개념만으로는 충분하지 않은 기술의 영역에 돌입한다고 하는 진술의 제2의 부분은 본래적으로 지레의 법칙을 상대화하거나 역사화한다는 뜻은 아닙니다. 지레의 법칙이 역사적인 발전 과정에서 좀 더 포괄적인 기술 체계의 일부가 되었고, 따라서 그 법칙이 처음에 가지고 있던 중심적 의의가 그 이후에는 이미 통용될 수 없게 되었다는 뜻일 뿐입니다. 마찬가지로 칸트의 인식 분석은 단순히 불확실한 의견을 포함하고 있는 것이 아니라 순수한 참지식이며, 반응할 수 있는 생물이 그 외계

• 고대 그리스의 아르키메데스는 인류 최초로 지레의 작동법을 설명했다.

에 대하여, 우리들 인간의 입장에서는 '경험'이라고 불리는 관계에 서게 될 때에 칸트의 철학은 어디에서나 정당한 것이라고 나는 믿고 있습니다. 그러나 칸트의 선천적인 것도 나중에는 그 중심적 지위에서 추방되어 인식 과정의 좀 더 포괄적인 분석의 일부가 되고 말 것입니다. '자연 과학적인 또는 철학적인 지식이 어느 시대에도 그 본래적인 진리를 가진다.'는 명제로 이를 완화하려는 것은 분명히 잘못입니다. 그러나 역사 발전과 더불어 인간의 사고 구조도 변화한다는 사실에 우리는 주의하지 않으면 안 됩니다. 과학의 진보란 단순히 새로운 사실을 알고 이해하는 데 머물지 않고 '이해한다'는 말이 무엇을 의미하는지 항상 여러 번 새롭게 배움으로써 성취되는 것입니다."

— 베르너 하이젠베르크 『부분과 전체』(김용준 옮김, 지식산업사 2005)

생명이란 무엇인가

👤 에르빈 슈뢰딩거(Erwin Schrödinger, 1887~1961)
오스트리아의 이론 물리학자. 파동 역학의 창시자로서 지금까지 양자 물리학에서 널리 쓰이는 '슈뢰딩거 방정식'을 고안해 냈고, 1933년에는 노벨 물리학상을 수상했다. 물리학자이면서도 생명의 문제나 동양 철학, 종교 등에 관심이 많았다. 『생명이란 무엇인가』는 아일랜드의 대학에서 한 강연을 모아 정리한 책으로, 생명 현상을 물리학과 화학으로 해석할 수 있는지에 대해 고찰했다. 슈뢰딩거가 이 책에서 답하려 했던 생명에 대한 근원적 질문은 지금도 유효해서 현대의 과학자들이 슈뢰딩거를 기념하여 학회를 열었고, 그 내용이 『생명이란 무엇인가? 그 후 50년』이라는 책으로 엮이기도 했다.

• 이어지는 글은 7장 '생명은 물리학 법칙들에 기반을 두는가'에서 골랐다.

상식적인 믿음과 달리, 물리학 법칙에 따라 규칙적으로 진행되는 사건들은 결코 질서 있는 원자 구조의 산물이 아니다(엄청나게 많은 동일한 분자로 이루어진 주기적 결정이나, 액체나 기체에서처럼 동일한 원자들의 구조가 무수히 반복되는 경우가 아니라면, 사건들은 질서의 산물이 아니다).

심지어 유기체 외부의 시험관 속에서 아주 복잡한 분자를 연구할 때도 화학자는 항상 엄청나게 많은 비슷한 분자들을 다룬다. 화학자의 법칙들은 그 무수한 분자들에 적용된다. 예컨대 화학자는 어떤 반응이 시작되고 일 분이 지나면 그 분자들의 절반이 반응했을 것이고, 이 분이 지나면 4분의 3이 반응했을 것이라고 말한다. 그러나 어떤 특정한 분자가 (그 분자의 변화를 관찰할 수 있다면) 이미 반응했을지 혹은 아직 그대로일지 화학자는 예측할 수 없다. 개별 분자의 반응 여부는 순전히 우연이 지배한다. (…)

뚜렷한 대비

생물학에서 우리가 만나는 상황은 전혀 다르다. 오직 한 개만 존재하는 원자 집단이 질서 있는 사건들을 만들어 내며, 그 사건들은 아주 미묘한 법칙에 따라 서로 간에 그리고 환경과 관계 속에서 마치 기적처럼 조화를 이룬다. 내가 오직 한 개만 존재한다고 말한 것은 수정란과 단세포 유기체라는 궁극적인 사례가 있기 때문이다. 물론 고등한 유기체에서는 다음 단계에서 동일한 원자 집단의 개수가 늘어나는 것이 사실이다. 하지만 어느 정도까지 늘어날까? 내가 알기로 성숙한 포유류에서 그 개수가 10^{14}개 정도이다. 10^{14}개! 그것은 1세제곱인치의 공기 속에 들어 있는 분자 개수의 100만 분의 1에 불과하다. 그 원자 집단 각각은 비교적 크지만, 그것들 10^{14}개를 압축한다면 아주 작은 액체 방울 하나 정도에 불과할 것이다. 또한 그 원자 집단들이 실제로 배열된 방식을 살펴보자. 각각의 세포는 그 원자 집단을 한 개만(또는 이배체*를 고려한다면, 두 개) 가진다. 고립된 원자 속에서 그 작은 중앙 통제자가 쥔 권력을 생각해 보면, 그것들은 몸 전체에 분산되어 있으면서 암호를 공유해 서로 쉽게 소통하는 지방 정부와 유사하지 않은가?

● 염색체 조를 두 개씩 지니고 있는 개체나 세포를 일컫는 말. 대부분의 고등 동식물이 이배체이다. 인간의 경우 이배체가 23쌍, 46개의 염색체로 구성되어 있다.

이 멋진 표현은 과학자가 아니라 시인에게나 어울릴 듯도 하다. 그러나 우리가 발견한 규칙적이고 법칙적인 사건들이 물리학의 '확률 메커니즘'과 전혀 다른 어떤 '메커니즘'에 의해 지휘받는다는 것을 깨닫기 위해 필요한 것은 시적인 상상력이 아니라 냉철하고 명료한 과학적 성찰이다. 그 지휘 원리가 모든 각각의 세포 속에 한 개(때로는 두 개)의 원자 연합체 형태로 나타나 있다는 것은 분명하게 관찰된 사실이다. 바로 이 사실이 질서의 전형이라 할 만한 사건들을 일으킨다. 작지만 고도로 조직화된 원자 집단이 이런 식으로 행동한다는 사실을 놀라운 일로 생각하든 아니면 꽤 납득할 만한 일로 생각하든, 그 사실은 예견된 바 없으며 살아 있는 물질에서만 확인되었다. 생명 없는 물질을 연구하는 물리학자와 화학자는 이런 식으로 해석해야 할 현상을 본 적이 없다. 그런 사례가 없었고 따라서 우리의 이론은 그런 사례를 설명하지 못한다. 통계 물리학은 가장 중요하고 보편적인 엔트로피 증가 법칙*을 임시방편적인 가정 없이 분자적인 무질서 그 자체로 이해할 수 있음을 밝혀냄으로써 장막 너머를 보게 해 주었고, 원자와 분자의 무질서에서 나오는 엄밀한 물리학 법칙의 위대한 질서를 보게 해 주었다. 따라서 우리가 통계 물리학에 느끼는 자부심은 정당하다. 그러나 통계 물리학은 살아 있는 유기체 속에서 소수의 원자들이 산출하는 고도의

---

* 엔트로피란 열역학에서 '무질서한 정도'를 나타내는 말이다. 열역학 제2법칙에 따르면 외부와 에너지를 교환하지 않은 고립된 자연 세계는 시간이 지날수록 엔트로피가 증가하며 무질서해진다.

질서를 설명하지 못한다.

질서를 산출하는 두 가지 방식

생명 현상에서 만나는 질서는 다른 원천에서 나온다. 질서 있는 사건을 만들어 내는 '메커니즘'은 '무질서에서 질서를' 만들어 내는 '통계적인 메커니즘'과 '질서에서 질서를' 만들어 내는 또 하나의 새로운 메커니즘, 그렇게 두 가지인 것으로 보인다. 선입견 없는 정신에게는 두 번째 원리가 훨씬 더 단순하고 그럴듯해 보인다. 의심의 여지없이 그렇다. 바로 그렇기 때문에 물리학자들은 '무질서에서 질서를 산출하는' 원리를 발견하고서 그토록 자랑스러워한 것이다. 자연은 실제로 그 원리를 따르며, 오직 그 원리만이 자연적인 사건이 지닌, 비가역성*을 비롯한 보편적인 특징들을 설명해 준다. 그러나 그 원리에서 나오는 '물리학 법칙들'이 살아 있는 물질의 행동을 곧바로 충분히 설명하리라고 기대할 수는 없다. 명백히 확인할 수 있듯이, 살아 있는 물질의 가장 두드러진 특징들은 많은 부분 '질서에서 질서를 산출하는' 원리에 기반을 둔다. 당신은 서로 전혀 다른 두 메커니즘이 동일한 유형의 법칙을 만들어 내리라고(당신 열쇠로 이웃집 문도 열 수 있으리라고) 기대하지 않을 것이다.

그러므로 우리는 평범한 물리학 법칙들로 생명을 설명하기 어렵

● 변화를 일으킨 물질이 원래 상태로 돌아가지 않는 성질. 고립된 자연 세계는 무질서해진다는 열역학 제2법칙은 자연 현상의 비가역성을 설명하는 것이다.

다는 사실에 실망하지 말아야 한다. 살아 있는 물질의 구조에 대해 얻은 지식으로 예상할 수 있는 것이 바로 그 사실이니까 말이다. 우리는 유기체 내부에서 주도적인 역할을 하는 새로운 유형의 물리학 법칙을 기꺼이 찾아야 한다. 혹시 그 법칙을 비(非)물리학적인, 아니 심지어 초(超)물리학적인 법칙이라 불러야 할까?

그 새로운 원리는 물리학과 다른 별종이 아니다

아니다. 나는 그렇게 생각하지 않는다. 그 새로운 원리는 전적으로 물리학적이다. 그 원리는 다름 아닌 양자 이론의 원리라고 나는 믿는다. 이를 설명하려면 앞에서 제시했던, 모든 물리학 법칙들은 통계에 기반을 둔다는 주장을 수정하고 보완하면서 어느 정도 길게 논의를 펼치는 것이 불가피하다.

여러 번 반복된 이 주장에서 모순을 발견하지 않을 수 없다. 왜냐하면 어떤 현상들은 두드러진 특징에서 '질서에서 질서를 산출하는 원리'에 직접 기반을 두며 통계나 분자적인 무질서와 관계가 없는 것이 확실하기 때문이다.

태양계의 질서, 행성들의 운동은 거의 무한한 시간 동안 유지된다. 이 순간 행성들의 배치는 피라미드가 건설되던 시절 임의의 한 순간의 배치와 직접적으로 연결된다. 우리는 지금의 배치를 그 순간의 배치로 되돌릴 수 있고, 그 반대도 마찬가지다. 학자들은 과거 역사 속에서 일어난 일식들을 계산했고, 그 계산은 역사 기록과 거의 일치했거나 심지어 때로는 기존 기록을 바로잡는 데 도움을 주었다. 그 계산은 통계와 아무 관련이 없다. 그 계산은 뉴턴의 만유인력 법칙에만 기반을 둔다.

좋은 시계나 그와 유사한 기계들의 움직임도 통계와 아무 상관이 없어 보인다. 간단히 말해서 순전히 기계적인 모든 사건은 명백히 그리고 직접적으로 '질서에서 질서를 산출하는' 원리를 따르는 듯하다. 이때 '기계적'이라는 말은 넓은 의미로 해석되어야 한다. 여러분도 알듯이 어떤 매우 유용한 종류의 시계는 발전소에서 규칙적으로 전송되는 전기 펄스에 기반을 두고 작동한다. (…)

시계의 작동도 결국 통계적이다

상황을 다시 검토해 보자. 우리가 분석한 '단순한' 사례는 다른 많은 사례를(보편적인 분자 통계 원리를 벗어나는 듯 보이는 모든 사례를) 대표한다. 물리적인 물질로 만들어진 실제 시계는 (상상된 시계와 달리) 시계처럼 정확하다고 말할 때 우리가 생각하는 참된 '시계'가 아니다. 우연이라는 요소를 다소 줄일 수 있고, 시계가 갑자기 잘못 갈 가능성을 크게 낮출 수 있겠지만, 그것들을 완전히 없앨 수는 없다. 심지어 천체의 운동에도 비가역적인 마찰과 열의 효과가 함께 있다. 지구의 자전은 조수의 마찰로 천천히 느려지고, 달은 지구에서 점차 멀어진다. 만일 지구가 회전하는 완벽한 구형 강체*라면 이런

---

* 힘을 가해도 모양과 부피가 변하지 않는 가상의 물체.

일은 일어나지 않을 것이다.

하지만 '물리적인 시계'가 '질서에서 질서를 산출하는' 특징을, 물리학자가 유기체 속에서 발견하고 흥분한 것과 같은 유형의 법칙성을 뚜렷하게 보인다는 사실에는 변함이 없다. 시계와 유기체 사이에는 뭔가 공통점이 있는 것 같다. 이제 그 공통점이 무엇인지, 그리고 유기체가 새롭고 예상치 못한 사례이게끔 만드는 분명한 차이점이 무엇인지 살펴볼 차례다.

네른스트의 정리

물리적인 계(모든 종류의 원자 집단)는 언제 (막스 플랑크가 말한) '동역학적 법칙성',* 즉 '시계와 유사한 특징'을 나타낼까? 이 질문에 대해 양자 이론은, 절대 온도가 0도(섭씨 영하 273.15도)일 때라는 아주 간단한 대답을 내놓는다. 절대 0도에 다가가면 분자적인 무질서가 물리적 사건에 영향을 미치지 못한다.** 이 사실은 이론에 의해 발견된 것이 아니라 다양한 온도에서의 화학 반응들을 주의 깊게 연구하여 (실제로 도달할 수는 없는) 절대 0도에서의 결과를 외삽법***으로 추론함으로써 발견되었다. 이 사실이 발터 네른스트의 유명

- 독일의 물리학자 플랑크는 한 논문에서 개별 원자와 분자의 상호 작용을 지배하는 동역학적 법칙성에서 거시적인 사건의 통계적 법칙을 이끌어 낼 수 있다고 증명했다. 그리고 동역학적인 법칙을 규모가 큰 현상인 행성이나 시계 등의 예로 설명했다.
- •• 네른스트는 어떠한 조건에도 상관없이 절대 0도에 가까워질수록 엔트로피가 0으로 수렴한다고 주장했다. 이는 물리계의 에너지가 가장 낮은 상태를 의미한다.
- ••• 함수의 값이 일정 변수의 영역에서만 알려져 있을 때 그 영역 밖의 함숫값을 구하는 방법.

한 '열 정리'이다. 이 정리는 때로 '열역학 제3법칙'이라는 자랑스러운 (부당하지 않은) 명칭으로 불리기도 한다(열역학 제1법칙은 에너지 보존 원리, 제2법칙은 엔트로피 원리이다).

양자 이론은 네른스트의 경험적인 법칙에 합리적인 토대를 제공하며, 근사적인 '동역학적' 행동을 나타내려면 계가 절대 0도에 얼마나 접근해야 하는지 계산할 수 있게 해 준다. 주어진 구체적인 사례에서 절대 0도와 실질적으로 동등한 온도는 몇 도일까?

그 온도가 항상 매우 낮은 온도라고 추측하지 말아야 한다. 실제로 네른스트에게 발견의 계기가 된 것은, 많은 화학 반응의 경우 심지어 실온에서도 엔트로피가 놀라울 정도로 미미한 역할을 한다는 사실이었다(다시 말하지만, 엔트로피는 분자적인 무질서에, 정확히 말하면 그것의 로그값에 비례하는 양이다).

추시계는 사실상 절대 0도에 있다

추시계는 어떨까? 추시계에게는 실온이 실질적으로 절대 0도와 같다. 이것이 추시계가 '동역학적으로' 작동하는 이유이다. 당신이 추시계의 온도를 낮추어도(차가운 기름을 부어 낮추었을 경우, 그 기름의 흔적을 모두 제거하기만 한다면) 추시계는 그대로 작동할 것이다. 그러나 추시계를 실온 이상으로 가열하면 작동하지 못할 것이다. 추시계는 결국 녹아 버릴 것이다.

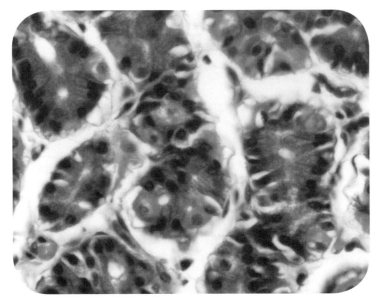

∽ 사람의 위벽에 있는 세포들. 슈뢰딩거는 생명체 내부에서 일어나는 일을 양자 물리학으로 설명하려 했다. 비록 이런저런 오류가 있긴 했지만, 많은 학자에게 영감을 주었다.

시계와 유기체의 관계

이것은 아주 사소한 사실로 보이지만 내가 생각하기에는 가장 중요한 핵심이다. 시계는 어지간한 온도에서 열운동의 무질서화 경향성을 극복하기에 충분할 만큼 강한 런던-하이틀러 힘*들에 의해 모양을 유지하는 고체로 되어 있기 때문에 '동역학적으로' 작동할 수 있다.

이제 몇 마디만 보태면 시계와 유기체의 유사성을 지적할 수 있

● 물리학자 런던과 하이틀러는 양자 물리학을 바탕으로 수소 분자의 공유 결합이 어떻게 이루어지는지 설명해 냈다. 런던-하이틀러 힘이란 화학적으로 결합된 원자 사이에 작용하는 힘을 가리킨다.

다고 나는 생각한다. 그 단순하고 유일한 유사성은 유기체가 고체로, 유전 물질을 이루는 비주기적 결정으로 되어 있어 열운동의 무질서를 대부분 벗어난다는 점이다. 그러나 내가 염색체 섬유를 '유기적인 기계의 톱니바퀴' 정도로 간주한다는 비난은 하지 말기 바란다. 최소한 내 비유가 기반을 두는 심층적인 물리학 이론에 대한 언급 없이는 그러지 않길 바란다.

사실 시계와 유기체의 근본적인 차이를 지적하고 유기체에 대한 나의 새롭고 전례 없는 표현들을 정당화하기는 훨씬 더 쉽다.

유기체의 가장 두드러진 특징은 다음과 같다. 첫째, 내가 앞서 다소 시적으로 묘사했듯이, 다세포 유기체에서 그 톱니바퀴들은 특이하게 배치되어 있다. 둘째, 각각의 톱니바퀴는 인간의 거친 솜씨로 만든 것이 아니라 신의 양자 역학에 따라서 지금까지 성취된 것 중 가장 정교하게 만들어진 걸작이다.

— 에르빈 슈뢰딩거 『생명이란 무엇인가·정신과 물질』(전대호 옮김, 궁리 2007)

이중 나선

👤 제임스 왓슨(James Watson, 1928~)

미국의 분자 생물학자. 15세에 대학에 입학하여 생화학으로 박사 학위를 받았다. 연구원으로 가게 된 케임브리지 대학에서 물리학을 전공한 프랜시스 크릭을 만났고, 그와 함께 연구하여 DNA의 이중 나선 구조를 밝혔다. 이 공로로 노벨 생리·의학상을 받았다. 이후 하버드 대학 등에서 강의하고 연구했으며, 특히 유전체의 염기 서열을 밝히는 데 힘썼다. 2007년에는 흑인의 지능에 관한 발언으로 인종 차별 논란에 휩싸였고, 그 탓에 경제적 어려움을 겪기도 했다. 『이중 나선』은 왓슨이 이야기의 형식을 빌려 DNA 연구 과정을 밝힌 책이다. 과학자들의 경쟁과 야심도 비교적 솔직하게 드러나 있다.

• 이어지는 글은 왓슨과 크릭이 DNA의 구조를 밝혀냈을 무렵 일어났던 일들을 이야기하는 부분에서 골랐다.

참으로 어처구니없게도, 그로부터 일주일도 지나지 않아 크릭은 DNA에 관한 흥미를 완전히 잃어버리고 말았다. 자신의 아이디어를 동료들이 무시하자 이에 격분한 것이다. 격분의 대상은 다름 아닌 바로 그의 지도 교수였다. 사건의 발단은 내가 케임브리지에 간 지 한 달이 채 못 된 어느 토요일 아침에 벌어졌다. 바로 그 전날 막스 퍼루츠[●]는 브래그 경과 공동으로 작성한 논문 초안을 크릭에게 보여 주었다. 헤모글로빈 분자의 형태를 다룬 논문이었다. 이 논문을 재빨리 훑어본 크릭은 화를 참지 못했다. 논문 중 일부가 자신이 약 구 개월 전에 제안한 이론적인 아이디어에 바탕을 두고 있었기 때문이다. 더더욱 괘씸한 것은, 연

● 오스트리아 태생의 영국 생화학자. 근육 세포 안에 있는 붉은 색소 단백질인 미오글로빈의 구조를 밝혀서 켄드루와 함께 노벨 화학상을 수상했다.

구실 사람들에게 이 이론을 열정적으로 설명하고 다닌 것이 아직도 기억에 생생한데 논문에는 그에게 감사한다는 말 한 줄 없었던 것이다. 한걸음에 퍼루츠와 켄드루에게 달려간 크릭은 어떻게 이럴 수가 있느냐고 따지고는 곧장 브래그* 경의 사무실로 내처 뛰어 올라 갔다. 사과까지는 아니더라도 경위의 해명은 요구할 심산이었다. 그러나 브래그 경은 마침 퇴근하고 자리에 없었고 결국 다음 날 아침까지 기다려야 했다. 하지만 다음 날까지도 크릭의 화는 조금도 누그러지지 않았다.

브래그 경은 크릭의 이론을 미리 알았다는 사실을 단호히 부인하고, 다른 과학자의 아이디어를 도용했다는 말은 자신에 대한 더없는 모욕이라며 오히려 화를 냈다. 크릭 자신이 그토록 떠들고 다닌 아이디어를 브래그 경이 몰랐을 리 없다고 대들자, 브래그 경 또한 이를 맞받아쳤다. 대화가 더 이상 불가능해지자 십 분도 채 안 돼 크릭은 교수실을 박차고 나와 버렸다.

이 일이 있은 후, 브래그 경은 크릭과의 관계를 끊어야겠다고 생각했다. 몇 주일 전 브래그 경은 그 전날 밤에 떠오른 어떤 아이디어 때문에 잔뜩 흥분해서 연구실에 간 적이 있는데, 그 아이디어가 이번 논문에 실린 것이었다. 브래그 경이 퍼루츠와 켄드루에게 아이디어를 설명하는 동안 우연히 크릭도 그 자리에 동석하게 되었

● 영국의 물리학자. 아버지 역시 저명한 물리학자이며, X선에 의한 결정 구조를 연구해서 부자가 함께 노벨 물리학상을 받았다.

다. 불쾌하게도, 그때 크릭은 그 아이디어를 즉석에서 받아들이지 않고, 옳은지 그른지 좀 더 두고 생각해 봐야겠다고 했었다. 그랬던 크릭이 이토록 무례하게 대들다니, 브래그 경도 화가 치밀어 오르고 혈압이 잔뜩 올라 곧장 집으로 가 버렸다. 이 고약한 문제아에 대한 험담을 아내에게라도 잔뜩 늘어놓아야 분이 좀 풀릴 것 같았기에.

경위야 어찌 됐든 브래그 경과의 다툼으로 크릭은 곤경에 처하고 말았다. 교수실을 뛰쳐나오긴 했지만 당장 실험실에서의 크릭은 몹시 편치 않은 기색이었다. 브래그 경이 그의 뒤에 대고 박사 과정이 끝난 후 크릭의 거취를 심각하게 고민해 봐야겠다고 내뱉듯이 말했기 때문이다. 곧 캐번디시 연구소를 떠나 새 일자리를 찾아야 할지도 모른다는 생각에 그의 얼굴은 수심으로 가득 찼다. 점심을 먹을 때도 잔뜩 시무룩해져서 예의 그 웃음소리도 터져 나오지 않았다.

그가 걱정하는 것도 무리는 아니었다. 좋은 머리에 소설처럼 반짝이는 아이디어도 풍부하다고 자부는 하고 있었지만, 그는 지금껏 이렇다 할 학문적 업적을 내지 못했을뿐더러 박사 학위도 아직 못 딴 처지였기 때문이다. 그는 보통의 중산층 가정에서 태어나 밀힐에서 고등학교를 졸업했다. 그가 유니버시티 대학에서 물리학 학사를 마치고 대학원에 들어갔을 때 마침 전쟁이 일어났다. 영국의 다른 과학자들과 마찬가지로 그도 전쟁에 참가해 해군 과학 기지에서 복무했다. 그의 끊임없는 수다에 질린 사람도 많았지만 그는 정열적으로 열심히 일했다. 특히 그는 성능이 뛰어난 자기 기뢰*를 발명하는 데 크게 공헌하기도 했다. 그렇지만 전쟁이 끝나자 그의 동료들은 그와 함께 더 일하는 것을 마뜩잖게 여겼고, 그 또한 해군에서 군무원으로 근무하는 것은 장래성이 없다고 판단했다.

게다가 그는 이제껏 전공해 온 물리학에 흥미를 잃었고, 그 대신 생물학에 도전하기로 결심한 상태였다. 그래서 생리학자 힐의 도움으로 약간의 연구비를 얻어 1947년 가을 케임브리지에 오게 되었던 것이다. 처음에는 스트레인지웨이스 연구소에서 고전 생물학을 시작했으나 얼마 안 가서 이 분야가 그리 중요하지 않다는 것을 깨닫고, 이 년 후에 캐번디시 연구소로 자리를 옮겨 퍼루츠와 켄드루의 연구 팀에 합류했던 것이다. 과학에 대한 정열이 새로이 솟구치자 그는 아예 박사 학위에 도전해 보기로 마음을 굳혔다. 그래서 연구생으로 등록하고 퍼루츠의 지도를 받기로 했다. 그러나 머리 회전이 빠른 그에게 학위 논문에 필요한 기초 연구는 너무나도 지루해서 도무지 성에 차지 않았다. 하지만 학위 과정에 등록함으로써 그는 뜻밖의 행운을 얻었다. 아무리 어려운 지경에 놓이더라도 박사 학위를 취득하기 전까지는 쫓겨날 염려가 없었기 때문이다.

퍼루츠와 켄드루는 재빨리 크릭을 구제하기로 하고 중재에 나섰다. 켄드루가 문제의 그 이론을 크릭이 예전에 문서로 제출한 적이

---

* 배가 가까이 지나가면 자기를 감지해서 자동으로 폭발하는 기뢰. 물속에 설치한다.

있다는 것을 확인하자, 브래그 경도 아이디어라는 게 두 사람의 머리에 동시에 떠오를 수도 있다며 수긍했다. 일이 이쯤 되자 브래그 경도 화가 많이 풀렸고, 따라서 크릭의 거취 문제도 해결되었다. 그럼에도 여전히 브래그 경은 크릭을 연구소에 그대로 머무르게 하는 것이 썩 내키지 않았다. 어떤 날은 브래그 경이 크릭 때문에 귀가 따가울 정도라며 신경질을 부리기도 했다. 여전히 그에게 크릭은 연구소에서 전혀 쓸모없는 인물이었다. 대체 지난 삼십오 년간 그 작자는 입으로 떠들기만 했지 이뤄 놓은 게 뭐란 말인가. 크릭에 대한 브래그 경의 기본 시각은 그랬다.

얼마 후 새로운 가설의 필요성이 대두되자, 크릭은 이내 평정심을 되찾았다. 브래그 경과 한바탕 소동을 치른 후 며칠이 지나 퍼루츠는 결정학자 밴드에게서 한 통의 편지를 받았다. 그 편지 속에는 나선 분자의 X선 회절에 관한 가설이 담겨 있었다. 폴링의 알파 나선*이 발견된 덕분에 당시 연구소에서는 나선 구조가 모든 관심의 초점이 되어 있었다. 하지만 폴링 모형의 타당성을 검증하거나 좀 더 상세한 구조를 확인할 방법을 아무도 제시하지 못했는데 밴드는 자신의 가설이 혹 이 역할을 하지 않을까 기대했던 것이다.

크릭은 밴드의 이론에 심각한 오류가 있음을 재빨리 간파하고는,

● 폴링은 섬유 단백질의 기본 구조가 끈들이 꼬여서 줄을 만들 듯 나선 형태로 감겨 있으며, 그 형태를 유지하는 데 수소 결합이 중요하다는 사실을 찾아냈다.

자기가 제대로 된 이론을 제시하겠다며 빌 코크런의 2층 연구실로 흥분해서 뛰어 올라갔다.

코크런은 아담한 체구에 말수가 적은 스코틀랜드인으로 당시 캐번디시 연구소의 결정학 강사였다. 그는 케임브리지에서 X선을 다루는 젊은 학자들 중 가장 두뇌가 명석한 사람이었다. 생체 고분자 연구와는 아무런 관련이 없었지만 크릭이 이론을 전개하다 막힐 때면 언제나 그의 말 상대가 되어 주곤 했다. 코크런이 크릭의 이론에 대해 근거가 없다거나 아무 쓸모가 없다고 말해도, 크릭은 그의 말만큼은 동료 간의 질투라고 생각하지 않고 경청했다.

하지만 이번에는 코크런이 크릭의 말을 흘려듣지 않았다. 코크런도 이미 밴드의 이론에서 오류를 발견하고 내심 대안을 모색하던 참이었다. 몇 개월 전부터 퍼루츠와 브래그 경 두 사람은 코크런에게 나선 연구에 합류할 것을 권했으나 아직 응하지 않은 상태였다. 하지만 이번에 크릭까지 나서서 강력하게 권유하자 그도 새로운 공식을 찾아 골똘히 궁리하기 시작했다.

그날 오전 내내 크릭은 수학 문제를 푸는 일에 푹 빠져 있었다. 이글 식당에서 점심을 먹고는 갑자기 심한 두통을 호소하더니 연구실에도 들르지 않고 곧바로 집으로 갔고, 그 후에는 가스난로 앞에 무료하게 앉아 있다가는 다시 수학 문제를 집어 들었다. 몇 시간 후 마침내 그는 정답을 알아냈다. 그러나 일단 작업을 중단해야 했다. 아내 오딜과 함께 부부 동반으로 케임브리지의 고급 주류 상인 매튜의 포도주 시음회에 참석해야 했기 때문이었다. 이 포도주 시음회 건으로 크릭의 기분은 아주 최고조였다. 시음회에 초대받았다는 것은 케임브리지의 멋있고 유쾌한 신사들의 일원이 되었다는 것을 의미했기 때문이다. 그래서 이때만큼은 연구소의 조무래기 친구들이 자신을 무시한다 해도 아무렇지 않게 넘길 수 있었다.

크릭 부부는 세인트존스 대학 근처에서 지은 지 수백 년 된 그린 도어라는 허름하고 좁은 아파트의 맨 꼭대기 층에 살고 있었다. 방이라고는 거실과 침실 딱 둘뿐이었으며, 목욕탕이 눈에 좀 띌 뿐 부엌을 포함해 다른 살림살이라고는 거의 없었다. 비록 비좁기는 했지만 아내 오딜이 실내를 잘 꾸며 놓은 덕분에 아늑하고 훈훈한 기운이 집 안에 가득했다. 나는 이 집에서 처음으로 영국 지식인들이 누리는 생활의 활기를 느꼈으며, 내가 어린 시절에 지냈던 빅토리아풍의 넓은 방이 얼마나 공허한지를 새삼 깨닫게 되었다.

당시 그들은 결혼한 지 삼 년째였다. 크릭의 첫 결혼 생활은 그리 길지 않았다. 첫 결혼에서 얻은 아들 마이클은 크릭의 어머니와 이모가 키우고 있었다. 그는 몇 해 동안 홀아비로 지내다가 다섯 살 아래인 오딜을 만나 재혼하고 케임브리지로 왔던 것이다. 사교성 좋은 크릭에게 요트나 테니스 같은 오락으로 시간을 보내는 영국 중산층의 따분한 생활은 도무지 성미에 맞지 않았으며, 오히려 거부감마저 느낄 정도였다. 이들 부부 두 사람은 모두 정치나 종교에는 관심이 전혀 없었다. 특히 크릭은 종교는 폐기해야 할 구시대의

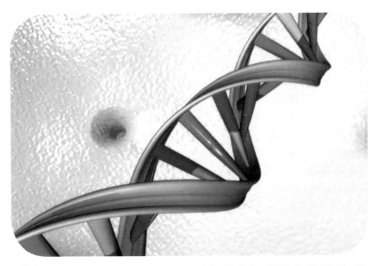

👓 DNA는 몸의 대부분을 이루는 단백질 분자가 만들어지는 데 중요한 정보를 담고 있다. 왓슨과 크릭이 DNA의 이중 나선 구조를 밝혀냄으로써 유전학과 분자 생물학이 크게 발전했다.

유물이며, 앞으로도 존속시켜서는 안 된다고 생각했다. 그리고 왜 그런지 정치에 대해서도 무관심했다. 어쩌면 전쟁을 한 번 겪은 후라 그 참혹함을 애써 잊으려 했던 것인지도 모르겠다. 어쨌든 그들의 식탁에는 『더 타임스』 대신 언제나 『보그』가 놓여 있었고 『보그』에 실린 기사만으로도 크릭은 언제나 풍성한 화젯거리를 만들어 냈다.

그 당시 나는 가끔 크릭의 아파트에 저녁 초대를 받았다. 크릭은 언제나 나와 토론하기를 좋아했고, 나는 나대로 형편없는 식당 음식을 피할 수 있는 기회였기 때문에 사양하지 않았다. 사 먹는 영국 음식에 얼마나 질렸던지 이러다 위궤양에라도 걸리는 게 아닐까 걱정할 정도였으니 나에겐 그들 부부의 저녁 초대가 그저 황송할 따름이었다. 오딜은 프랑스인인 친정어머니를 닮아 여느 영국인들과 달리 음식과 살림 솜씨가 보통이 아니었다. 그렇기에 크릭은 아내가 만든 밋밋한 고기, 삶은 감자, 허연 채소, 포도주에 절인 카스텔라 같은 단조로운 음식을 먹으면서도 동료들이 연구소 내 고급 식당에서 잘난 음식을 먹었다고 자랑해도 전혀 부러워하지 않았다. 그들과 함께 한 저녁 식사는 언제나 유쾌했으며, 어쩌다 포도주라도 몇 잔 걸친 날이면 케임브리지 대학 사회에서 최근에 떠도는 소문의 주인공까지 화제에 올리며 즐겁게 시간을 보냈다.

크릭은 젊은 여자들, 특히 발랄하고 명랑하며 놀기 좋아하는 여자들과 스스럼없이 잘 어울렸다. 젊어서 여자에 관심이 없었던 그가 이제는 생활에 활력을 불어넣어 주는 것이 여자라고 굳게 믿게 된 것이다. 크릭의 이러한 취향에 오딜은 그다지 신경 쓰지 않았다. 오히려 그녀는 영국의 중부 지방인 노샘프턴식의 엄격한 훈육을 받은 크릭이 이를 통해 품성이 너그러워지기를 바랐다. 화제가 요즈음 오딜이 푹 빠져 있는, 그래서 가끔 둘이서 초대도 받는 미술 공예품의 세계에 미치면 이야기는 끝도 없이 길어졌다. 대화의 주제는 제한이 없었고, 크릭은 자신의 실패담도 거리낌 없이 털어놓았다. 한번은 이런 일도 있었다고 한다. 어떤 가면무도회에서 붉은 수염을 잔뜩 달고 젊은 조지 버나드 쇼로 분장했는데 이게 그만 실수였다. 키스라도 하려 들면 수염이 아가씨들의 뺨을 간질이는 통에 재미라고는 하나도 못 보았다는.

다시 앞의 이야기로 돌아가 보자. 크릭이 작업을 중단하고 참석했던 그날의 포도주 시음회에는 젊은 여성이 하나도 참석하지 않았다. 실망스럽게도 손님이라고는 대부분이 대학 관계자들이어서 그런지 학내의 골치 아픈 행정 문제들을 안주 삼아 씹어 댈 뿐이었다. 크릭과 오딜은 일찌감치 집으로 돌아와 버렸다. 술에도 취하지 않고 멀쩡한 기분으로 돌아온 크릭은 다시 먼저의 이론을 면밀히 검토했다.

이튿날 아침 연구소에 나온 크릭은 퍼루츠와 켄드루에게 자기가 나선의 구조를 마침내 풀었다고 말했다. 몇 분 후 코크런이 실험실로 들어서자 그에게도 되풀이하여 이 사실을 설명하려 했다. 그러나 크릭이 미처 이야기를 꺼내기 전에 코크런은 자신도 그 문제를 해결한 것 같다고 말했다. 그들은 서둘러 각자의 수식을 비교 검토했다. 크릭이 어렵게 문제를 해결한 반면, 코크런은 좀 더 단순하고 간편한 방법을 사용했다는 점이 밝혀졌다. 어찌 됐든 두 사람의 최종 결과는 완전히 일치했다. 그들은 곧 퍼루츠의 X선 사진을 꺼내 알파 나선의 타당성을 검토했다. 그 결과, 폴링의 알파 나선 모형도 옳았고 그들의 가설도 틀림없다는 것이 더욱 분명해졌다.

며칠 후 다들 만족한 가운데 완성된 원고를 『네이처』*로 보냈다.

* 영국에서 매주 발행되는 과학 전문지. 미국의 『사이언스』와 더불어 과학계에 큰 영향력을 미치는 학술 저널이다.

그리고 동시에 감사의 마음을 담아 폴리에게도 사본을 보냈다. 분명 첫 번째 성공인 이 사건은 크릭에게 의미심장한 승리를 안겨 주었다. 이번 일에만은 여자가 관여하지 않았다는 점이 그에게 큰 행운을 가져다준 것은 아니었을까.

— 제임스 왓슨 『이중 나선』(최돈찬 옮김, 궁리 2006)

1. 다음은 뉴턴과 다른 학자들의 대화를 가상으로 엮어 본 것입니다. 『프린키피아』를 읽고 뉴턴은 과연 어떻게 말을 이을지 상상해 봅시다.

> **아리스토텔레스** 우주의 중심은 지구이며, 절대 움직이지 않는다네. 지구 주위의 천체는 완벽한 원을 그리며 운동하지.
>
> **데카르트** 아닙니다. 하늘은 눈에 보이지 않는 유동 물질로 가득한데, 이 물질이 태양을 중심으로 소용돌이를 그리며 행성을 끌고 갑니다.
>
> **뉴턴** 두 분 다 틀리셨습니다. 천체의 운동은 바로 중력의 작용에 의한 것입니다. 아직 중력의 원인은 모릅니다. 하지만 저는 가설을 만들지 않겠습니다. 왜냐하면 ‒‒‒‒‒‒‒‒‒‒‒‒‒‒‒‒‒‒‒‒‒‒‒‒‒‒‒
> ‒‒‒‒‒‒‒‒‒‒‒‒‒‒‒‒‒‒‒‒‒‒‒‒‒‒‒‒‒‒

2. 슈뢰딩거는 『생명이란 무엇인가』에서 생명 활동과 유전 현상을 양자 물리학으로 설명할 수 있다고 주장합니다. 다음 중 슈뢰딩거의 주장과 일치하지 않는 것을 골라 봅시다.

① 화학 반응에서 개별 분자의 반응은 순전히 우연하게 일어난다.
② 열역학 제3법칙에 따르면, 절대 0도에서 분자적인 무질서는 물리적 사건에 영향을 미치지 못한다.
③ 통계 물리학은 유기체 속에 존재하는 질서를 설명할 수 있다.
④ ‘물리적인 시계’는 유기체와 같은 유형의 물리적 법칙성을 보인다.

3. 17세기 이후 자연 과학을 지배하던 뉴턴 물리학은 광속 불변의 법칙 같은 자연 현상이 관측됨에 따라 흔들리기 시작합니다. 아인슈타인의 특수 상대성 이론과 일반 상대성 이론은 뉴턴 물리학을 보완하며 등장했지요. 제시문을 읽고 물음에 답해 봅시다.

(가) '갈릴레이의 상대성 원리'란 관측자의 운동 상태에 관계없이 동일한 물리 법칙이 적용된다는 것이다. 물리 법칙은 질량, 시간, 길이 등의 물리량 사이의 관계를 나타내는 것이므로 갈릴레이의 상대성 원리에 따르면 운동 상태에 관계없이 모든 물리량은 항상 똑같이 측정된다.

(나) '광속 불변의 법칙'이란 관측자의 운동 상태에 관계없이 빛의 속도는 항상 똑같다는 것이다. 즉 달리는 사람이 보는 빛과 정지해 있는 사람이 보는 빛은 속도가 같다.

(다) 시속 100킬로미터로 달리는 기차 안에서 한 남자가 기차의 진행 방향으로 달리고 있는 상황을 가정해 보자. 남자가 시속 10킬로미터로 달린다면, 기차 밖에서 측정한 남자의 속도는 얼마일까? 남자와 기차의 진행 방향이 같으므로 각각의 속도를 더해 시속 110킬로미터이다.

❶ (가)와 (나)는 동시에 성립할 수 없습니다. (다)를 이용해 그 이유를 설명해 봅시다.

❷ 아인슈타인의 특수 상대성 이론은 (가)와 (나)의 모순을 해결합니다. 『상대성의 특수 이론과 일반 이론』을 읽고 특수 상대성 이론이 의미하는 바를 써 봅시다.

4. 하이젠베르크가 제창한 불확정성의 원리는 칸트 철학의 세계관과 부딪쳤습니다. 다음은 『부분과 전체』에 나오는 하이젠베르크와 헤르만의 대화를 요약한 것입니다. 제시문을 읽고 물음에 답해 봅시다.

> **하이젠베르크** ㉠우리는 라듐 B가 전자를 방출하고 붕괴하는 현상에 대해 어떤 원인도 지적할 수 없습니다.
>
> **헤르만** 당신의 말대로라면 수학적으로 표현할 수 있는 불확정성은 물리학적이며 객관적이겠지요. 하지만 일반적으로 불확정성이라는 말은 단순히 모른다는 뜻으로 해석되고 있습니다.
>
> **하이젠베르크** 원자 단위에서 일어나는 현상에는 객관적인 법칙이 없습니다. 그러한 현상은 일상 경험의 영역에서 멀리 떨어져 있기 때문에 칸트의 모형으로는 설명할 수 없습니다.
>
> **헤르만** 그렇다면 원자란 도대체 무엇입니까?
>
> **하이젠베르크** 언어로 표현할 수 없습니다. 우리 언어는 일상 경험에서 비롯된 것이지만, 원자는 일상 경험의 대상이 아니기 때문입니다.
>
> **헤르만** ㉡사람에게 확고한 인식의 토대란 존재할 수 없는 겁니까?

❶ 헤르만은 칸트 철학의 사고방식을 지닌 철학자로 ㉠을 반박합니다. 『부분과 전체』를 읽고 빈칸을 채워 헤르만의 반박을 완성해 봅시다.

> 자연 과학은 (   )인 경험을 취급하며, 따라서 (   )을 전제로 삼아야 한다. 이 전제를 어지럽히는 양자 역학은 자연 과학이 아니다.

❷ 헤르만이 질문한 ㉡에 대해 자신의 생각을 서술해 봅시다.

5. 현대에 접어들어 과학은 기술과 접목되면서 더욱 큰 영향력을 발휘하고 있습니다. 그렇기 때문에 과학자에게도 사회적 책임과 윤리 의식이 중요해지고 있지요. (가)와 (나)를 참고하여 과학자가 지녀야 할 태도에 대해 생각해 봅시다.

(가) 제2차 세계 대전 중, 하이젠베르크는 독일에서 핵무기 개발에 참여하게 되었다. 장관의 명령으로 핵무기 개발을 담당하는 우라늄 협회의 책임자가 된 것이다. 독일의 핵무기 개발은 미국에 비해 더디게 진행되어 전쟁 중에 완료되지 않았다. 이는 책임자였던 하이젠베르크가 적극적이지 않았다는 것을 의미한다. 실제로 하이젠베르크가 상부에 핵무기 개발이 경제적·기술적으로 매우 어렵다는 변명을 시도했다는 기록도 남아 있다.

(나) DNA의 구조를 밝혀 노벨상을 받은 왓슨은 이후 종종 편향된 시각을 드러내어 구설수에 올랐다. 동성애를 유발하는 염색체를 알아낼 수 있다면 산모가 이런 성향이 있는 아이를 낳을지 말지 결정할 수 있어야 한다고 했으며, 지적 능력이 낮은 것은 일종의 장애로서 치료해야 한다고 말하기도 했다. 특히 2007년, 영국 매체와의 인터뷰에서 흑인을 비하하는 발언을 하여 물의를 일으켰다. 이로 인해 경제적으로 어려워진 왓슨은 결국 본인이 수상한 노벨상 메달을 경매에 내놓았다.

코스모스 · 칼 세이건

대륙과 해양의 기원 · 알프레트 베게너

파브르 곤충기 · 장앙리 파브르

지구와 우주

관찰과 실험과 이론이
합쳐져야 과학이다

종의 기원 · 찰스 다윈

물리, 화학, 지구 과학, 생물. 어때요, 익숙한 말들이지요? 교과서에서는 과학을 이렇게 네 갈래로 나누고 있습니다. 하지만 이 역시 커다란 범위로 구분한 데 불과합니다. 당장 국어사전에서 '천문학'이 포함된 단어만 찾아봐도 로켓 천문학, 분자 천문학, 전파 천문학, 은하 천문학 등 듣도 보도 못한 분야들을 확인할 수 있거든요. 과학에서는 연구가 진행됨에 따라 새로운 분야가 생겨나기도 하고 또 있던 분야가 없어지기도 한답니다.

과학에 이처럼 수많은 갈래가 있음에도 앞서 본 과학 고전들은 물리학에 집중되어 있습니다. 근대 과학의 뿌리가 물리학이라 그렇지요. 4장에서는 박물학, 지질학, 생물학, 천문학 등 좀 더 다양한 분야로 눈을 돌리겠습니다. 교과서대로라면 지구 과학과 생물 과목에 해당되겠네요. 과학에 다양한 분야가 형성되는 과정과 더불어 실험과 관찰을 바탕으로 한 이론이 과학에서 얼마나 중요한지도 알아보려 합니다.

자연을 수학으로 해석하는 근대 과학이 확립된 이후 과학 지식의 양은 폭발적으로 증가합니다. 자연 현상을 숫자로 표현할 수 있다는 것은 아주 매력적이었습니다. 정확한 수치를 계산하면 자연을 마음대로 조작할 수도 있다는 뜻이니까요. 하지만 수학을 모든 자연 현상에 적용하기는 쉽지 않았습니다. 계산대로 맞아떨어지지 않을 때도 있었고, 아예 수학으로 정리하기 어려운 경우도 있었으니까요.

특히 지질과 생물에 관한 현상은 정확한 수치를 측정하기 어려워 수학과 거리가 멀어 보였습니다. 그래서 근대 과학 초기에는 비교적 수학으로 나타내기 쉬운 물리학과 화학 연구가 활발했지요. 지질과 생물 연구도 이루어지긴 했지만, 물리학과 화학에 비해 학문이라고 할 정도의 체계는 없었답니다. 물리학과 화학의 발전에 힘입어 좀 더 세밀한 대상까지 연구할 수 있게 되면서 지질학과 생물학이 비로소 체계적으로 자리 잡을 수 있었지요. 예를 들어 암석 조성을 연구하는 데 화학이 도움을 주었고, 물리학 덕에 발명된 현미경은 생물학 발전에 디딤돌이 되었습니다.

그래도 지질과 생물 현상을 수학으로 나타내기는 여전히 어렵습니다. 그래서 실험과 관찰의 역할이 컸지요. 실험과 관찰로 증거를 얻지 못한 이론은 그저 가정에 불과하고, 이론으로 정리되지 않은 실험과 관찰 결과들은 그저 기록의 모음일 뿐이니까요. 이는 모든 과학에 해당하지만 특히 지질학과 생물학의 형성과 발전 과정에서 실험과 관찰은 중요한 동기가 되었습니다.

지질학과 생물학은 서로 영향을 주고받기도 했습니다. 대표적인 예로 찰스 다윈의 진화론을 들 수 있지요. 진화론의 바탕에는 지질학 개념이 자리하고 있거든요. 다윈은 비글호라는 배를 타고 떠난 탐사에서 다양한 동식물을 관찰하며 진화론을 확신했습니다. 그리고 배 안에서 지질학자 찰스 라이엘이 쓴 『지질학의 원리』를 탐독하며 진화론의 기초를 세웠지요. 이 책에 나오는 지질학 개념인 '동일과정설'을 생물학에 대입해서, 현재의 생물 종을 관찰함으로써 과거에 일어난 종의 변화를 설명할 수 있다고 생각한 것입니다. 반대로 생물학도 지질학 연구에 영향을 주었습니다. 간단한 예로 지질 연대를 측정할 때 생물 화석이 중요한 역할을 하지요.

과학이 발전함에 따라 지질학과 생물학처럼 새롭게 생겨나는 학문이 있는가 하면 쇠퇴하는 학문도 있습니다. 그 대표적인 예는 박물학입니다. 지질학과 생물학도 하나의 학문으로 독립되기 전까지 박물학에 포함되어 있었지요. 그래서 다윈이나 파브르 등 현재 생물학자로 유명한 사람들도 당대에는 아직 학문 간 경계가 명확하지 않아서 박물학자로 통하곤 했습니다. 박물학은 동물학, 식물학, 광물학, 지질학 등을 통틀어 이르는 것으로, 넓게 말해 모든 자연물의 종류·성질·분포·생태를 연구하는 학문입니다. 사물의 특징을 찾아 일정한 질서대로 분류한다는 면에서 근대 과학의 사고방식이 엿보이지요. 이제는 각각의 학문이 나뉘어 복잡하게 발전했기 때문에 더 이상 박물학으로 묶지 않는답니다.

지금까지 설명한 지질학과 생물학의 관찰 대상은 지구에 한정되어 있습니다. 그에 비해 천문학은 더 넓은 범위, 태양계를 넘어 은하계까지 다루고 있지요. 오늘날 천문학은 하루가 다르게 발전하고 있습니다. 우주 탐사선이 계속해서 새로운 정보를 지구로 보내고 있으니까요. 그에 따라 새로운 학문이 싹트기도 하는데, 예를 들어 다른 행성의 대기를 연구하는 '행성 기상학'이 생겨나기도 했지요. 천문학을 비롯해 과학이 계속해서 발전한다면 언젠가는 외계 생명체의 존재가 밝혀질지도 모릅니다.

이런 내용을 바탕으로 4장에서 읽게 될 고전들을 소개하겠습니다. 다양한 분야의 고전을 통해 실험과 관찰이 과학에서 차지하는 중요성, 그리고 과학의 갈래가 변화하는 과정을 생각해 보길 바랍니다.

첫 번째 고전은 알프레트 베게너의 『대륙과 해양의 기원』입니다. 지금 우리는 지구의 겉이 여러 개의 거대한 판으로 구성되어 있고, 맨틀 대류에 의해 판들이 이동한다는 사실을 알고 있습니다. 이를 '판 구조론'이라고 하지요. 판 구조론은 1960년대에 증명되었는데, 그보다 앞서 20세기 초에 발표된 베게너의 '대륙 이동설'에서 영향을 받은 것입니다. 본래 저명한 기상학자였던 베게너는 지구 물리학, 지질학, 고생물학, 고기후학 등 다양한 분야에서 근거를 모아 대륙이 이동한다고 주장했습니다. 하지만 이 주장은 대륙 이동의 원동력을 설명하는 결정적인 증거가 부족해 당대에 인정받지 못했고, 수십 년 뒤에야 해저 지형 관측으로 맨틀 대류가 밝혀지며 재조명되었지요. 대륙 이동설은 아무리 혁신적인 이론이라도 실험과 관찰이 뒷받침되어야 한다는 점을 보여 주는 중요한 사례입니다.

과학사를 통틀어 찰스 다윈의 『종의 기원』만큼 논란을 불러일으킨 책은 없을 겁니다. 다윈 이전에도 종이 변화할 수 있다는 생각을 한 학자들이 있었지만, 다윈처럼 많은 증거를 제시하며 체계적으로 정리한 사람은 없었습니다. 갈릴레이가 망원경으로 밤하늘을 관측해서 지동설을 증명했듯, 다윈이 직접 관찰한 증거를 바탕으로 내세운 진화론에는 무시할 수 없는 설득력이 있었지요. 소개하는 글은 『종의 기원』의 맨 처음입니다. 다윈은 자연 상태에서 일어나는 변이를 다루기에 앞서 인간이 사육하고 재배하는 동식물의 변이를 고찰합니다. 농부들이 이종 교배를 하여 다양한 품종을 생산해 낸다는 사실로부터, 사람에 의한 변이인 '인위 선택'이 오랫동안 이어지면 아예 별개의 종이 나타날 수도 있다고 말하지요. 이렇게 인위 선택을 먼저 설명한 덕에 뒤이어 주장하는 '자연 선택'에 의한 종의 변화가 사람들을 납득시킨 겁니다. 이 글에는 관찰 결과가 이론으로 정리되는 과정이 담겨 있습니다.

  어린 시절, 한 번쯤은 세계 명작이라는 이름으로 장 앙리 파브르가 쓴 『파브르 곤충기』를 읽어 봤을 겁니다. 문학적인 표현으로 가득한 이 책은 백여 년이 지난 오늘날까지 사랑받고 있지요. 작은 성냥갑 속 곤충들의 생태를 꼼꼼히 남긴 그의 기록은 지각의 형성이나 생명의 진화를 탐구하는 연구에 비해 소박해 보일지도 모릅니다. 하지만 수십 년에 걸쳐 오로지 곤충만 관찰한 끈기와 통념에 얽매이지 않는 열린 사고는 오늘날의 과학자도 배워야 할 중요한 덕목이지요. 다윈 역시 '보기 드문 관찰자'라며 파브르를 칭찬할 정도였습니다. 하지만 재미있게도 파브르는 철저하게 경험만 믿었기 때문에 증거가 부족하다는 이유로 다윈의 진화론을 반대했답니다. 우리가 읽을 글은 파브르가 사마귀의 번식 습성을 관찰한 부분입니다. 짧은 글에서도 자연에 대한 탐구심과 끈기를 엿볼 수 있습니다.

앞서 본 고전들은 주로 지구와 지구에서 살고 있는 생명에 대한 궁금증을 다루고 있습니다. 하지만 인류의 호기심은 끝이 없어서 태양계를 넘어 우주 전체로 향하고 있지요. 칼 세이건이 쓴 『코스모스』는 우주에 관한 호기심을 쉽고 재미있게 채워 주는 책입니다. 세이건은 인류와 우주가 근본적으로 연결되어 있어서, 우주적 관점에서 보았을 때 비로소 인류의 본질을 알 수 있다고 합니다. 그래서 과학뿐 아니라 철학, 사회학 등을 넘나들며 우주와 생명의 기원에 대해 고찰했지요. 특히 눈길을 끄는 것은 외계 생명체의 존재 가능성을 탐구한 부분입니다. 세이건은 "이 우주에서 지구에만 생명체가 존재한다면 엄청난 공간의 낭비다."라고 할 정도로 외계 생명체의 존재를 믿었습니다. 그러면서도 외계인에 대한 미신을 걷어 내기 위해 과학과 수학에다 사회 과학까지 활용해 합리적으로 설명하지요. 밤하늘의 수많은 별들 중 어딘가에 있을지 모르는 외계 생명체를 상상하며 그의 글을 읽어 봅시다.

대륙과 해양의 기원

👤 알프레트 베게너(Alfred Wegener, 1880~1930)

독일의 지구 물리학자이자 기상학자. '대륙 이동설'을 제창한 것으로 널리 알려져 있다. 각 대륙의 해안선이 잘 맞아떨어지며 멀리 떨어진 대륙에서 비슷한 동식물의 화석이 발견된다는 사실에서 유추하여, 오늘날의 대륙은 고생대까지 '판게아'라는 거대한 대륙이었다가 서서히 이동하면서 분리된 것이라고 주장했다. 이러한 대륙 이동설을 담아낸 『대륙과 해양의 기원』은 학계에서 많은 논란을 일으켰지만, 결국 당대에는 받아들여지지 않았다. 1930년, 대륙 이동설의 증거를 찾기 위해 그린란드를 탐험하던 중 조난을 당해 사망했다.

• 이어지는 글은 제2장 '대륙 이동설의 본질'에서 골랐다.

베게너의 '대륙 이동설'은 혁신적인 이론이었지만 결정적인 증거가 부족하다는 이유로 비판받았습니다. 수십 년 뒤 해저 지형 탐색이 이뤄지면서 뒤늦게 주목받았지요. 실험과 관찰이 과학에서 차지하는 중요성을 생각하며 이 글을 읽어 봅시다.

침몰된 중간 대륙의 가설

지금까지 사람들은 대륙 지괴*들이 —물을 이루었든 물로 덮였든— 당연히 전 지질 시대 내내 상대적 위치를 변함없이 유지했다고 생각했다. 그리하여 육지 연결은 중간 대륙의 형태로 이루어졌으며 훗날 육상 동식물의 교류가 끝난 후에 해수면 아래로 침몰해 오늘날 대륙 사이의 심해가 되었다고 생각했다.** 유명한 고지리 복원도들은 이런 개념으로 작성되었는데 194면의 지도는 그중 고생대 석탄기***의 예이다. (…)

• 사방이 단층면으로 나뉜 지각의 한 덩이.
•• 육교설에 대한 설명. 육교설에서는 생물 화석의 분포를 바탕으로 현재 바다를 사이에 두고 있는 두 육지가 오래전에는 육교처럼 좁고 잘록한 땅으로 연결되어 있었다고 주장한다.
••• 고생대를 여섯 시기로 나눌 때 다섯 번째 시기. 약 3억 6천만 년 전부터 2억 8천 5백만 년 전까지 계속되었다. 유럽, 북아메리카, 중국 등의 중요한 석탄층이 이때 생성되었다.

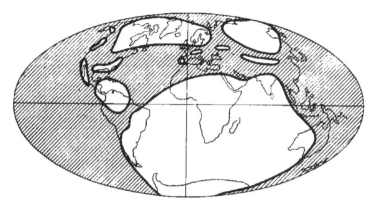

👓 통상적인 개념으로 석탄기의 수륙 분포를 그린 지도. 빗금 친 부분은 물이다.

영구설

지금까지 우리는 의도적으로 수축설[*]에 대한 반대 의견을 상세히 다루었다. 여태껏 논의한 사고 체계에 일부 뿌리를 둔, 특히 오늘날 미국 지질학자들 사이에 널리 퍼진 영구설이라는 이론이 있기 때문이다. 윌리스는 영구설을 이렇게 체계화했다. "대규모 심해 해분[**]은 지구 표면에서 영구적인 현상이다. 이들은 해수가 처음 모일 당시부터 윤곽이 거의 바뀌지 않은 채 지금의 자리에 놓여 있다." 실제로 우리는 앞에서 현재의 대륙에 쌓여 있는 해양 퇴적물이 천해성, 즉 얕은 바다에서 나온 것이라는 사실을 통해 대륙 지괴는 그 자체로서 지구의 역사 동안 영원했다는 결론을 얻은 바 있다. 지

- ● 지구 수축설은 지구가 오랫동안 냉각되면서 수축되어 주름이 생겼고, 그 주름이 습곡 산맥이 되었다고 설명하는 이론이다. 19세기 말과 20세기 초에 다양한 수축설이 등장했지만 현재는 대륙 이동설에 밀려 주목받지 못한다.
- ●● 해저 3,000~6,000미터 깊이에서 약간 둥글게 오목 들어간 곳.

각 평형설*에서 나온 사실, 즉 오늘날의 심해저는 밑으로 가라앉은 중간 대륙일 수 없다는 사실은 이 해양 퇴적물에서 얻은 결론이 보충되면서, 심해저와 대륙 지괴는 영구하다는 일반론으로 나아간다. 이 역시 당연해 보이는 가정, 즉 대륙 지괴의 상호 위치는 서로 변한 적이 없다는 가정에서 출발했기에 윌리스의 영구설은 지구 물리학적 경험에서 논리적으로 나온 결론인 듯 보인다. 물론 생물 분포에서 나온 결론인 대륙의 연결을 무시하고 말이다. 이로써 우리는 지구의 옛 모습에 관해 완전히 어긋나는 두 개의 이론이 함께 있는 희한한 장면을 보았다. 즉 유럽 전역은 거의 육교설이, 아메리카 전역은 거의 영구설이 지배하는 것이다.

영구설 지지자의 대다수가 아메리카에 있는 것은 우연이 아니다. 아메리카의 지질학은 비교적 늦게 지구 물리학과 발맞추어 발전했다. 그 결과 이 두 자매 학문은 서로의 연구 결과를 유럽보다 빠르게, 좀 더 완전하게 받아들였다. 그래서 지구 물리학에 어긋나는 이론을 지질학의 기본 가정으로 취하지는 않는다. 이와 달리 유럽에서는 지구 물리학이 성과를 내기 이전에 지질학이 오랫동안 발전해 왔고, 지구 물리학 없이도 지구 수축설의 형태로 지구 진화에 대한 그림에 도달해 있었다. 유럽 지질학자는 이러한 전통에서 완전히 자유로워져 아무 의심 없이 지구 물리학의 연구 결과를 마주하기가 어렵다.

* 물 위에 얼음이 떠 있는 것처럼 지각이 맨틀 위에 평형을 이루어 떠 있다고 생각하는 이론.

그렇다면 진실은 무엇인가? 지구는 한 시기에 한 가지 모습만 띨 수 있는데 말이다. 그 당시에 육교가 있었다는 말인가, 아니면 현재처럼 넓은 심해분에 의해 대륙이 격리되어 있었다는 말인가? 지구상의 생물 진화를 이해하려면 과거에 대륙이 연결되어 있었다는 것을 부정할 수 없다. 그러나 침몰된 중간 대륙을 부정하는 영구설 지지자들의 주장 역시 부정할 수 없다. 따라서 남은 가능성은 오직 하나다. 명백하다고 생각해 온 가정에 오류가 있는 것이 틀림없다.

대륙 이동설

이러한 상황에서 대륙 이동설이 등장한다. 침몰 육교설과 영구설 모두가 당연하게 여긴 가정, 즉 대륙 지괴들(여기서 천해라는 변동적인 덮개는 제외되어야 한다.)의 상대적 위치는 변하지 않는다는 가정은 잘못된 것이 틀림없다. 다시 말해 대륙 지괴는 분명히 이동한 것이다. 남아메리카와 아프리카는 서로 잇닿아 놓여 한 덩어리의 대륙 지괴를 이루고 있다가 백악기에 두 개로 갈라진 것이 분명하다. 이들은 깨진 얼음덩어리처럼 수백만 년에 걸쳐 점차 서로 멀어졌다. 오늘날에도 이 두 대륙의 경계선은 매우 잘 들어맞는 형태이다. 브라질 해안 상로케 곶의 직각으로 굽어진 모양은 아프리카의 카메룬 해안과 잘 맞을 뿐 아니라 그보다 남쪽 해안의 모든 요철들도 서로 잘 조화를 이룬다. 지구본에서 컴퍼스로 그려 보면 알겠지만 그 요철들의 크기도 잘 들어맞는다.

마찬가지로 북미 대륙도 한때는 유럽에 잇닿아 있었고, 최소한 뉴펀들랜드와 아일랜드 북쪽이 그린란드와 함께 한 덩어리의 지괴를 이루고 있었다. 이 지괴는 신생대 제3기 말에 들어, 그리고 북쪽 부분은 심지어 제4기에 이르러 삼지창 모양으로 그린란드 주변의 균열을 따라 분리되었고 각 조각 지괴들은 서로 멀어졌다. 중생대 쥐라기 초까지 남극, 호주, 인도는 남아프리카에 잇닿아 있어 남아메리카와 함께 하나의 거대한 대륙―이 대륙의 일부는 천해로 덮여 있었지만―을 이루고 있었다. 쥐라기, 백악기, 제3기로 시간이 흐르면서 이 거대 지괴는 갈라졌고 각 조각 지괴들은 사방으로 흩어졌다. 198면과 199면에 제시된 석탄기 말, 에오세,• 제4기 초의 세계 지도는 이러한 발달 과정을 보여 준다. 인도의 경우에는 이와 다소 다른 발달 과정을 겪었다. 애초에 인도는 대부분이 천해로 덮인 기다란 땅을 통해 아시아 대륙과 연결되어 있었다. 인도는 한편으로는 호주(쥐라기 초), 다른 한편으로는 마다가스카르(백악기에서 제3기로 넘어가는 시기)와 분리되면서 아시아에 접근해 갔고 이 긴 연결부는 점점 압축되어서 현재 지구상에서 가장 험준한 습곡 산지가 되었다. 이것이 히말라야 및 고산 아시아의 수많은 습곡 산계••인 것이다.

• 신생대 제3기를 다섯 시대로 나눴을 때 두 번째에 해당하는 시대. 온난하고 습윤한 기후에 산림이 우거져서 석탄층이 많이 퇴적했다.
•• 대륙적 규모로 발달하는 가장 규모가 큰 산지 계통. 보통 둘 이상의 산맥이 서로 밀접한 관계를 맺으며 한 계통을 이룬다.

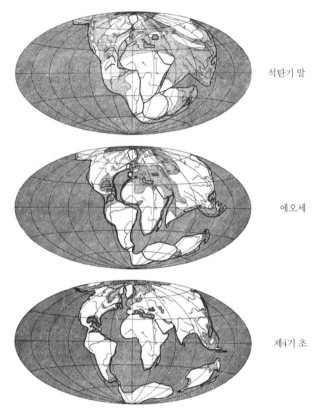

👓 베게너가 대륙 이동설에 따라 그린 세 시기의 지구 복원도. 짙은 색은 깊은 바다이고 점무늬는 얕은 바다이다. 오늘날의 해안선과 강들은 오로지 식별하기 위해 그렸으며, 위도와 경도는 현재의 아프리카를 기준 삼아 임의로 정한 것이다.

석탄기 말

에오세

제4기 초

　지괴의 이동으로 조산대*가 생성된 예는 다른 곳에도 있다. 북아메리카 대륙과 남아메리카 대륙은 서쪽으로 행진하는 과정에서 전방부가 태평양 해저의 저항을 받아 압축되어 물결 모양으로 주름지게 되었다. 연령이 아주 오래된 태평양 해저는 깊이 냉각되어서

* 산맥을 형성하는 지각 변동이 일어났거나 일어날 수 있는 광대한 지역.

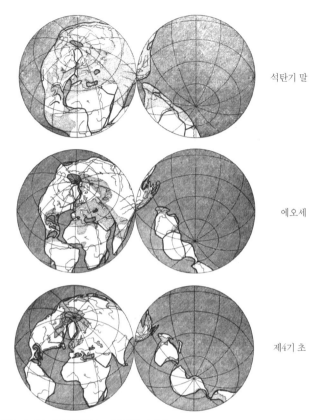

석탄기 말

에오세

제4기 초

👓 198면의 지도를 다른 투영법으로 복원한 것이다.

큰 저항력을 발휘했는데, 이렇게 하여 알래스카에서 남극까지 이르는 거대한 산맥이 형성된 것이다. 다른 예로서 호주를 보자. 호주와 뉴기니는 대륙붕 바다에 의해 분리되어 있다. 호주가 이동하는 북쪽 전방부인 뉴기니에는 젊은 고산지가 생성되어 있다. 호주가 남극에서 분리되기 전에는 우리의 지도에 나타나 있듯이 이동 방향이 달랐다. 그 당시에는 현재의 호주 동해안이 전방부였다. 동해안에 뉴질랜드가 접해 있던 관계로 뉴질랜드에 습곡 산지가 생겨났다. 그 후에 호주의 이동 방향이 바뀌면서 뉴질랜드는 화환처럼 분리되어 뒤처져 놓이게 되었다. 호주 동부의 대산맥은 좀 더 오래전 고생대에 생성된 것이다. 이 대산맥의 생성 시기는 북아메리카와 남아메리카의 고기 습곡대*와 같은 시기이다. 안데스 산맥의 기반을 이루는 이 고기 습곡대는 여러 대륙 지괴들이 통째로 밀려오는 전반부에 위치하고 있었다.

앞서 호주의 연변 산지를 이루던 뉴질랜드가 후에 화환 모양으로 분리되었다고 했다. 이로부터 우리는 큰 지괴가 특히 서쪽으로 이동하는 경우, 작은 지괴 조각들이 뒤처지게 된다는 생각을 할 수 있다. 이런 까닭으로 동아시아 대륙 연변부에 호상 열도, 즉 활처럼 굽은 모양으로 섬들이 남게 되었으며, 중앙아메리카 지괴 뒤에 소앤틸리스 제도와 대앤틸리스 제도가 뒤처지게 되었고, 남아메리카 남단의 티에라델푸에고와 서남극 사이에 이른바 남앤틸리스 제도라고 부르는 호상 열도가 남게 되었다.** 심지어 남북으로 길쭉한 모든 지괴의 뾰족한 부분은 동쪽으로 휘어지는데, 그린란드의 남

---

* 고생대에 형성되어 장기간에 걸쳐 침식을 받은 습곡 산지.
** 소앤틸리스 제도는 서인도 제도 동부에 부채꼴 모양으로 늘어선 작은 섬들이며, 대앤틸리스 제도는 카리브 해의 북쪽과 동쪽을 둘러싼 앤틸리스 제도 중에서 북부에 있는 섬의 무리이다. 티에라델푸에고는 남아메리카 남쪽 끝에 있는 섬의 무리이고, 남앤틸리스 제도는 남대서양 서남부, 남극 대륙 북쪽 난바다 쪽에 있는 섬의 무리로 사우스셰틀랜드 제도라고도 한다.

쪽 뾰족한 부분, 플로리다의 대륙붕, 티에라델푸에고, 남극의 그레이엄랜드, 그리고 인도에서 떨어져 나온 실론이 그 예이다.●

대륙 이동설은 심해저와 대륙 지괴가 서로 다른 물질로 이루어져 있으며, 이에 따라 사실상 지구의 서로 다른 층을 형성하고 있다는 두 가지 가정에서 출발한다. 대륙 지괴를 이루는 가장 바깥층은 지구 표면 전체를 덮고 있지 않다(아마 그러지 못할 것이다). 심해저는 지구의 두 번째 층이 노출된 것이다. 이 두 번째 층은 대륙 지괴 아래에도 있으리라 생각된다. 이상은 대륙 이동설의 지구 물리학적 측면이다.

이동설을 기본으로 놓으면, 육교설과 영구설의 정당한 요구 조건들이 모두 충족된다. 이제 이렇게 말할 수 있다. 육교는 훗날 침몰한 중간 대륙이 아니고, 분리된 오늘날의 대륙들이 과거에 붙어 있던 것으로 이해해야 한다. 영구한 것은 각개 해양과 대륙들 자체가 아니라 해양 지역 전체 그리고 대륙 지역 전체이다.

이러한 새로운 생각에 대해 제시하는 상세한 근거들이 이 책의 주 내용이다.

— 알프레트 베게너 『대륙과 해양의 기원』(김인수 옮김, 나남 2010)

●그레이엄랜드는 남극 반도의 북부를 가리키는 말이다. 실론은 스리랑카의 옛 이름으로, 오래전에는 인도와 한 대륙으로 연결되어 있었으리라고 추측한다.

종의 기원

🧍 찰스 다윈(Charles Darwin, 1809~1882)

영국의 생물학자. 해군 측량선인 비글호에 박물학자로서 승선해 남아메리카와 남태평양의 섬들을 두루 항해하고 탐사했는데, 특히 갈라파고스 제도에서 여러 동식물을 관찰한 경험은 진화론에 대해 확신을 갖는 계기가 되었다. 이후 연구를 계속해 자연 선택에 따라 이뤄지는 진화론을 정립하고 『종의 기원』을 써서 세상에 발표했다. 다윈에 따르면 환경에 적응하는 데 가장 유리하게 변이한 개체가 살아남아 자신의 특징을 후대에 남기고, 이러한 과정이 오랫동안 이어져 진화가 일어난다. 발표와 동시에 큰 논란을 일으킨 『종의 기원』은 과학은 물론 철학, 종교학, 경제학, 사회학 등 다양한 분야에 영향을 미쳤다.

• 이어지는 글은 제1장 '사육과 재배 과정에서 발생하는 변이'에서 골라 실었다.

다윈은 본격적으로 진화론을 다루기에 앞서, 농작물이나 가축의 품종을 개량하는 일에도 진화의 원리가 숨어 있다고 설명합니다. 이 글은 다윈의 진화론에서 중요한 개념인 '선택'을 이해하는 데 도움이 될 것입니다.

변이성의 원인

예부터 사육되고 재배되어 온 동식물의 같은 변종 또는 아변종의 여러 개체를 비교해 보면, 가장 먼저 주의를 끄는 점은 그러한 개체들이 일반적인 자연 상태에 있던 종 또는 변종의 개체들보다 서로 간에 차이가 훨씬 크다는 것이다. 지금까지 사육되면서 각기 다른 기후와 처리에 의해 변화했던 동식물이 얼마나 다양한지 생각해 보면, 이 커다란 변이성은 자연 속에 방치되었던 원래의 종에 비해 일정하지 않고 조금 다른 생활 조건에서 생물이 사육, 재배된 결과라고 결론지을 수밖에 없다. 나는 이 변이성은 먹이의 과잉과 어느 정도 관련 있다고 한 앤드루 나이트의 의견에도 일리가 있다고 생각한다. 생물이 눈에 띌 만큼 뚜렷한 변이를 일으키려면 여러 세대에 걸쳐 새로운 생활 조건 속에 놓여야 한다는 것, 그리고 일단 체제 변화가 시작되면 여러 세대에 걸쳐 계속 이어진다는 것은 상당히 명백한 사실로 보인다. 사육, 재배에 의해 변화가 멈췄다는 기록은 전혀 남아 있지 않다. 예를 들면 밀처럼 가장 오래된 재배 식물에서 지금도 종종 새로운 변종이 나타날 뿐 아니라, 가장 오래된 가축도 빠르게 개량하거나 변화시킬 수 있다.

이 문제를 오랫동안 연구한 내가 판단하기로는, 생활 조건은 두 가지 작용을 하는 듯하다. 직접적으로는 체제 전체 또는 특정 부분에만 작용하고, 간접적으로는 생식 계통에 영향을 끼쳐 작용하는 것 같다. 직접적인 작용에 대해서는 최근 바이스만 교수가 주장한 것이나 내가 『사육 상태에서 동식물의 변이』(*The Variation of Animals and Plants under Domestication*)라는 저서에서 말한 대로, 그 어떤 경우에도 두 개의 요소, 즉 생물체의 성질과 외적 조건의 성질이 존재한다는 것을 기억해야 한다. 생물체의 성질은 특히 중요한 것 같다. 왜냐하면 우리가 판단할 수 있는 범위 내에서는 전혀 다른 조건에서 거의 동일한 변이가 발생할 때도 있고, 또 반대로 거의 동일한 듯한 조건에서 다른 변이가 발생하는 경우도 있기 때문이다. 자손에게 미치는 영향은 때로 확정적이고 때로 불확정적이다. 여러 세대에 걸쳐 일정한 조건 아래 놓였던 개체의 모든, 또는 거의 모든 자손이 똑같이 변화했다면 그 영향은 확정적이라고 생각할 수 있다.

그래서 확정적으로 일어난 변화의 범위에 대해 결론을 내리기란 매우 어렵다. 하지만 예를 들어 먹이의 양에 따라 달라지는 체구,

식물의 성질에 따라 일어나는 색깔 차이, 기후에 따라 차이가 나는 피부와 털의 두께와 굵기 등, 여러 가지 미미한 변화에 대해서는 거의 의심할 여지가 없다. 가금류*의 깃털에서 일어나는 끝없는 변이에는 뭔가 유효한 원인이 있는 게 분명하다. 또 여러 세대에 걸쳐 동일한 원인이 많은 개체에 한결같이 작용했다면, 대체로 모든 개체가 똑같이 변화했을 것이다. 벌레혹**을 일으키는 벌레의 독 한 방울을 주입하면 식물에 복잡하고 비정상적인 혹이 발생한다는 사실은, 수액의 성질이 화학적으로 변화했을 때 식물에 얼마나 기묘한 변이가 초래되는지 알려 준다.

외적 조건의 변화라는 결과에 있어서는 불확정적인 변이성이 확정적인 변이성보다 훨씬 보편적으로 영향을 끼쳤으며, 아마도 지금 있는 사육 품종의 형성에도 훨씬 중요한 역할을 했을 것이다. 같은 종의 모든 개체를 구별하거나, 부모나 먼 조상으로부터 유전되었다는 것만으로는 설명하기 어려운 수많은 사소한 특성에서 불확정적인 변이성을 엿볼 수 있다. 같은 부모에게서 같이 태어난 새끼나 같은 씨앗에서 싹튼 묘목 사이에서도 뚜렷한 차이가 나타날 때도 흔하다.

같은 나라에서 거의 동일한 먹이를 먹으며 자라난 수백만의 개체 중 기형이라 할 만큼 구조가 다른 개체가 오랜 세월에 걸쳐 나타나

● 닭, 오리, 거위 같은 집에서 기르는 날짐승.
●● 식물의 줄기, 잎, 뿌리 따위에서 볼 수 있는 혹 모양의 볼록한 부분. 식물에 곤충이 알을 낳거나 기생해서 비정상적으로 발육한 부분이다.

기도 하지만, 이러한 기형과 비교적 미미한 변이 사이에 분명한 선을 그어 구별할 수는 없다. 추위가 기침감기나 류머티즘 혹은 갖가지 기관의 염증 등 사람들의 신체 상태나 체질에 따라 제각각 다른 영향을 미치듯이, 함께 살고 있는 많은 개체에서 나타나는 모든 구조상의 변이는 미세하든 뚜렷하든 생활 조건이 생물체 각각에 미치는 불확정적 효과라고 볼 수 있다.

내가 변화한 조건의 간접 작용이라고 부른 것, 즉 생물의 생식 계통이 영향을 받아 일어나는 변이성의 일부는 생식 계통이 모든 조건의 변화에 매우 민감하다는 사실에서 추측할 수 있다. 그리고 쾰로이터*나 다른 사람들이 설명했듯이, 다른 종과의 교배로 인한 변이성과, 새롭고 부자연스러운 조건에서 길러졌을 때 나타나는 변이성의 유사성에서도 간접 작용의 원인을 어느 정도 추측할 수 있다. (…)

예부터 시행되어 온 선택의 원리와 그 작용

그렇다면 이제부터 하나의 종에서든 몇 개의 비슷한 종에서든, 사육 재배 품종들이 생겨난 단계에 대해 간단하게 살펴보자. 그 작용의 일부는 외적 생활 조건의 직접적이며 확정적인 결과물이고, 다른 일부는 습성의 결과물이라고 해도 무방할 것이다. 그러나 짐말과 경주마, 그레이하운드와 블러드하운드, 전서구와 공중제비 비둘

● 18세기 독일의 식물학자. 식물의 성(性)에 관심을 갖고 교배 방법을 해명하는 데 노력했다.

기의 차이를 이러한 작용으로 설명하려 한다면 대담한 사람이라고 해야 할 것이다.[•] 사육 재배 품종의 가장 눈에 띄는 특징 중 하나는, 동식물 자체의 이익과 관련 없이 인간의 사용이나 애완을 위해서 실제로 적응을 했다는 점이다.

인간에게 유용한 변이 중 일부는 갑자기, 그러니까 단번에 일어났을 것이다. 예를 들어 어떤 기계 장치도 당할 수 없는 갈고랑이를 지닌 도깨비산토끼꽃은 야생 산토끼꽃의 변종 중 하나에 불과하며, 또한 그 정도 변화는 한 포기에서 돌연히 일어났다고 많은 식물학자가 믿고 있다. 아마 개 중에 턴스피트도 그랬을 것이고, 또 양중에는 앵콘도 그랬을 것이다. 그러나 짐말과 경주마, 단봉낙타와 쌍봉낙타, 경작지든 산지든 어디에나 적합하고 털도 각각 용도가 다른 양의 여러 품종, 여러모로 인간에게 유익한 개의 여러 품종, 또는 끈질기게 물어뜯으며 싸우는 투계와 그다지 호전적이지 않은 닭, 결코 알을 품지 않고 '계속 낳기만 하는 닭'과 작고 우아한 애완용 당닭, 그리고 여러 계절에 이런저런 용도로 활용되어 인간에게 유용하거나 아름답게 보이는 각종 농작물, 채소, 과실, 화초의 품종을 비교해 본다면, 나는 거기서 단순히 변이성만을 보는 것에 그쳐서는 안 된다고 생각한다.

이러한 품종들이 모두 오늘날처럼 완전하고 유익한 것으로서 돌

[•] 그레이하운드는 주력과 시력이 발달해서 경주용으로, 블러드하운드는 후각이 발달하여 경찰에서 수색용으로 키우는 개이다. 전서구는 편지를 주고받는 데 쓸 수 있게 훈련된 비둘기이고, 공중제비 비둘기는 곡예비행을 훈련받은 비둘기이다.

연히 생겨났다고는 생각할 수 없다. 실제로 여러 예에서 품종의 역사는 그렇지 않았다는 것을 알 수 있다. 열쇠는 선택을 거듭할 수 있는 인간의 능력에 있다. 자연은 잇달아 변이를 일으키며 제공하고, 인간은 그것을 자기에게 유용한 방향으로 더해 간다. 이런 의미에서 인간은 자기 자신에게 유용한 품종을 스스로 만들었다고 할 수 있다.

이러한 선택의 원리에 큰 힘이 있다는 것은 가설이 아니다. 뛰어난 사육자들은 대부분 자신의 대에서 여러 품종의 소와 양을 크게 변화시켰다. 그들이 한 일을 충분히 이해하려면 이 문제를 다룬 여러 논문 중 일부를 읽고 실제로 그 동물을 조사해 봐야 한다. 사육자들은 흔히들 동물의 체제를 거의 자기 생각대로 만들어 낼 수 있는 것처럼 말한다. 지면만 허락한다면, 나는 매우 뛰어난 권위자가 이 효과에 대해 쓴 글을 수없이 인용할 수 있다. 아마 누구보다도 농업에 관한 저서를 잘 알았으며 뛰어난 동물 감정가였던 수의사 유아트는 선택의 원칙에 대해 "이것으로 인해 농업 전문가는 가축의 형질을 변화시킬 수 있을 뿐 아니라 그 가축을 완전히 바꿔 버릴 수 있다. 이것은 원하는 형질과 형태에 생명을 불어넣을 수 있는 마법의 지팡이다."라고 말했다. 서머빌 경은 사육자들이 양에 대해 이룩한 업적을 언급하면서, "그것은 마치 벽에 분필로 완성된 모습을 먼저 그려 놓고, 그다음에 그것을 실물로 만드는 것과 같다."라고 했다. 독일의 작센 지방에서는 메리노 종 양에 대한 선택의 원리가 중요하다는 사실이 널리 알려져 있어서 그 일을 직업으로 삼은 사람이 있을 정도이다. 양을 탁자 위에 올려놓고 마치 미술 감정가가 그림을 살펴보듯이 연구하는 것이다. 이 일은 몇 달 간격을 두고 세 번씩 이루어지며, 그때마다 양에 표시를 하며 등급을 매기고는 마지막에 가장 좋은 양을 번식용으로 선택한다. (…)

이제 동식물 중 사육 재배 품종의 기원에 대해 요약하겠다. 나는 생활의 모든 조건이 직접적으로 체제에 작용하거나 또는 간접적으로 생식 계통에 영향을 끼치기 때문에 그 조건이 변이성이 일어나는 데 가장 중요한 요소라고 믿는다. 하지만 나는 일부 학자들과 달리 변이성이 모든 환경에서 일어나며 모든 생물이 타고나는 필연적인 것이라고는 믿지 않는다. 변이성의 효과는, 정도가 다른 온갖 유전과 격세 유전*에 의해 달라진다. 변이성은 아직 알려지지 않은 많은 법칙, 특히 상관 성장의 법칙에 지배받고 있다. 어떤 영향은 생활 조건의 확정적인 작용 때문에 일어난 것으로 보이고, 또 다른 커다란 영향은 사용과 불용이 원인인 게 분명하다.

결국 마지막 결과는 무한히 복잡해질 것이다. 경우에 따라서는 기원이 다른 종의 교배가 지금 우리가 기르는 가축과 작물의 기원에 중요한 역할을 한 것이 분명한 듯하다. 어떤 나라에서는 일단 갖가지 사육 재배 품종이 확실하게 형성된 후에는 선택을 이용해서

● 생물의 성질이나 체질 등의 형질이 한 세대나 여러 세대를 걸러서 나타나는 현상.

가끔씩 다른 품종끼리 교배시키며 새로운 아품종을 만들어 내고 있다.

그러나 동물에서든 씨앗으로 번식하는 식물에서든 이종 교배의 중요성이 너무 과장되어 있다. 꺾꽂이나 눈접*에 의해 일시적으로 전파되는 식물의 경우 이종 교배가 매우 중요하다. 왜냐하면 재배자가 종 사이의 잡종이나 아종 사이의 잡종에서 일어나는 극단적인 변이성, 또는 잡종에서 발생하는 생식 불능성을 무시해도 되기 때문이다. 그러나 종자에 의해 전파되지 않는 식물은 일시적으로 존재할 뿐이므로 이종 교배는 그리 중요하지 않다. 나는 '선택'의 누적이 체계적으로 빨리 일어났든 더 효과적이지만 무의식적으로 천천히 일어났든 간에 상관없이 '변화'의 모든 원인을 통틀어서 가장 지배적인 '힘'이라고 확신한다.

— 찰스 다윈 『종의 기원』(송철용 옮김, 동서문화사 2013)

---

* 꺾꽂이는 식물의 가지, 줄기 등을 자른 뒤 흙 속에 꽂아 뿌리 내리게 하는 방법이며, 눈접은 나뭇가지의 중간에 있는 눈을 떼어 다른 가지에 붙이는 방법이다.

파브르 곤충기

👤 장 앙리 파브르(Jean Henri Fabre, 1823~1915)

프랑스의 곤충학자. 가난한 농부의 아들로 태어나 사범 학교를 졸업하고 교사가 되었다. 코르시카 섬에서 근무하던 중 섬의 독특한 동식물에 매료되었고 특히 곤충에 관심을 갖게 되었다. 이후 벌이가 적은 임시 교사 일을 하면서도 당시 미지의 학문이던 곤충학에 몰두했다. 이전의 곤충 연구가 단순히 표본을 모으고 분류하는 데 그쳤다면 파브르는 자연 속에서 관찰되는 곤충의 생태를 중요시했다. 28년간 열 권으로 출간된 『파브르 곤충기』는 곤충 관찰 기록의 집대성이자 파브르의 자서전이기도 하다.

• 이어지는 글은 5권 중 19장 '사마귀—사랑'이다.

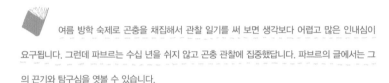

여름 방학 숙제로 곤충을 채집해서 관찰 일기를 써 보면 생각보다 어렵고 많은 인내심이 요구됩니다. 그런데 파브르는 수십 년을 쉬지 않고 곤충 관찰에 집중했답니다. 파브르의 글에서는 그의 끈기와 탐구심을 엿볼 수 있습니다.

사마귀—사랑

짧은 지식일망정 방금 알아낸 황라사마귀*의 습성은 대중적인 이름이 추측하게 했던 내용과는 별로 일치하지 않았다. 프레고 디에우(하느님께 기도드리는 벌레)라는 이름에서 우리는 경건하게 명상에 잠긴 온화한 곤충을 기대했다. 그런데 붙잡힌 채 공포심에 사기가 떨어진 곤충의 목신경을 씹어 먹는 야만스러운 곤충, 즉 사나운 귀신을 본 것이다. 그런데 아직 이 정도로는 가장 비극적인 면을 본게 아니다. 황라사마귀는 같은 사마귀 사이에서도 지독히 악랄한 습성을 지니고 있었다. 적어도 이 점에 관해서 평판이 아주 나쁜 거미에서조차 그토록 잔인한 짓을 볼 수 없을 것 같다.

● 사마귓과의 곤충으로 몸의 길이는 5~6.5센티미터이다. 세계 각지에 분포하며 항라사마귀라고도 부른다.

나는 사육장을 충분하게 유지하면서도 자리를 좀 넓게 쓰려고 커다란 탁자를 어지럽히는 철망 뚜껑 수를 줄였다. 그 대신 같은 사육장에다 여러 마리의 암컷을, 많게는 열두 마리까지 넣었다. 공간의 넓이로 보아서는 공동 숙소로 적당했으며 포로들이 활동하는 데 여유가 있을 만했다. 게다가 암컷들은 배가 무거워서 별로 움직이는 습성이 없었다. 철망 천장에 달라붙은 채 움직임 없이 소화시키거나 사냥감이 지나가기를 기다리는 게 고작이었다. 이들은 자유로운 덤불에서도 그렇게 행동한다.

합동 생활에는 위험이 따른다. 온화한 나귀들조차 여물통에 여물이 모자랄 때는 싸운다는 것을 나도 안다. 화합하는 성질이 약한 내 하숙생들은 먹을 것이 모자라면 성질이 격해져서 서로 싸울지도 모른다. 그래서 하루에 두 번씩 새 메뚜기를 듬뿍 주어 싸움을 경계했다. 내란이 일어나도 먹을 것이 모자라서 그랬다는 핑계는 대지 못할 것이다.

처음에는 주민들의 생활이 평화로워서 일이 수월하게 진행되었다. 각 사마귀는 제 손이 닿는 곳으로 지나가는 녀석을 낚아채서 먹을 뿐 이웃에 싸움을 걸지는 않았다. 그러나 이런 화합의 시간은 오래가지 않았다. 난소가 줄줄이 잇대진 알들이 성숙해 배가 불러오면 짝짓기와 산란 시기가 가까워진다. 이때 녀석들 간의 경쟁을 책임질 수컷이 한 마리도 없는데 그러면 일종의 질투로 분노가 폭발한다. 난소의 성숙이 무리를 타락시키고 서로 잡아먹으려는 광란을 불러일으킨다. 위협과 몸싸움, 야만적 행동의 향연이 펼쳐진다. 그때는 유령 같은 자세, 숨소리 같은 날갯소리, 공중으로 펼쳐 든 갈고리 따위의 무시무시한 몸짓이 나타난다. 풀무치나 대머리여치 앞에서도 적대적 표시가 이보다 더 위협적이진 않을 것이다.

내가 짐작할 만한 동기는 없는데, 이웃이던 두 녀석이 갑자기 몸을 일으켜 세우며 싸울 태세를 취한다. 서로 머리를 좌우로 돌리며, 또 눈초리로 욕을 하며 도전한다. 날개가 배를 스치며 내는 펍뿍! 펍뿍! 소리로 공격 신호를 보낸다. 만일 결투가 훨씬 중대한 사태까지 가지 않고 찰과상 정도에서 그치면, 펼쳤던 강탈 다리(앞다리)들을 구부리며 옆으로 내려서 긴 앞가슴을 감싼다. 거만한 자세이긴 해도 목숨 걸고 싸우는 것보다는 덜 무섭다.

그러다 갑자기 갈고리 하나를 뻗어서 경쟁자를 찌른다. 또 갑자기 오므려서 방어 태세를 취한다. 약간 서로 뺨을 때리는 고양이 두 마리가 떠오르는 검술 같다. 연하고 뚱뚱한 배에서 피가 한 방울 나든가, 아니면 작은 상처 하나 없을지라도 한쪽은 패배를 인정하고 물러간다. 승자는 깃발을 접고 메뚜기 잡을 궁리를 한다. 겉보기에는 조용하지만 싸움을 다시 시작할 준비는 언제나 갖추고 있다.

더 비극적인 결말을 내는 때도 많다. 이럴 때는 가차 없이 완전한 결투 자세를 취한다. 강탈 다리를 뻗쳐 공중에 세운다. 패자는 불행할지어다! 승자는 당장 패자를 제 바이스*에 물리고 먹어 버린다. 물론 목덜미부터 먹는다. 추악한 대향연이 마치 메뚜기를 갉아 먹듯이 태연하게 진행된다. 승자는 자매인 패자를 마치 합법적인 요리인 양 맛있게 먹는다. 주변 녀석들도 기회만 오면 똑같이 하고 싶을 뿐 불만이 없다.

아아! 잔인한 곤충들! 늑대도 서로를 잡아먹지는 않는다고 한다. 하지만 사마귀는 그런 것에 신경 쓰지 않는다. 녀석들은 제가 좋아하는 요릿감인 메뚜기가 주변에 숱하게 많아도 자기 종족을 맛있게 잡아먹는다. 저 무서운 인간의 괴이한 버릇인 식인 풍습과 똑같은 습성이 있는 것이다.

이런 착란, 즉 출산기에 다다른 녀석의 욕망은 훨씬 더 불쾌하기 짝이 없는 일까지 일으킨다. 짝짓기를 지켜보되 다수가 한자리에 모인 것에 따른 무질서를 피하도록 암수 한 쌍씩 다른 철망 밑에 떼어 놓자. 각 쌍에게 제집이 주어졌고 녀석들 간의 짝짓기를 방해할 자는 아무도 없다. 배고프다는 핑계가 끼어들지 못하도록 먹이를 풍부하게 주는 것도 잊지 말자.

8월 말로 접어든다. 날씬한 구혼자, 즉 수컷은 적절한 시기가 되었음을 판단하고 덩치가 커다란 여자 친구에게 추파를 보낸다. 그쪽으로 얼굴을 돌려 목을 기울이며 가슴을 편다. 작고 뾰족한 얼굴도 거의 열정적인 상태가 된다. 이런 자세로 꼼짝 않고 그 암컷을 오랫동안 노려본다. 암컷은 무관심한 듯 움직이지 않는다. 하지만

● 기계공작에서 공작물을 끼워 고정하는 기구. 사마귀의 입이 바이스처럼 사냥감을 꽉 문다는 의미로 비유한 것이다.

구혼자는 동의한다는 표시를 알아차렸다. 나는 그 비밀스러운 표시를 알 수가 없다. 수컷은 가까이 다가가 날개를 펴는데, 날개는 경련으로 떨리며 펼쳐진다. 이것이 애정 고백이다. 왜소한 수컷이 훌쩍 뛰어올라 뚱뚱한 암컷의 등으로 올라간다. 그러고는 재주껏 꼭 달라붙어서 안정된다. 대개는 서막이 길다. 마침내 교미가 이루어지는데 이것도 길어서 때로는 대여섯 시간이나 계속되었다.

움직임 없는 한 쌍의 암수 사이에는 주목거리가 없다. 마침내 녀석들이 떨어진다. 그러나 곧 더 가깝게 다시 합쳐진다. 가엾은 수컷은 난소에 생명을 주는 자로서 암컷의 사랑을 받았지만 동시에 맛좋은 사냥감으로도 사랑받는다. 늦어도 다음 날 낮에는 수컷이 암컷에게 실제로 잡혔는데 암컷은 관례대로 먼저 수컷의 목덜미를 갉아 먹고 그다음에도 야금야금 질서 있게 먹고는 겨우 날개만 남겨 놓는다. 여기서는 암컷들 사이에 후궁끼리 벌이는 질투가 아니라 억제할 수 없는 퇴폐적 욕망이 있는 것이다.

방금 수정한 암컷이 두 번째 수컷을 어떻게 받아들이는지 알아보고 싶다는 호기심이 생겼다. 조사 결과 나는 분노가 치밀었다. 대개의 암컷은 교미와 낭군 잡아먹기의 대향연에 물리지 않았다. 이미 산란을 했든 안 했든, 일정치 않은 기간 동안 휴식을 취한 다음 두 번째 수컷을 받아들였다가 첫 번째처럼 잡아먹는다. 또 세 번째가 제 역할을 마치고 먹혀서 사라진다. 네 번째도 같은 운명이다. 보름 동안 암컷 사마귀 하나가 수컷 일곱 마리를 이렇게 먹어 치우는 것

👓 짝짓기 중 수컷을 잡아먹는 암컷 사마귀. 파브르는 사마귀의 번식 습성을 치밀하게 관찰해서 특유의 문학적인 표현으로 서술했다.

을 보았다. 모두 암컷에게 옆구리를 내맡기고 짝짓기에 도취한 대가를 목숨으로 치렀다.

이런 대향연이 자주 일어나지만 예외가 없는 것은 아니다. 매우 더운 날에는 아주 흥분하기 쉽고 긴장감이 돌며 그런 대향연이 거의 일반적인 법칙같이 벌어진다. 그런 때는 사마귀도 신경이 곤두선다. 공동 사육장에서는 그 어느 때보다도 암컷끼리 더 잘 잡아먹으며, 그 무렵에는 분리된 사육장에서도 짝짓기가 끝난 수컷이 보통 요리처럼 다루어진다.

암수 한 쌍 사이에서 벌어지는 이 잔인한 행위에 대해 나는 이렇게 변명해 주고 싶다. 자유로운 곳에서는 그렇게 행동하지 않는다. 수컷은 제 역할을 끝낸 다음 무서운 암컷을 피해서 멀리 도망칠 시간 여유가 있다. 사육장에서도 어떤 때는 이튿날까지 여유가 주어 졌으니 말이다. 자유로운 상태의 사마귀는 빈약한 자료뿐인 나에게 한 번도 사랑 행각을 보여 주지 않았기 때문에 야외에서의 실제 상황은 모르겠다. 나는 포로들이 햇볕을 잘 받고, 푸짐하게 먹고, 널찍한 곳에 살아서 조금도 향수에 젖지 않은 것으로 보이는 사육장에서의 사건에 의지할 수밖에 없다. 사실상 녀석들은 사육장에서 한 짓을 정상 조건(자연)에서도 할 것이다.

자, 그런데 다른 사건을 보면 이런 변명은 통하지 않았다. 자유로운 곳에서는 수컷에게 멀리 도망갈 여유가 있다는 변명 말이다. 나는 끔찍하게도 도막 난 녀석과 암컷이 쌍을 이루고 있는 장면을 보았다. 생명 불어넣기 임무에 전념한 수컷은 암컷을 꼭 껴안고 있다. 하지만 이 불쌍한 녀석은 머리가 없고 목도 앞가슴도 거의 없다. 암컷은 태연하게 주둥이를 어깨 뒤로 돌려서 맛있는 제짝의 나머지를 계속 뜯어 먹는다. 그래도 도막 난 수컷은 단단히 달라붙어서 제 임무를 계속 수행할 뿐이다.

사랑은 죽음보다 강하다는 말이 있다. 이 금언이 이보다 명백하게 문자 그대로 받아들여지는 일은 결코 없을 것이다. 목이 잘리고 가슴 중간까지 잘린 시체가 계속 생명을 주려 한다. 수컷은 생식기가 있는 배가 먹힐 무렵에야 겨우 붙잡은 암컷을 놓을 것이다.

짝짓기가 끝난 다음 상대역인 수컷을 먹는 것, 이제는 쓸모없고 지쳐 버린 난쟁이를 먹는 것, 이런 짓은 감정 문제에 별로 세심하지 못한 곤충 세계에서는 어느 정도 용납될 수도 있을 것 같다. 하지만 사랑 행각 도중 수컷을 씹어 먹는 짓은, 상상할 수 있는 가장 잔인한 수준마저 초월한다. 나는 그것을 내 눈으로 똑똑히 보았고 아직도 그 놀람에서 깨어나지 못했다.

수컷이 임무 수행 중 공격에서 도망쳐 위험을 피할 수는 있을까? 물론 그럴 수 없다. 결론을 내려 보자. 사마귀의 짝짓기는 거미의 짝짓기와 같거나 더 비극적이다. 사육장의 한정된 공간이 수컷에 대한 살육을 부추긴 것은 부정하지 않겠다. 하지만 이 살육의 원인은 다른 데 있다.

어쩌면 이것은 석탄기 곤충의 발정기에 나타났던 잔인함으로, 지질 시대*의 추억에 대한 무의식적 재현인지도 모르겠다. 사마귀가 소속된 직시류는 곤충 세계에서 맨 먼저 태어났다. 탈바꿈이 거칠고 불완전한 녀석들은 나무 모습의 풀** 사이를 헤매며 살았다. 나비, 쇠똥구리, 파리, 벌 따위처럼 섬세한 탈바꿈(완전 탈바꿈)*** 곤충이 태어나기 전에 직시류는 이미 번창해 있었다. 생산을 위한 시급한 파괴에 격앙되었던 그 시대에는 녀석의 습성이 부드럽지 않았다. 그래서 사마귀가 옛 망령들의 막연한 추억인 옛날식 짝짓기를 계속하는 것일 수도 있다.

- 지구가 탄생한 이후부터 문자로 역사가 기록되기 이전까지의 시대. 동물 화석을 기초로 시대 구분을 한다. 크게 선캄브리아대, 고생대, 중생대, 신생대로 나뉜다.
- ●● 파브르가 양치식물을 표현한 것으로 추측된다.
- ●●● 완전 탈바꿈은 곤충이 알, 애벌레, 번데기의 세 단계를 거쳐 성충이 되는 현상이다. 이에 비해 불완전 탈바꿈을 하는 곤충은 번데기 시기를 거치지 않고 바로 성충이 된다.

사마귀 무리의 다른 종도 수컷을 사냥감처럼 먹기에 나는 그 습성을 일반적인 것으로 인정하고 싶다. 사육장 안에서는 그렇게 귀엽고 아주 평온해서 식구가 많아도 이웃과 싸우는 일이 전혀 없던 탈색사마귀도 황라사마귀와 똑같이 자기 수컷을 낚아채서 잔인하게 먹는다. 나는 이 침실에 필히 보충해 주어야 할 신랑감을 마련하느라 뛰어다니다 지쳐 버렸다. 아주 민첩하고 날개가 잘 발달한 수컷들을 겨우 찾아서 사육장에 넣자마자 대개는 경쟁할 필요도 없는 암컷 중 하나가 낚아채서 잡아먹는다. 난소가 한 번 충족되면 두 사마귀는 수컷을 대단히 미워한다. 아니 그보다는 수컷을 그저 맛있는 사냥감으로 볼 뿐이다.

— 장 앙리 파브르 『파브르 곤충기 5』(김진일 옮김, 현암사 2008)

코스모스

👤 칼 세이건(Carl Sagan, 1934~1996)

미국의 천문학자이자 우주 생물학자. 행성 표면과 대기의 상태, 외계 생명의 존재 가능성 등 우주의 다양한 면을 연구했고, 미국 항공 우주국의 자문 위원으로 매리너 계획, 보이저 계획 등 행성 탐사 계획에 참여했다. 핵무기 감축, 낙태, 종교 갈등 같은 사회 문제에도 적극적으로 의견을 밝혔다. 특히 과학의 대중화에 힘썼는데, 텔레비전 다큐멘터리를 바탕으로 천문학과 우주 탐험, 별의 삶과 죽음 등 우주의 신비를 담아낸『코스모스』는 현재까지 영어로 쓰인 과학책 중 가장 많이 판매된 것으로 알려져 있다. 그 외에『에덴의 용』『창백한 푸른 점』『콘택트』등 삼십여 권의 책을 썼다.

• 이어지는 글은 12장 '은하 대백과사전'에서 골랐다.

과연 우주에는 생명이 존재하는 행성이 몇 개나 있을까요? 세이건은 여러 가지 변수를 추측하여 외계 생명이 존재할 확률을 계산합니다. 세이건의 계산 과정을 차근차근 따라가며 자신이라면 어떻게 계산할지 생각해 봅시다.

이 문제를 더 깊이 파고들어 우리 은하계에 발달한 기술 문명이 얼마나 존재할지, 그 수 N을 대강 짐작해 볼 수도 있습니다. 여기서 발달한 기술 문명이란 전파 천문학* 기술을 사용할 줄 아는 문명을 가리킵니다. 물론 어쩔 수 없다고는 해도 너무 우리한테 치우친 기준이긴 합니다. 어쩌면 주민들이 뛰어난 언어학자이고 훌륭한 시인이긴 한데 전파 천문학에는 전혀 관심 없는 문명이 수없이 많을지도 모르니까요. 하지만 그런 문명이 전하는 소식을 들을 일은 없겠지요. 우리 은하계에 존재하는 기술 문명의 수 N은 일종의 필터 역할을 하는 여러 인수의 곱으로 표현할 수 있습니다. 그러니 우리 은하계에 우리와 대화를 나눌 수 있는 문명

● 전파를 측정해서 천체나 우주의 성질을 연구하는 천문학의 한 분야. 천체나 우주 공간에서 오는 전파를 측정하는 것과 지상에서 레이더로 발사한 전파의 반사를 측정하는 것이 있다.

이 많이 존재하려면 모든 인수의 값이 꽤 커야만 합니다.

N^*: 우리 은하계 내에 존재하는 모든 별의 수.

f_p: 행성계를 가지고 있는 별의 비율.

n_e: 주어진 행성계에서 생명체가 살아가기에 적합한 환경을 갖춘
행성의 수.

f_l: 생명체가 사는 데 적합한 행성 중에서 실제로 생명체가 나타난
행성의 비율.

f_i: 실제로 생명체가 살고 있는 행성 중에서 지적인 생명체로 진화
한 경우의 비율.

f_c: 지적인 생명체가 살고 있는 행성 중에서 교신이 가능할 정도로
기술 문명이 발달한 경우의 비율.

f_L: 행성의 전체 수명에서 기술 문명이 존재하는 기간의 비율.

앞서 말한 대로 곱셈식으로 써 보자면 $N = N^* f_p n_e f_l f_i f_c f_L$ 입니다. 여기서 모든 f는 비율로서 0과 1 사이의 값을 갖기 때문에 인수 f를 여럿 곱함에 따라 우리 은하계에 있는 모든 별의 수로써 굉장히 컸던 N^*이 점차 작아집니다.

N을 계산하려면 각 인수의 값을 모두 알아내야 합니다. 모든 별의 수나 행성계의 수 같은, 식의 앞쪽에 나오는 값들은 비교적 잘 알려져 있습니다. 하지만 지적 생명체로 진화할 확률이라든가 기

술 문명이 발달한 사회의 수명 등과 관련한 뒤쪽 값들에 대해서는 아는 바가 거의 없지요. 이런 인수들에 대해서 추정한다고 해 봤자 그저 어림짐작에 불과합니다. 만약 내가 사용하는 값에 동의하지 않는다면, 직접 자기만의 값을 정해 N을 계산해 보고 결과가 어떻게 달라지는지 살펴보길 바랍니다. 이 수식은 코넬 대학의 프랭크 드레이크 교수가 고안한 드레이크 방정식인데, 항성 천문학과 행성 과학을 비롯해 유기 화학, 진화 생물학, 역사, 정치학, 이상 심리학에 이르기까지 다양한 학문과 연관되어 있다는 점이 아주 근사하지요. 이 하나의 수식에 우주의 대부분이 들어 있는 셈입니다.

우리 은하계에 존재하는 모든 별의 수 N*은 비교적 정확하게 알아낼 수 있습니다. 하늘에서 우리 은하계를 대표할 만한 작은 영역을 골라 그 안에 있는 별을 잘 세어 보면 됩니다. 최근 연구 결과에 따르면 우리 은하계에 있는 별은 약 4천억 개라고 합니다. (…)

별이 생성될 때 행성이 함께 만들어지는 일은 꽤 흔히 일어납니다. 태양계의 축소판이라 할 수 있는 목성, 토성, 천왕성과 그들의 위성이 증거입니다. 행성의 기원에 관한 이론들이나 쌍둥이별*에 관한 연구 혹은 별을 둘러싼 원반 형태의 기체**를 관측한 결과를 보아도 알 수 있지요. 또 태양과 가까운 별에서 나타나는 중력 섭동

● 관측했을 때 인접해 보이는 두 개의 별을 일컫는 말. 겉보기에 겹쳐 보이는 경우와 별 사이에 인력으로 이어져 있는 경우가 있다.
●● 별 주변에 있는, 가스와 먼지로 이루어진 원반을 가리키는 표현으로 응축 원반, 강착 원반이라고도 한다. 주로 질량이 작은 별의 생성 초기에 나타난다.

현상*을 보아도 그렇고요. 많은 별들이, 어쩌면 대부분의 별들이 행성계를 거느리고 있을지 모릅니다. 행성계를 가지고 있는 별의 비율인 f_p를 대략 $\frac{1}{3}$이라고 하면, 우리 은하계 내에 있는 행성계를 계산한 결과는 $N^* f_p \simeq 1.3 \times 10^{11}$개, 즉 모두 1천 3백억 개 정도가 될 것입니다(여기서 기호 $\simeq$는 '대략 같다'는 뜻입니다). 만약 각 행성계에 우리 태양계처럼 행성이 열 개씩 있다면 우리 은하계에는 모두 1조가 넘는 세계가 존재하는 셈입니다. 우주적 드라마가 펼쳐질 거대한 무대이지요.

우리 태양계에는 생명체라고 할 만한 것이 살기 적합한 행성이 여럿 있습니다. 지구는 물론이고 어쩌면 화성과 목성, 토성의 위성인 타이탄에도 생명이 살 수 있을지 모르지요. 생명이란 일단 생겨나기만 하면 환경이 변화해도 잘 적응해서 아주 오랫동안 살아남기 마련입니다. 행성계마다 생명이 살기에 적당한 다양한 환경을 갖춘 행성이 여럿 존재할 게 분명합니다. 하지만 신중하게 어림잡아서 $n_e = 2$라고 합시다. 그러면 우리 은하계 내에 있는, 생명이 살기 적합한 행성의 수를 계산해 볼 수 있습니다. $N^* f_p n_e \simeq 3 \times 10^{11}$, 대략 3천억 개가 됩니다.

실험 결과에 따르면 분자 수준의 생명, 즉 스스로를 복제할 수 있는 분자는 우주에 흔히 존재하리라고 예측되는 환경 조건에서 꽤

---

* 한 천체가 다른 천체의 중력 따위에 영향을 받아 정상 궤도를 벗어나는 등 복잡한 움직임을 보이는 현상.

쉽사리 만들어진다고 합니다. 하지만 이제부터는 짐작하기가 더 어려워집니다. 예를 들어 유전 암호•가 진화하지 못할지도 모릅니다. 수십억 년 동안이나 원시 상태에서 화학 작용이 일어났다는 사실을 생각하면 별로 그럴 것 같진 않지만 말입니다. f_l을 약 $\frac{1}{3}$이라 하면 은하수에서 생명이 한 번이라도 존재했던 행성의 수는 $N^* f_p n_e f_l \simeq 1 \times 10^{11}$가 됩니다. 생명체가 살고 있는 1천억 개의 세상인 것이지요. 이것만으로도 엄청난 결론입니다. 하지만 아직 끝나지 않았습니다.

f_i와 f_c의 값을 정하기는 좀 더 어렵습니다. (…) $f_i \times f_c$이 $\frac{1}{100}$이라고 해 봅시다. 즉 생명이 탄생한 행성 중 1퍼센트만이 실제로 기술 문명까지 이룩할 수 있다는 뜻입니다. 이 값에 대해서는 과학자들의 의견이 아주 다양한데, 우리가 선택한 $\frac{1}{100}$은 그중에서 대략 중간 정도에 해당합니다. 어떤 과학자는 삼엽충의 출현부터 불을 다스리기까지의 진화가 어떤 행성계에서나 순식간에 이루어진다고 생각합니다. 반면에 어떤 과학자는 100억 년 혹은 150억 년이 걸려도 그렇게 기술 문명이 진화하기란 힘들다고 주장하지요. 우리가 지구라는 단 하나의 행성에 대해서만 연구할 수 있는 한 이 수치는 실험으로 밝혀낼 수 있을 만한 문제가 아닙니다. 여태까지 찾아낸 인수를 모두 곱하면 $N^* f_p n_e f_l f_i f_c \simeq 1 \times 10^9$가 됩니다. 기술 문명이 적어도 한 번은 나타난 적 있는 행성이 10억 개 있다는 얘기지요. 그

• DNA나 RNA의 염기 서열을, 단백질을 구성하는 특정 아미노산에 대응시켜 주는 규칙이다.

렇다고 현재 우리 은하계에 기술 문명이 발달한 행성 10억 개가 있다는 뜻은 아닙니다. 현존하는 문명의 수를 알기 위해서 f_L의 값 역시 필요합니다.

행성의 수명에 비추어 기술 문명이 존재하는 시간은 몇 퍼센트나 될까요? 지구의 나이는 수십억 년이나 되지만 지구 상에 전파 천문학을 활용할 줄 아는 기술 문명이 존재한 기간은 고작 수십 년에 불과합니다. 그렇다면 우리가 살고 있는 행성에서 f_L의 값은 현재로서는 1억분의 1도 안 되는 셈입니다. 1퍼센트의 100만분의 1 수준이지요. 게다가 당장 내일 우리가 자멸할 가능성이 없는 것도 아닙니다. 문명이 파멸을 자초하는 일이 흔히 벌어지고, 일단 문명이 멸망하면 모든 것이 철저히 파괴되어 태양이 소멸하기까지 50억 년 동안 인간이든 다른 종이든 어떠한 기술 문명도 다시 세울 수 없다고 가정해 봅시다. 그러면 $N = N^* f_p n_e f_l f_i f_c f_L \simeq 10$이 됩니다. 어떤 순간이든 우리 은하계에 존재하는 기술 문명의 수는 한심할 정도로 적을 것이라는 말입니다. 새로 나타나는 문명이 자멸하는 문명을 대체하면서 간신히 열 개 정도의 기술 문명이 유지된다는 뜻입니다. (…)

다른 가능성도 한번 생각해 봅시다. 적어도 일부 문명은 발달한 기술을 활용해서 어떻게 살아가야 하는지 배울 것이라는 가능성 말입니다. 예측할 수 없는 두뇌의 진화가 빚어내는 모순점들을 의식적으로 해결하고 그로 인한 자멸을 피할 수 있을지도 모릅니다.

혹은 중대한 문제가 일어나더라도 수십억 년에 걸쳐 생물학적으로 진화하면서 그 문제를 되돌릴 수도 있을 겁니다. 이런 사회라면 오랫동안 번영해서 지질 연대나 별의 진화와 맞먹는 시간 동안 살아남을 수 있을지도 모릅니다.

만약 문명 중 1퍼센트라도 기술 문명의 청소년기를 무사히 통과하고, 중요한 역사적 분기점에서 올바른 길을 선택해 성숙한 문명으로 발전한다면 $f_L \simeq \frac{1}{100}$이므로 $N \simeq 10^7$이 됩니다. 우리 은하계 내에 현존하는 문명이 수백만 개일 것이라는 의미이지요. 드레이크 방정식의 앞쪽에 있는 인수들, 즉 천문학과 유기 화학, 진화 생물학과 관련된 값에도 불확실한 점이 많습니다. 하지만 사실 이 방정식에서 가장 중요한 불확실성은 경제학이나 정치학, 그리고 지구에서 우리가 인간 본성이라고 부르는 것의 문제에 이르게 됩니다. 만약 압도적으로 많은 우주 문명이 자멸이라는 운명을 맞는 게 아니라면, 하늘은 분명 다른 별들에서 보내오는 속삭임으로 가득할 것입니다.

—Carl Sagan, *Cosmos*, Ballantine Books 2013(정아영 옮김)

1. 베게너가 처음 '대륙 이동설'을 발표할 무렵 유럽에는 '육교설', 아메리카에는 '영구설'이 지각 형성을 설명하는 이론으로 널리 퍼져 있었습니다. (가), (나), (다)를 읽고 각각 어떤 이론에 대한 설명인지 구분해 봅시다.

(가) 대륙 지괴의 상대적 위치는 변하지 않는다. 멀리 떨어진 대륙에서 비슷한 동식물 화석이 발견되는 것은 오래전에 대륙들이 연결되어 있었기 때문이다. 각 대륙을 연결하던 중간 대륙은 바닷속으로 가라앉아 현재의 심해저가 되었다.

———————

(나) 해양 퇴적물을 분석해 보면 오늘날의 심해저는 가라앉은 중간 대륙일 수 없다. 규모가 큰 심해 해분은 바닷물이 처음 모였을 때부터 윤곽이 거의 변하지 않은 채 지금의 자리에 놓여 있다.

———————

(다) 해양 지역 전체와 대륙 지역 전체는 영구한 것이다. 다만 심해저와 대륙 지괴는 구성 물질에 차이가 있으며 지구의 표면에서 서로 다른 층을 형성하고 있다. 각 대륙에서 비슷한 동식물 화석이 발견되며 대륙의 경계선이 잘 들어맞는다는 사실로부터 오래전에 붙어 있던 대륙들이 서서히 움직이면서 떨어졌다는 결론을 내릴 수 있다.

———————

2. 세이건은 『코스모스』에서 외계 기술 문명의 수를 드레이크 방정식으로 계산하며, 정확한 예측은 매우 어렵다고 했습니다. 드레이크 방정식에 포함된 인자의 의미를 설명하는 다음 글을 읽고, 외계 기술 문명의 수를 정확하게 계산하기 곤란한 이유에 대해 간략하게 서술해 봅시다.

드레이크 방정식 $N = N^* f_p n_e f_l f_i f_c f_L$

N^* 우리 은하계 내에 존재하는 모든 별의 수.

f_p 행성계를 가지고 있는 별의 비율.

n_e 주어진 행성계에서 생명체가 살아가기에 적합한 환경을 갖춘 행성의 수.

f_l 생명체가 사는 데 적합한 행성 중에서 실제로 생명체가 나타난 행성의 비율.

f_i 실제로 생명체가 살고 있는 행성 중에서 지적인 생명체로 진화한 경우의 비율.

f_c 지적인 생명체가 살고 있는 행성 중에서 교신이 가능할 정도로 기술 문명이 발달한 경우의 비율.

f_L 행성의 전체 수명에서 기술 문명이 존재하는 기간의 비율.

3. 다음은 동식물의 변이가 나타나는 원인에 대한 다윈의 고찰을 요약한 것입니다. 『종의 기원』을 읽고 빈칸에 들어갈 알맞은 말을 찾아봅시다.

- 동식물의 변이는 자연 상태에 있을 때보다 (   )되고 (   )될 때 훨씬 크게 나타난다.
- 변이성이 일어나는 데 가장 중요한 요소인 (   )은 직접적으로 체제에 작용하거나 간접적으로 (   )에 영향을 미친다.
- 변화의 원인을 통틀어 가장 지배적인 힘은 (   )의 누적이다.

4. 다음은 동시대를 살았던 두 학자의 주장을 요약한 글로, (가)는 다윈의 진화론, (나)는 영국 경제학자 허버트 스펜서가 진화와 자연 선택 개념을 사회학에 도입한 '사회 진화론'입니다. 제시문을 읽고 물음에 답해 봅시다.

(가) 만약 어떤 유기체에 쓸모 있는 변이가 일어난다면, 그 개체는 생존 경쟁에서 가장 유리한 조건에 놓인 것과 같다. 그리고 유전의 원리에 따라 그 개체의 자손들은 비슷한 특징을 지니게 될 것이다. 이러한 보존의 원리 또는 가장 적응한 개체의 생존을 '자연 선택'이라고 일컫는다. 자연 선택은 각각의 생물이 생존 조건에 알맞은 방향으로 개량되도록 이끈다. 하지만 만약 단순하고 하등한 형태가 생존에 가장 적합하다면, 이 형태가 오래도록 지속될 것이다.

(나) 자연과 마찬가지로 인간 사회도 진화와 적자생존의 원리에 지배받는다. 사회 자체가 일종의 유기체라, 단순한 형태의 사회는 좀 더 복잡하게 분화된 형태로 진화한다. 또한 인간 사회는 개개인이 생존 투쟁을 벌이는 무대이며, 자연 선택 과정을 통해 우수한 경쟁자들이 살아남는다. 그렇기 때문에 빈부 격차가 심해지는 것은 피할 수 없는 자연 현상이다. 만약 국가가 개입하여 기업의 활동을 규제하거나 가난한 자들을 돕는다면 이는 자연적 진화를 막는 것이나 다름없다.

❶ (가)와 (나)에 등장하는 '진화'와 '자연 선택'의 차이점을 논해 봅시다.

❷ (나)와 같은 사고방식이 사회를 지배할 경우 벌어질 일들을 상상해 봅시다.

이기적 유전자
•리처드 도킨스

가이아
•제임스 러브록

과학 혁명의 구조
•토머스 쿤

융합하는 과학

과학은 끊임없이
경계를 허물며 변화한다

현대 과학 연구의 특징을 다루는 5장을 안내하기에 앞서 잠시 제가 겪었던 일을 얘기해 보겠습니다.

동료 교사들과 산으로 들꽃 기행을 떠난 날의 일입니다. 산을 오르는데 아주 예쁜 꽃이 눈에 띄어 옆에 계시던 생물 선생님에게 꽃 이름을 여쭤 봤습니다. 그런데 선생님이 멋쩍게 웃으며 이렇게 답하더군요.

"글쎄요, 전 미생물학이 전공이라……."

그 말에 저도 웃음을 터뜨렸습니다.

이 일화는 지금도 남아 있는 근대 과학의 특징을 보여 줍니다. 생물 중에서도 미생물만을 연구하는 분야가 있을 정도로 과학의 분야는 세밀하게 나뉘고 복잡해졌습니다. 이런 경향은 근대 과학의 기계론적 자연관에서 비롯된 것이지요. 기계론적 자연관에서는 작은 요소의 성질을 파악함으로써 커다란 현상을 규정할 수 있다고 보았는데, 이를 '환원주의'라고 합니다. 환원주의에 따라 근대 이후 과학자들은 자연 현상을 점점 더 작은 요소로 나누어 탐구했습니다. 그래서 학문의 갈래도 계속해서 나뉘고 전문적으로 변해 간 것이지요. 결국 이제는 어지간히 노력하지 않는 한 자기가 전공하지 않은 분야에는 까막눈이 되기 쉽습니다.

현대 과학의 특징은 근대 과학의 세분화 및 전문화와 대비됩니다. 바로 다양한 분야가 융합하여 하나의 주제를 연구한다는 것이지요. 이런 특징이 나타난 것은 전일론적 자연관의 영향으로 세계가 복잡하게 작동한다는 사실을 새롭게 알게 됐기 때문입니다. 어떤 자연 현상도 물리학, 화학, 생물학, 천문학, 지질학의 원리가 분리되어 일어나는 경우는 없습니다. 모든 현상의 이면에는 여러 원리가 복잡하게 얽혀 있지요. 그래서 현대 과학에서는 하나의 현상을 다양한 관점으로 해석할 줄 아는 능력이 중요합니다. 최근에는 세분된 두 가지 분야가 융합된 끝에 생물 물리학이나 화학 물리학 같은 새로운 학문이 생겨나기도 했습니다.

현대 과학의 분야 간 융합을 찾아볼 수 있는 대표적인 예는 바로 '거대과학'입니다. 거대과학이란 많은 인원, 조직, 예산이 필요한 연구를 가리키는 말입니다. 제2차 세계 대전 중 원자 폭탄을 연구했던 것이 거대과학의 시초라고 하는데, 지금은 우주 개발이 가장 대표적이지요. 여러 과학자들과 힘을 합치는 것이 필수이기 때문에 요즘은 훌륭한 과학자의 덕목으로 인성이 더욱 중요해졌습니다. 다른 사람을 배려할 줄도 알고, 이끌 줄도 알아야 서로 협력하여 큰 규모의 연구를 진행할 수 있으니까요.

분야의 경계를 뛰어넘는 일은 오늘날 많은 학문에서 공통적으로 보이는 현상입니다. 이제는 과학과 인문학이 힘을 합치기도 하지요. '완벽한' 소리를 낸다고 일컬어지는 바이올린 스트라디바리우스의 비밀을 밝혀낸 과정이 좋은 예입니다. 가장 우수한 스트라디바리우스는 17세기 말과 18세기 초에 산악 지대에서 자라난 가문비나무로 만들어졌습니다. 이 시기는 소빙하기가 절정이던 때로, 지구 전체의 기온이 낮았기 때문에 식물의 성장이 느려서 나무도 나이테가 촘촘하고 견고해졌습니다. 이런 나무로 만들었기에 스트라디바리우스가 좋은 소리를 냈던 겁니다. 별것 아닌 듯하지만 이 결론을 얻기 위해서는 역사, 음악, 생물, 기후를 모두 고찰해야 합니다.

과학은 끊임없이 변화합니다. 현대 과학은 한때 절대적인 진리라고 여겼던 근대 과학에서 벗어나 자연 현상의 유기적인 조직을 탐구하는 방향으로 나아가고 있습니다. 그러기 위해서 때로 상관없어 보이는 다른 학문까지 포용하고요. 5장에서는 이러한 현대 과학의 특징을 알 수 있는 고전들을 소개하겠습니다.

현대에도 때때로 기발한 가설이 제기되곤 합니다. 5장의 첫 번째 고전인 제임스 러브록의 『가이아』는 등장하자마자 많은 주목을 받으며 논란거리가 되었지요. 러브록은 그리스 신화에 등장하는 여신 '가이아'에 빗대어 지구를 거대한 생명체나 다름없는 존재로 보았습니다. 그가 말하는 가이아란 지구와 지구에 살고 있는 생물, 대기권, 바다, 토양까지 모두 포함하는 일종의 범지구적 실체입니다. 그리고 지구에 살고 있는 생물은 변해 가는 환경에 맞춰 간신히 생존하는 수동적인 존재가 아니라 스스로 지구의 환경을 변화시키는 능동적인 존재이지요. 러브록은 자신의 이론을 뒷받침하기 위해 지질학, 생물 진화학, 기후학 등의 최신 이론을 바탕으로 증거들을 내놓습니다. 대지를 어머니에 비유하는 신앙이 오래전부터 있긴 했지만,

이를 과학 이론으로 받아들이기란 쉽지 않습니다. 실제로 주류 과학계는 가이아 이론을 사이비 과학이라며 비난하기도 했지요. 하지만 최근 기후 변화에 의해 나타난 현상들이 가이아 이론을 증명하고 있어서 다시금 관심받고 있습니다. 환경 위기를 이야기할 때 빠지지 않고 인용되는 러브록의 주장에 주목해 봅시다.

현대에는 과학 그 자체에 대한 연구도 활발히 이뤄지고 있습니다. 토머스 쿤은 『과학 혁명이란 무엇인가』에서 과학의 변화 과정을 파격적으로 해석했지요. 우리는 서양 과학이 객관적이고 합리적인 진리를 추구하며 조금씩 발전해 왔다고 배웠습니다. 하지만 쿤은 이런 생각에 정면으로 도전했습니다. 그는 '정상 과학'과 '패러다임'이라는 개념을 사용해서 자신의 주장을 펼칩니다. 정상 과학이란 쉽게 말해 당대의 주류 과학입니다. 그리고 패러다임은 정상 과학의 문제 해결 도구를 통틀어 가리키지요. 쿤에 따르면 정상 과학은 어느 날 해결할 수 없는 문제 때문에 위기에 처합니다. 위기가 이어지던 중 갑자기 완전히 새로운 패러다임이 등장하고, 과학자들이 새로운 패러다임을 받아들임으로써 다시 정상 과학 단계가 돌아옵니다. 이를 간단하게 정리하면 과학의 역사는 점진적 발전이 아닌 '정상 과학 → 위기 → 혁명 → 정상 과학'의 반복이라고 할 수 있지요. 게다가 패러다임은 과학자 사회가 공유하는 것이기 때문에 절대 인간 사회에서 분리되어 객관적이고 이성적일 수 없습니다. 쿤의 주장은 과학이 절대적 진리를 향해 서서히 다가가는 과정이라고 여긴 사람들에게 큰 충격을 주었습니다. 여러분에게 소개하는 글은 정상 과학의 연구 활동을 퍼즐 풀이에 비유해 설명하는 부분입니다. 이 글을 읽고 자신이 과학에 대해 품고 있던 인상이 정말 합당한 것인지 고민해 보길 바랍니다.

뉴턴 이래 20세기 중반까지를 물리학의 시대라고 한다면, 현재는 생물학의 시대라고 정의하기도 합니다. 유전자의 해독과 더불어 현대 생물학이 눈부신 성장을 거듭했거든요. 리처드 도킨스가 쓴 세계적 베스트셀러 『이기적 유전자』는 현대 생물학을 대중에게까지 널리 퍼뜨렸습니다. 도킨스는 이 책에서 다윈의 자연 선택설을 집단이나 개체가 아닌 유전자 단위로 끌어내려 생명체의 진화에 대해 설명합니다. 인간을 포함한 모든 생명체는 유전자에 의해 만들어진 일종의 '기계'로, 자신의 유전자를 남기려는 이기적 행동을 수행하는 존재라는 발상이 핵심이지요. 인간이 남을 돕는 이타적 행위조차 자신과 같은 형질을 후대에 남기려는 유전자의 이기주의에서 비롯된 것이라는 주장이 귀를 솔깃하게 합니다. 도킨스는 같은 학계는 물론 종교계에서도 많은 논란을 일으켰는데요, 특히 인간을 유전자를 보존하기 위해 움직일 뿐인 맹목적인 기계로 전락시켰다고 비판받았지요. 하지만 과연 그런 비판이 타당한지 생각해 볼 필요가 있습니다. 우리가 읽을 글에서 도킨스는 혈연 이타주의뿐만 아니라 호혜적 이타주의에 대해 이야기하며, 생물체의 행동을 다양한 관점에서 해석하고 있습니다. 현대 생물학에서 가장 뜨거운 논란거리인 만큼 지나칠 수 없는 글입니다.

　현대 과학은 분야를 뛰어넘어 인문학과 융합되기도 합니다. 이런 경향을 보여 주는 마지막 고전은 재러드 다이아몬드가 문명의 발전사에 대해 쓴『총, 균, 쇠』입니다. 세계에 존재하는 다양한 불평등의 원인에 대해 과거에는 관습의 차이 혹은 인종 간의 생물학적 차이를 꼽기도 했습니다. 하지만 다이아몬드는 유라시아 문명이 전 세계를 석권할 수 있었던 것은 단지 이들이 지리적으로 유리한 곳에 거주했기 때문이라고 주장합니다. 이를 뒷받침하기 위해 생태학, 생태 지리학, 유전학, 병리학 같은 과학과 문화 인류학, 언어학 같은 인문학을 넘나들며 방대한 자료를 분석했지요. 우리는 그중에서도 과학과 역사 연구에 대해 논한 부분을 눈여겨보겠습니다. 다이아몬드는 역사도 과학적 방법론으로 연구해야 한다고 합니다. 문명과 문화는 인간 지성의 결과물이면서, 자연 환경과도 긴밀한 관련이 있기 때문이지요. 과학적인 역사 연구를 통해 현재는 물론 미래도 통찰할 수 있다는 다이아몬드의 주장은, 점점 경계가 허물어지고 있는 현대 학문의 경향을 상징적으로 보여 줍니다.

가이아

👤 제임스 러브록(James Lovelock, 1919~)

영국의 화학자이자 의학자, 대기 과학자. 여러 대학과 기관을 오가며 활발하게 연구 활동을 하던 중,『가이아』를 발표하며 세계적인 주목을 받았다. 이 책에서 러브록은 지구를 생물과 무생물이 상호 작용하는 하나의 커다란 유기체로 보는 가이아 이론을 내세웠다. 가이아 이론은 지구 온난화 등 20세기의 환경 문제와 관련해 큰 주목을 받았으며, 세계 과학자들이 지구 환경 변화를 걱정해 만든 '암스테르담 선언'에 그 내용이 반영되었다. 이후에도 계속해서 환경 문제를 경고해 환경 운동에서 가장 영향력 있는 인물로 꼽힌다.

• 이어지는 글은 8장 '가이아와의 공존'에서 골랐다.

지구가 하나의 생명이나 다름없다니, 신화에나 나올 법한 이야기 같지요? 하지만 러브록

은 다양한 분야에서 증거를 모아 설득력 있게 가이아 이론을 정립했습니다. 이 글을 읽고 가이아라는

커다란 구조에서 인류의 역할은 무엇일지 생각해 봅시다.

         만약 우리가 가이아의 존재를 인정한다

면 이 세상에서 인간의 위치에 대해 새로운 관점을 발전시킬 수 있

을 것이다. 우리 인간이라는 존재는 제아무리 현대 과학 기술로 튼

튼히 무장하고 있다고 해도 그저 가이아의 일부분에 불과하다고

할 수 있다. 인간은 과학 기술을 발전시킴으로써 필요하면 얼마든

지 에너지를 사용할 수 있게 되었으며, 또 정보를 가공하고 전달할

수 있는 통로를 마음대로 가질 수 있게 되었다. 사이버네틱스* 이

론은 인간이 에너지를 생산하는 속도보다 더 빨리 정보를 처리할

수 있는 기술을 개발한다면 지금과 같은 혼란의 시대를 무난히 빠

져나올 수 있다고 시사하고 있다. 이를 달리 표현하면, 만약 우리가

● 생물과 기계를 포함하는 시스템의 제어와 통신 문제를 종합적으로 연구하는 학문. 미국 수학자
  위너가 창시했으며 인공 지능, 제어 공학, 통신 공학 등에 응용한다.

과학 기술을 적절히 통제할 수만 있다면 그 기술의 사용을 결코 그렇게까지 두려워할 필요가 없다는 뜻이 된다.

만약 한 시스템에 가해지는 에너지의 양이 증가하게 되면 자연스럽게 루프 이득*이 향상되고, 따라서 안정도를 유지하는 데에는 도움이 될 수 있다. 그러나 시스템의 반응이 너무 느림에도 불구하고 에너지 투입이 늘어난다면 마치 과열된 오븐이 폭발하는 것처럼 그 시스템은 커다란 재난을 맞게 될 것이다. 핵무기가 도처에 널려 있는 오늘날의 세계에 장거리 통신 수단이 발달하지 않았다면 무슨 일이 일어날 수 있을지 한번 생각해 보라. 우리가 이 세상의 나머지 부분들과 관계를 맺는 데 있어서, 그리고 우리끼리 관계를 설정하는 데 있어서 가장 중요한 인자는 우리가 과연 적절한 시각을 갖고 적당한 반응을 취할 수 있겠는가 하는 점이다.

가이아가 존재한다는 가정을 전제로 하고, 우리 인간들과 생물권의 나머지 부분들 사이의 상호 관계에 근본적인 변화를 일으킬 수 있는 가이아의 주요한 속성 세 가지를 먼저 살펴보자.

1. 가장 중요한 가이아의 속성은 지상의 모든 생물에게 적합하도록 주위 환경 조건을 끊임없이 변화시킨다는 것이다. 만약 인간들이 이런 가이아의 역할에 심각할 정도로 간섭하지만 않는다면, 과

● 어떤 제어계에서 출력을 다시 입력으로 되돌려 전체 시스템을 조절하는 방식을 피드백 회로라고 한다. 루프 이득은 이 피드백 회로에서 증폭기의 역할을 하는 것으로, 입력으로 되돌아온 출력을 분석하여 제어계에 반영한다.

거 인류가 지상에 도래하기 이전과 마찬가지로 현재에도 그런 속성은 변하지 않을 것이다.

2. 가이아에는 마치 생물 조직과 마찬가지로 인간의 오장육부에 해당하는 핵심 기관이 있으며, 또 인간의 사지와 같이 반드시 필요하지는 않지만 유용하게 이용할 수 있는 부수 기관도 있다. 이런 부수 기관들은 필요에 따라서 신축, 생성, 소멸이 가능하며 장소에 따라서 그 역할이 달라질 수 있다. 인간은 가이아의 부수 기관이라 할 수 있으므로 이 지구에서 인간의 역할 또한 우리가 서 있는 장소에 따라서 달라질 수 있다.

3. 주변 환경이 바람직하지 않은 방향으로 변화할 때 가이아가 취할 수 있는 반응 메커니즘은 반드시 사이버네틱스의 원리를 따르는데, 여기에서는 시간 상수*와 루프 이득이 중요한 인자로 여겨진다. 예를 들어, 산소 조절에 있어서는 시간 상수가 수천 년이나 된다. 이처럼 반응이 느리기 때문에 어떤 바람직하지 못한 현상이 나타났을 때 가이아가 이에 대처할 수 있는 시간이 매우 촉박할지 모른다. 가이아가 무엇인가 잘못되고 있다는 것을 알아채고 여기에 대처할 때에는 이미 주변 상태가 악화된 후이며, 이에 대한 개선이

* 사이버네틱스에서 말하는 시간 상수란, 시스템이 어떤 변화를 감지하고 이에 대해 반응할 때까지 걸리는 시간을 의미한다.

느리게나마 진행되는 동안 상황이 더욱 악화될 수 있다.

이 중에서 첫 번째 속성은 가이아의 세계가 다윈의 자연 선택 원리에 따라 진화해 온 결과라고 할 수 있을 것이다. 가이아가 추구하는 목표는 태양으로부터 오는 외부 에너지와 지구 내부에서 발생한 에너지의 유입량이 변화하는 것처럼 모든 조건이 변하는 와중에 끊임없이 생물들의 생존에 적합한 환경을 조성해 나가는 것이다. 우리는 이에 더하여 다음과 같은 가정을 생각할 수도 있다. 즉 인류는 다른 모든 생물과 마찬가지로 탄생 초기부터 가이아의 일부분이었으며, 다른 모든 생물과 마찬가지로 우리도 무의식적으로 지구의 항상성* 유지에 기여하고 있다고.

지난 수백 년 동안 우리 인류와 우리가 번식시킨 농작물과 가축들은 이제 지구 전체의 생물량에서 상당한 비율을 차지할 수 있을 만큼 불어났다. 이와 동시에 인류가 사용하는 에너지, 정보, 원자재 등이 지구 전체에서 차지하는 비율도 과학 기술의 집약적 발달과 함께 보다 빠른 속도로 증가하고 있다. 그래서 나는 이제 가이아와 관련하여 다음과 같은 질문을 해 보는 것이 유용하다고 생각한다. "지금과 같은 급속한 과학 발달과 이에 따른 세태의 변화가 가이아에 끼치는 영향은 무엇일까? 과학 기술을 신봉하는 인류는 여전히

● 생물체 또는 생물 시스템이 외부와 내부에서 일어나는 여러 변화에 대응하여, 생명 현상이 제대로 일어날 수 있도록 일정한 상태를 유지하는 성질.

가이아의 일부분이라고 단언할 수 있을까? 아니면 이제 인류는 가이아와는 동떨어져 존재하는 것이 아닐까?"

나는 가이아에 대한 이런 어려운 질문들의 답을 구하면서 내 오랜 동료인 린 마굴리스의 도움을 크게 받았다. 마굴리스는 미생물계를 오랫동안 연구한 결과를 다음과 같이 정리했다. "모든 생물 종은 자신의 종족을 적당한 비율로 번식시키기 위하여 비록 정도의 차이는 있지만 주변 환경을 다소 변화시킨다. 가이아는 이런 각각의 생물 종이 시도하는 환경 변화를 모두 통합하여 수행하는 존재라고 할 수 있다. 이런 생물 종들은 기체와 먹이의 생산, 부산물 처리 등을 수행하는 데 있어서 순환적이라 해도 좋을 정도로 서로서로 연결되어 있는 것이 사실이다." 다시 말해 우리가 좋아하든 그렇지 않든, 또 우리가 전체 가이아 시스템에서 무슨 일을 하든, 인류는 부지불식간에 가이아의 조절 작용 속에 관련되어 있다는 것이다. 인간은 완전한 사회적 동물도 아니며 또 완전한 개체적 존재도 아니기 때문에 개체적 차원과 공동체적 차원에서 모두 가이아의 일원이라고 말할 수 있다.

만약 우리 인류가 개인적으로 또는 집단적으로 행동을 취함으로써 지구의 황폐화를 막을 수 있고 또 인구 증가처럼 심각한 문제에도 영향을 끼칠 수 있다고 기대하는 것이 너무 어리석은 일이라 생각된다면, 지난 1960년대와 1970년대에 일어났던 일들을 한번 돌이켜 보자. 우리는 그 시기에 범지구적 규모로 발생한 생태학적 문제들에 대해 비교적 소상히 알고 있다. 지난 이십 년의 비교적 짧은 기간 동안 세계 각국에서는 생태계를 보호하고 환경을 보전하는 데에 범국가적인 노력을 기울여 자유 경쟁과 공업 발전을 제한하는 법을 제정했다. 그런데 이런 법률적 제한으로 일어난 여러 부작용은 사실상 국가의 경제 성장률을 크게 저하시킬 수 있을 정도로 심각했다. 1960년대 초엽의 학자와 호사가 가운데, 1980년대에 이르면 환경 보전 운동이 경제 발전에 커다란 장애가 될 것이라고 예측할 수 있는 사람은 거의 없었다고 해도 과언이 아니다. 그러나 사실은 그렇지 못했다. 기업들이 상품 생산과 판매에서 획득한 이윤의 일부를 그 상품을 생산하는 과정에서 만들어진 부산물을 처리하는 데 사용해야 했으므로 직접적인 원인만으로도 경제 성장은 둔화되었다고 할 수 있다. 또 이에 더하여 기업들이 새로운 상품을 개발하는 데 투자해야 하는 연구비를 환경 문제 해결에 전용해야 했기 때문에 간접적으로도 성장 잠재력이 크게 약화되었다고 할 수 있다.

그런데 생태학적인 이유를 든다고 해서 다 옳은 주장인 것은 아니다. 예를 들어 보자. "농약 남용은 해충을 구제할 수 있는 유익하고 효과적인 수단이 지구 생물권을 훼손하는 무차별적 살상 무기로 전환된 경우에 해당한다."고 지적하는 환경보호주의자들의 주장은 분명히 옳다. 그러나 다른 경우에는 그렇지 못할 수도 있다. 일부 생태학자들은 알래스카에서 미국 본토까지 원유를 수송하는 파이프라인 건설의 기획과 설계에 처음부터 문제가 있었다고 주장했다. 그들의 주장에는 사실 설득력이 있었다. 그러나 과격한 환경 보호주의자들이 여기에 가담하면서 이 문제는 곧 확대되고 과장되었으며, 그 결과 원유 수송 파이프라인 건설은 오랫동안 지연되었다. 1974년 발생한 오일 쇼크*는 일반적으로 알려져 있듯 산유국들의 석유 가격 상승 조치에서 비롯된 것이 아니라, 사실 이 파이프라인의 건설 지연에 의한 것이었다. 이 건설 지연에 의한 손실은 약 300억 달러로 추산되었다. 어떤 문제의 정치적 해결을 위하여 인류 생태학**적 관점을 너무 강조하다 보면, 그것이 인류와 자연계 사이의 관계를 조화롭게 이끌기보다는 허무주의적 방향으로 치닫게 할 수도 있다는 점을 분명히 기억해야 한다.

이제 가이아의 두 번째 속성에 대해 알아보자. 과연 지구의 어떤 부분이 가이아 유지에 가장 유용하다고 말할 수 있을까? 만약 가이아에 유명무실한 지역이 있다면 어떤 부분일까? 이 주제에 대한 해답이라면 우리는 이미 일부 알고 있다. 우리는 북위 45도와 남위 45도 이상의 위도에서는 결빙 작용이 왕성하여 적어도 일 년 중 몇 개월 동안은 얼음과 눈이 대지를 무생물의 육지로 만들며, 장소에 따라서는 기반암 자체를 제외하면 토양이라고는 아예 찾아볼 수도 없게끔 온 세상이 뒤덮여 버린다는 것을 잘 알고 있다. 비록 공업

• 1970년대에 두 차례 걸쳐 일어났던 석유 파동. 석유 공급 부족과 석유 가격 폭등으로 인해 세계 경제가 큰 혼란과 어려움을 겪었다.
•• 인간과 지역 사회의 공생을 전제로, 인간 집단과 환경의 관계를 연구하는 사회학의 한 분야.

⚭ 러브록은 지구가 생물과 무생물이 복합되어 있는 거대한 유기체라고 주장한다. 또한 지구가 금성이나 화성과 달라진 이유는 생물이 적극적으로 환경 변화에 개입했기 때문이라고 생각한다.

중심지들이 대부분 결빙 작용이 나타나는 북반구 온대 지방에 있기는 하지만, 우리 인류가 현재까지 공업화라는 명목 아래 이 지역들에 가했던 환경 훼손과 오염을 자연의 결빙 작용에 비교한다면 그야말로 아무 일도 아니라고 할 수 있다. 그렇지만 어쨌든 가이아가 지구 표면적의 약 30퍼센트에 해당하는 이 지역들을 잃어버린다고 해서 그리 커다란 곤란을 겪을 것 같지는 않다. 설령 겨울철이 아니더라도 이 지역들의 고산 지대는 항상 만년설에 뒤덮여 있거나 영구 동토로 남아 있으므로 공업화에 의한 환경 훼손이 생각보다 적게 영향을 미칠 것이다.

그런데 열대 지방의 풍요로운 지역들은 먼 옛날에는 인간의 침해를 받지 않았을 것이므로 과거 빙하기 동안 어느 정도 손상을 입었더라도 쉽게 다시 회복할 수 있었을 것이다. 그렇지만 만약 지구 표면의 핵심 지역이라고 할 수 있는 열대 지방의 삼림이 파괴돼 버린다면 다시 빙하기가 닥쳤을 때 과연 우리가 끝까지 살아남을 수 있을까? 현재의 추세가 계속된다면 불과 수십 년 뒤에는 열대 삼림이 완전히 헐벗게 될 것이다. 환경오염을 단지 선진 공업국들의 문제만으로 간주한다면 그것은 필시 너무 안이한 생각이다. 버트 볼린 같은 기상학의 권위자가 열대 삼림이 파괴된 정도와 속도를 조사하고, 또 삼림 파괴가 초래할 결과가 무엇일지 연구하는 것은 참으로 시의적절하다고 할 수 있으리라. 비록 다음 빙하기에 인류가 살아남을 수 있다고 해도 복잡하고 정교하며 신비롭다고까지 할 수 있는 열대 삼림의 생태계가 완전히 파괴되고 만다면, 그것은 곧 지구의 모든 생물이 살아남을 수 있는 기회를 박탈하는 것이나 다름없다고 믿어 의심치 않는다.

앞으로 인류의 생존 방식은 가장 잘 적응한 자가 살아남는다는 자연 선택의 원리에 따라서 합당한 과정을 거쳐 정해질 것이다. 반사막 지대에서 엄청나게 많은 인구가 최저 생활 수준으로 살아갈 수도 있으리라. 또는 비교적 적은 수의 인구를 잘 꾸며진 사회 시스템 속에서 유유자적하게 먹여 살릴 수도 있다. 앞으로 꾸준히 과학 기술을 발전시키면 100억이 넘는 인구를 지구에서 살아가게 할 수 있다는 주장에는 그리 설득력이 없는 것도 아니다. 그러나 그렇게 과밀해진 세계에서는 어쩔 수 없이 각 개인에게 사회적 통제가 가해지고 자기 절제가 요구되며, 또 개인적 자유가 유예될 것이기 때문에, 오늘날의 삶의 기준에 비추어 볼 때 이런 제한들을 쉽게 받아들일 수 있는 사람은 그리 많지 않을 것이다. 그렇지만 우리는 오늘날의 영국이나 중국에서 보듯이 인구가 과밀한 생활이 절대 불가능하다거나 또는 항상 편안하지 않을 것이라고 지레짐작해서는 결코 안 된다.

우리 인류가 생존을 계속하기 위해서는 가이아의 범주 내에서 인간이 차지하고 있는 지역적 경계가 어디까지인지 명백히 이해해야 하며, 또 여기에 대해 충분한 지식을 축적해야 한다. 나아가서 우리는 범지구적으로 가이아의 건강을 유지하기 위해서 꼭 필요한 핵심 지역들을 적절한 수준에서 보전해야 하며, 여기에 인류의 주도 면밀한 보살핌을 잊지 말아야 하겠다.

— 제임스 러브록 『가이아』(홍욱희 옮김, 갈라파고스 2004)

과학 혁명의 구조

👤 토머스 쿤(Thomas Kuhn, 1922~1996)

미국의 과학 철학자. 본래 물리학을 전공했으나, 과학 개론 강의를 준비하면서 과학사에 흥미를 품게 되었다. 이후 철학, 사회학, 언어학 등을 두루 섭렵하며 과학 혁명에 대한 이론을 세웠고, 사회 과학자들과 함께 연구한 것을 계기로 '패러다임' 개념을 창안해 냈다. 1962년 발표한 『과학 혁명의 구조』에서 과학의 발전은 패러다임이 교체되며 혁명적으로 이루어지고, 과학 연구는 사회적·문화적 요인에 많은 영향을 받는다고 주장했다. 쿤의 이론은 과학은 물론 사회 발전을 대하는 인식에 커다란 변화를 일으켰고, 오늘날 많은 분야에서 패러다임 개념을 사용하고 있다.

• 이어지는 글은 4장 '퍼즐 풀이로서의 정상 과학'에서 골라 실었다.

퍼즐 풀이는 일정한 규칙에 따라 미리 정해져 있는 답을 찾아가는 과정입니다. 그런데 쿤은 과학 연구가 이런 퍼즐 풀이와 크게 다르지 않다고 주장합니다. 이 글에서 과학과 과학자의 역할에 대한 또 다른 해석을 확인해 봅시다.

퍼즐 풀이로서의 정상 과학[●]

우리가 방금 살펴본 정상 연구의 문제들의 가장 두드러진 특징은 아마도 그 연구가 개념적이거나 현상적으로 중요한 새로운 발견을 얻어 내는 것을 거의 목표로 하지 않는다는 점일 것이다. 일례로 파장의 측정을 보면, 그 결과의 가장 난해한 세부 내용을 제외하고는 어느 것이나 이전에 알려진 것이며, 전형적인 예상의 폭이 약간 더 넓어질 따름이다. 쿨롱의 측정은 아마도 역제곱 법칙에 맞추어야 할 필요가 없었을 것이며, 압축에 의한 가열 현상을 연구하던 사람들은 여러 가지 결과 중 어느 하나를 얻으리라고 기대하는 것이 보

[●] 정상 과학이란 과거의 과학적 성과를 바탕으로 하는 연구 활동을 말한다. 당대의 지배적인 현상과 이론을 더욱 단단하게 하는 것이 정상 과학의 목표이다. 예를 들어 천동설이 득세하던 시대에 천동설을 증명하기 위해 이루어졌던 천문 관측 등도 정상 과학에 해당한다.

통이었다.* 이러한 경우에조차도, 예상되고 따라서 동화 가능한 결과들의 범위는 상상이 허용되는 범위에 비하면 언제나 소폭이다. 그리고 그 결과가 그런 좁은 범위에 맞아떨어지지 않는 프로젝트는 대개 연구의 실패로 간주되는데, 그런 실패는 자연이 아니라 과학자에게 영향을 미치게 된다. (…)

정상 연구 문제를 결론으로 몰고 가는 것은 예측한 것을 새로운 방법으로 성취하는 것이며, 그것은 갖가지 복합적인 도구적, 개념적, 수학적 퍼즐 풀이를 요구한다. 이것을 해내는 사람은 능력 있는 퍼즐 풀이 선수로 밝혀지며, 퍼즐에 대한 도전은 통상적으로 과학자로 하여금 연구를 계속 수행하게 하는 중요한 요소가 된다.

'퍼즐' 그리고 '퍼즐 풀이자'라는 용어는 앞 단락에서 점진적으로 뚜렷해진 주제들 몇 가지를 강조한다. 완전한 표준적 의미로서 여기에서 사용된 퍼즐은 풀이에서의 탁월함이나 풀이 기술을 시험하는 구실을 할 수 있는 문제들의 특이한 범주를 말한다. 사전적 예로는 '조각 그림 맞추기 퍼즐'과 '낱말 맞추기 퍼즐'이 있는데, 이것들은 여기서 우리가 분리해야 하는 정상 과학의 문제들의 특성들과 공통점이 있다. 그중 한 가지는 방금 언급된 것이다. 퍼즐의 결과가 본질적으로 흥미로운 것이냐 또는 중요한 것이냐는 퍼즐에서 우열을 가리는 기준이 아니다. 오히려 대조적으로 참으로 급박한 문제

• 프랑스의 물리학자 쿨롱이 발견한 법칙에 따르면 전기력은 거리의 제곱에 반비례하고 전기량끼리의 곱에 비례한다. 그리고 외부와 열을 교환하지 않은 상태에서 기체를 압축할 경우 기체 내부의 온도는 상승한다.

들, 이를테면 암 치료라든가 평화를 영속시키는 계획 같은 것은 전혀 퍼즐이 아닌 경우가 많은데, 이런 문제들에는 대체로 아무런 해답이 없을지도 모르기 때문이다. 전혀 다른 두 종류의 조각 그림 맞추기 상자 속에서 멋대로 조각들을 꺼내어 그림을 맞춘다고 생각해 보자. 그런 퍼즐은 아무리 솜씨 좋은 사람이라도 맞출 도리가 없는 까닭에(그렇지 않을지도 모르지만), 퍼즐을 푸는 사람의 재주를 평가하는 것이 될 수 없다. 통상적인 의미로 보면, 그것은 퍼즐이 아니다. 본질적인 가치는 결코 퍼즐에 대한 기준이 되지 못하지만, 반면에 확실히 해답이 존재한다는 것은 그 기준이 된다.

그러나 우리가 이미 앞에서 보았듯이, 과학자 공동체가 패러다임*과 함께 획득하는 것들 가운데 하나는, 패러다임이 당연한 것으로 인식되는 동안 풀이를 가진 것으로 간주될 수 있는 문제들을 선정하는 기준이다. 이 문제들 대부분은 과학자 공동체가 과학적이라고 인정하거나 구성원들에게 참여하라고 권장하는 유일한 문제들이 된다. 이전에는 표준이었던 다수의 문제들을 비롯하여 여타의 문제들은 탁상공론이라거나, 다른 분야의 관심사라거나, 또는 시간 낭비일 정도로 너무 말썽이 많다는 이유로 거부당하게 된다. 이런 점 때문에 하나의 패러다임은 과학자 공동체를 사회적으로 중요한 퍼즐 형태로 환원될 수 없는 문제들에서 격리하기까지 하

* 패러다임이란 과학 사회의 근간을 이루는 것으로 구성원들이 공유하는 이론, 법칙, 방법, 지식, 가치 등이 모두 포함된다. 쿤에 의하면 패러다임은 전문 과학자들이 끌릴 정도로 신선하며, 그 과학자들이 연구할 문젯거리를 충분히 제공할 만큼 개방적이어야 한다.

는데, 이는 이런 문제들이 패러다임이 제공하는 개념적, 도구적 수단으로는 진술될 수 없기 때문이다. 그런 문제들은 혼란스러운 것으로 간주되는데, 이는 17세기 베이컨 주의와 현대 사회 과학 분야들의 몇몇 측면에 의해서 분명하게 드러나는 교훈이다. 정상 과학이 이렇게 급속도로 진전되는 것처럼 보이는 이유 중 하나는 전문가들이 자신의 독창성으로 해결할 수 있는 문제들에만 집중하기 때문이다.

그렇지만 만일 정상 과학의 문제들이 이런 의미에서 퍼즐이라고 한다면, 과학자들이 정열과 헌신을 바쳐서 그런 문제들을 공격하는 이유를 물을 필요가 없어진다. 인간이 과학에 흥미를 느끼는 데에는 갖가지 이유가 있다. 그 가운데는 유용성에의 욕구, 새로운 영역을 탐사하는 경이감, 질서를 찾아내려는 희망, 이미 정립된 지식을 시험하려는 충동 등이 포함된다. 이러한 동기와 다른 동기들 역시 이후에 그 사람이 다루어야 할 특수한 문제들을 결정짓는 데에 도움을 준다. 물론 경우에 따라서 결과는 낭패를 보기도 하지만, 이와 같은 동기들이 일차적으로는 과학자의 관심을 유발하고, 이후 그가 나아가게 하는 충분한 이유가 된다. 전반적으로 과학 활동 전체는 종종 유용하다고 증명되며, 새로운 영역을 개척하고 질서를 표출하며, 오랫동안 받아들여진 믿음을 시험한다고 간주된다. 그럼에도 불구하고 정상 연구의 문제에 종사하는 개인들은 이런 유형의 활동은 전혀 하지 않는다. 일단 과학에 몸담게 되면 과학자의 동인(動因)*은 상당히 다른 양상을 띤다. 그다음 그에게 도전장을 내미는 것은, 그에게 충분히 재능이 있다면, 이전에 아무도 풀지 못했거나 제대로 풀지 못했던 퍼즐을 푸는 데에 성공할 것이라는 확신이다. 가장 위대한 과학적 정신의 대가들은 대개 이런 종류의 미결된 퍼즐들을 푸는 전문가로서 헌신해 왔다. 거의 모든 경우에, 세분화된 어느 특수 분야건 간에 그밖에 할 일은 아무것도 없다. 이 사실은 적당한 부류의 중독자들에게는 그것을 상당히 매혹적으로 보이게 만든다.

이제부터는 논의를 바꾸어서, 퍼즐들과 정상 과학의 문제들 사이의 유사 관계에서 좀 더 까다롭고 좀 더 흥미로운 측면을 살펴보자. 만일 퍼즐로 분류되는 것이라면, 하나의 문제는 그 해답이 확실히 존재한다는 것 이상의 특성을 가져야 한다. 거기에는 또한 인정받을 수 있는 해답의 본질과 그것이 얻어지는 단계를 모두 한정 짓는 규칙도 존재해야 한다. 이를테면 조각 그림 맞추기를 완성하는 것은 단순히 '하나의 그림을 만드는' 일이 아니다. 어린아이든 당대의 예술가든, 아무 관련이 없는 배경에 골라낸 조각들을 추상적인 형태로 흩어 놓아 그림을 만들 수 있다. 그렇게 만든 그림은 원래 조각 맞추기로 만들어진 것보다 근사할지도 모르며, 더욱 독창적일 것임은 말할 나위도 없다. 그럼에도 불구하고, 그 그림은 해답이 아니다. 해답을 구하려면 조각을 전부 이용해서 맞춰야 하고, 그림이

---

* 어떤 사태를 일으키거나 변화시키는 데 작용하는 직접적인 원인.

없는 면은 바닥으로 향해야 하며, 모두 꼭 맞게 끼워 맞추어서 빈틈이 전혀 없어야 한다. 이런 것들은 조각 그림 맞추기의 풀이를 다스리는 규칙에 포함된다. 글자 맞추기, 수수께끼, 체스 두기 등의 문제들에서 허용될 수 있는 해답을 끌어내는 데에도 이와 비슷한 제한 조건들이 쉽게 발견된다.

만일 '규칙'이라는 용어를 경우에 따라서 '기존 견해' 또는 '선행 관념'과 비슷한 의미로 상당히 폭넓게 사용하기로 한다면, 주어진 연구 전통 내에서 접근할 수 있는 문제들은 이와 같은 부류의 퍼즐 특성과 매우 유사한 점을 드러낼 것이다. 빛의 파장을 측정하는 기계를 고안하는 사람은 그것이 단지 특정한 스펙트럼선*에 특정한 값을 매겨 준다고 해서 만족해서는 안 된다. 그는 단순히 탐사자나 측정자가 아니다. 그가 해야 할 일은 오히려 광학 이론의 정립된 개념에 입각하여 자신의 장치를 분석함으로써, 자신의 기기가 알려 준 숫자가 이론에서의 파장과 같다는 것을 증명해야 한다. 이론에서 미결된 허점이 있다거나 또는 그 장치의 분석되지 않은 요소로 인해서 그 증명을 완결하지 못하는 경우, 그의 동료들은 그가 아무것도 측정하지 않았다고 결론짓기 쉽다. 예를 들면, 전자 산란(散亂)**의 최고값도 그것이 처음 관찰되고 기록되었을 때에는 별로 의미를 가지지 못했다가, 나중에야 전자 파장의 지침으로 진단되

• 스펙트럼은 가시광선, 적외선, 자외선 등이 분광기로 분해되었을 때의 성분을 가리키는 것이다. 스펙트럼을 이루고 있는 하나하나의 선을 스펙트럼선이라고 한다.
•• 파동이나 입자선이 물체와 충돌하여 여러 방향으로 흩어지는 현상.

었다. 그런 결과들이 무엇인가를 측정한 것이 되기 위해서는, 그것들은 우선 운동하는 물질이 파동처럼 행동할 수 있다는 것을 예측한 이론과 연관되어야 했다. 또한 그런 연관성이 지적된 이후에도 실험 결과가 이론과 분명한 상관관계로 이어질 수 있도록 장치를 다시 꾸며야 했다. 이런 조건들이 만족되기 전까지는 어떤 문제도 해결된 것이 아니었다.

이와 비슷한 종류의 제한 조건은 이론적 문제에 대한 납득할 만한 풀이에도 해당된다. 18세기 내내, 운동과 중력에 관한 뉴턴의 법칙들로부터 달의 관측된 운동을 유도하려고 했던 과학자들은 실패를 거듭했다. 그 결과 일부 학자들은 가까운 거리에서는 역제곱 법칙 대신에 그 법칙에서 벗어나는 다른 법칙으로 대체해야 한다고 제안했다. 그러나 그렇게 한다는 것은 패러다임을 바꾸고, 새로운 퍼즐을 정의하고, 옛 퍼즐들을 풀지 않아야 함을 의미했을 것이다. 과학자들은 기존 규칙을 고수하다가 1750년에 마침내 그것들이 성공적으로 적용될 수 있는 방법을 발견하게 되었다. 게임의 규칙에서 한 가지를 바꿈으로써 비로소 대안이 마련될 수 있었던 것이다.

정상 과학 전통을 연구해 보면 이 밖의 여러 규칙들이 더 드러나며, 그 규칙들은 과학자들이 자신들의 패러다임으로부터 유도한 공약에 관해서 많은 정보를 제공한다. 우리는 이 규칙들이 속하는 주요 범주를 무엇이라고 말할 수 있을까? 가장 분명하고, 아마도 가장 구속력 있는 것은 우리가 방금 주목했던 일반화 유형들에 의해서 예시될 것이다. 이 일반화는 과학적 법칙, 그리고 과학적 개념과 이론에 관한 명확한 진술이다. 이와 같은 진술이 계속 존중되는 동안에는, 진술은 퍼즐을 설정하고 수용할 만한 해답을 한정 짓는 데에 도움을 준다. (…)

역사를 연구하면 지역과 시대에 구애를 덜 받지만 그러면서도 변모하는 과학의 특성이 보다 고차원적인 유사 형이상학적 공약임을 알 수 있다. 예를 들면 물리학계에 막강한 영향을 미친 데카르트의 과학 저술이 출현한 1630년대 이후, 대부분의 물리학자들은 우주는 미시적인 입자로 이루어졌으며, 자연 현상은 모두 입자의 형태, 크기, 운동, 상호 작용으로 설명될 수 있다고 믿게 되었다. 이러한 공약의 묶음은 형이상학적이며 또한 방법론적이다. 형이상학적 측면에서 그것은 과학자들에게 우주는 어떤 유형의 실체를 포함하며 또 어떤 것을 포함하지 않는지를 알려 주었는데, 이에 따르면 우주에는 오로지 형태를 갖춘 물질이 운동하고 있을 뿐이었다. 방법론적 측면에서, 그것은 과학자들에게 궁극적인 법칙과 기본이 되는 설명이 어떠해야 하는가를 일러 주었다. 법칙들은 입자의 운동과 상호 작용을 명시해야 하며, 설명은 어느 주어진 자연 현상을 이들 법칙 아래서의 입자의 작용으로 환원시켜야 했다. 좀 더 중요하게, 우주에 관한 입자적 관념은 과학자들에게 그들의 연구 문제 중 다수가 무엇이 되어야 하는지를 지시했다. 예를 들면 보일처럼 새로운 철학을 포용했던 화학자는 연금술적 변성으로 간주될 수 있었던 반응들에 각별한 관심을 기울였다. 다른 어떤 화학 반응보다도 이런 변성은 모든 화학적 변화의 바탕에 틀림없이 깔려 있을 입자들의 재배열 과정을 드러내는 것이었기 때문이다. 역학, 광학 그리고 열의 연구에서도 입자설은 비슷한 영향을 미쳤음을 볼 수 있다.

마지막으로 보다 높은 차원에서도 공약이 존재하는데, 이것 없이는 누구도 과학자라고 할 수조차 없는 그런 종류의 공약이다. 이를테면 과학자는 세계를 이해하기 위해서, 그리고 세계가 질서를 갖추게 된 그런 정밀성과 범위를 확장하기 위해서 관심을 기울여야 한다는 공약이 그것이다. 그런 공약은 나아가서 과학자 스스로 또는 동료들과의 협동을 통해서 자연의 몇 가지 측면을 경험적으로 상세하게 밝히도록 유도한다. 그리고 이런 탐사 작업에서 한 무더기의 불규칙성이 완연히 드러나는 경우, 그런 도전들은 과학자를 자극해서 관찰 기술을 새로 정련하거나 이론을 더욱 명료화하도록 만든다. 의심할 여지없이 어느 시대나 과학자들을 사로잡아 온 이와 비슷한 규칙들이 더 있다.

이러한 공약의 강인한 개념적, 이론적, 도구적, 방법론적인 연결망의 존재는 정상 과학을 퍼즐 풀이에 비유하게 된 주요 원천이다. 그것은 성숙한 경지의 전문 분야 연구자에게 세계와 그의 과학이 과연 무엇인가를 일러 주는 규칙을 제공하기 때문에, 연구자는 이들 규칙과 더불어 기존의 지식이 정의해 주는 난해한 문제들에 확신을 품고 집중할 수 있다. 그다음 단계로 과학자 개인에게 도전하는 것은 나머지 퍼즐들을 어떻게 해결로 이끄는가이다. 이런 측면에서 퍼즐들과 규칙에 관한 논의는 정상 과학의 실제 활동의 본질을 밝혀 준다. 그럼에도 불구하고, 다른 한편으로 그런 해명은 상당한 오류를 빚을 수도 있다. 전문 분야의 과학자들 모두가 어느 주어진 시기 동안 집착할 수 있는 규칙들을 가진다는 것은 확실하지만, 그 규칙 자체만으로는 그 분야 전문가들이 공통으로 하는 활동 모두가 규정되지 않을 수도 있다. 정상 과학은 고도로 결정적인 성격의 활동이지만, 전적으로 규칙에 의해서 결정될 필요는 없다. 이것이 바로 이 책의 첫머리에서, 공유된 패러다임이 공유된 규칙, 가정, 견해보다 오히려 정상 연구 전통의 일관성의 원천이라고 소개한 이유이다. 나는 규칙은 패러다임에서 파생되지만 패러다임은 규칙이 없는 상황에서조차도 연구의 지침이 될 수 있다고 제안하는 바이다.

—토머스 쿤 『과학 혁명의 구조』(김명자·홍성욱 옮김, 까치글방 2013)

이기적 유전자

👤 리처드 도킨스(Richard Dawkins, 1941~)

영국의 동물 행동학자이자 진화 생물학자. 과학의 대중화를 위해 여러 책을 썼는데, 창조설을 강하게 비판하고 진화와 유전에 대해 파격적으로 해석해서 많은 주목을 받으며 논쟁을 일으켰다. 대표작인 『이기적 유전자』에서는 '모든 동물은 유전자가 생존하기 위해 만들어진 기계'라는 전제를 바탕으로, 진화의 역사에서 유전자가 차지하는 역할을 설명했다. 또한 생물체의 유전자처럼 사람의 문화 심리에 영향을 미치는 개념으로서 '밈'을 제안하기도 했다. 지은 책으로 『눈먼 시계공』 『만들어진 신』 『확장된 표현형』 등이 있다.

• 이어지는 글은 6장 '유전자의 행동 방식' 및 10장 '내 등을 긁어 줘, 나는 네 등 위에 올라탈 테니'에서 골랐다.

남을 돕는 행위는 사람과 동물을 가리지 않고 나타납니다. 도킨스에 따르면 이조차 살아

남으려는 유전자의 이기적 성향이 원인이지요. 그렇다면 과연 인간도 유전자의 꼭두각시에 불과한

것일까요? 도킨스의 주장을 따라가 봅시다.

이기적 유전자와 이타주의[*]

이기적 유전자란 무엇일까? 그것은 단지 DNA의 작은 조각에 불과

한 것이 아니다. 원시 수프[**]에서처럼, 그것은 온 세상에 퍼져 있는

특정 DNA 조각의 모든 복사본들이다. 우리가 원한다면 언제라도

적절한 용어로 고칠 수 있다는 것을 염두에 두고 유전자가 마치 의

식적으로 목적을 갖고 있는 듯 이야기한다면, 우리는 이기적 유전

---

* 도킨스는 생물체의 이타적 행동과 이기적 행동을 구분할 때 심리적 동기와 상관없이 겉보기 행동이 생존 가능성에 어떤 영향을 미쳤는지를 근거로 판단했다. 즉 한 생물체가 자신을 희생해서 다른 생물체의 생존 가능성을 높였다면 이타적 행동인 것이고, 이기적 행동은 그 반대이다.

** 생물이 나타나기 이전 지구에 존재했다고 하는 여러 가지 화합물이 녹아 있는 용액. 1920년대에 등장한 생물 기원 가설에 따르면 이 원시 수프에서 생명이 비롯되었다고 한다. 진위에 대해서는 논란이 있다.

자의 목적이 무엇인가 질문할 수 있다. 이기적 유전자의 목적은 유전자 풀(pool) 속에 그 수를 늘리는 것이다. 유전자는 기본적으로 그것이 생존하고 번식하는 장소인 몸에 프로그램 짜 넣는 것을 도와줌으로써 이 목적을 달성한다. 그러나 우리는 이제 유전자가 다수의 다른 개체 내에 동시에 존재하는 분산된 존재라는 것을 강조하고자 한다. 이 장의 핵심은 유전자가 남의 몸속에 들어앉아 있는 자신의 복사본을 도울 수 있다는 것이다. 만약 그렇다면 이것은 개체의 이타주의로 나타나겠지만, 그것은 어디까지나 유전자의 이기주의에서 생겨난 것이다.

알비노˙ 유전자, 녹색 수염

인간의 알비노에 대한 유전자를 생각해 보자. 실제로 알비노를 일으키는 유전자는 여러 개가 있으나 여기에서는 그중 하나에 대해서만 이야기하기로 한다. 이 유전자는 열성이다. 즉, 어떤 사람이 알비노가 되려면 이 유전자가 두 개 존재해야만 한다. 약 2만 명 중 한 명 정도는 이렇게 알비노가 된다. 그러나 70명 중 한 명 정도는 이 유전자를 하나만 가지고 있는데, 이들은 알비노가 아니다. 알비노 유전자와 같은 유전자는 많은 개체에 퍼져 있기 때문에 이론상 자기가 머물고 있는 몸이 다른 알비노 개체의 몸에게 이타적으로 행동하도록 프로그램함으로써 유전자 풀 속에서 자기의 생존을 도울

● 선천적으로 피부, 모발, 눈 등에 멜라닌 색소가 부족하거나 없어서 백색증이 나타나는 개체.

수 있다. 알비노 개체는 자신의 몸에 들어 있는 유전자와 동일한 유전자를 갖고 있음이 분명하기 때문이다. 알비노 유전자가 들어 있는 몇 사람의 죽음으로 같은 유전자를 가진 다른 몸이 생존할 수 있다면 알비노 유전자로서는 매우 다행한 일일 것이다. 만약 알비노 유전자가 그것을 가진 한 몸이 다른 10명의 알비노 생명을 구할 수 있다면, 그 이타주의자가 죽더라도 유전자 풀 속의 알비노 유전자 수가 증가해 그 죽음이 충분히 보상되는 것이다.

그러면 알비노끼리는 특별히 서로에게 더 친절한 걸까? 아마도 실제는 그렇지 않을 것이다. 그 이유를 알기 위해서는, 유전자를 의식적인 존재에 비유했던 것을 일시적으로 중단해야만 한다. 왜냐하면 이 문맥에서 그러한 비유에는 분명히 오해의 소지가 있기 때문이다. 다소 설명이 길어질지 몰라도 적절한 용어로 바꿔야겠다. 알비노 유전자는 실제로 살고 싶다든가 다른 알비노 유전자를 돕고 싶다든가 하지 않는다. 그러나 알비노 유전자가 어쩌다가 자신이 들어 있는 몸이 다른 알비노에 대해 이타적으로 행동하도록 했다면, 결과적으로 유전자 풀 내에서 그 수가 늘어날 것이다. 하지만 그렇게 되기 위해서는 그 유전자가 몸에 대해 두 가지의 독립적인 효과를 내야만 한다. 그것은 심하게 하얀 피부를 만들어 내는 보통의 효과뿐 아니라, 심하게 하얀 피부를 지닌 사람에게 선택적으로 이타적 행동을 하는 경향을 만들어 내는 효과도 있어야 한다. 이와 같은 이중 효과를 가진 유전자가 만일 존재한다면 그것은 개체군 내에서 엄청난 성공을 거둘 수 있을 것이다.

제3장에서 강조한 대로 유전자들이 여러 형질에 영향을 미친다는 것은 사실이다. 하얀 피부든 녹색 수염이든 다른 어떤 유별난 특징이든 간에, 겉으로 보이는 '표시'와 그 표시의 주인에게 특히 친절하게 하는 경향을 동시에 발현시키는 유전자가 생기는 것은 이론적으로 가능하다. 그러나 가능하긴 하지만 가능성이 특별히 높을 것 같지는 않다. 녹색 수염은 살을 파고들며 자라는 발톱 등과 같은 다른 어떤 형질과도 연관될 수 있으며, 녹색 수염에 대한 호감은 프리지어 향기를 맡지 못하는 형질과도 연관될 수 있다. 하나의 동일한 유전자가 표시와 그 표시에 대한 이타주의 둘 다를 만들어 낼 가능성은 아마도 그리 크지 않을 것이다. 그럼에도 불구하고 '녹색 수염 이타주의 효과'의 존재는 이론상 가능하다.

녹색 수염과 같은 임의의 표시는 한 유전자가 다른 개체 내에서 자기 사본을 '알아보는' 방법 중 하나일 뿐이다. 그렇다면 다른 방법들도 있을까? 특히 직접적으로 가능한 방법으로는 다음과 같은 것이 있다. 이타적 유전자를 갖고 있는 개체를 단순히 이타적 행위를 한다는 사실로 알아보는 것이다. 어떤 유전자가 자기 몸에게 "A가 물에 빠진 자를 건지려다 물에서 못 나오면 뛰어들어 A를 구하라."라는 식으로 '말한다'면 이 유전자는 유전자 풀 속에서 번영할 것이다. 이와 같은 유전자가 성공하는 이유는 A가 남의 생명을 구하는 이타적 유전자를 가지고 있을 확률이 평균보다 높기 때문이다. A가 다른 누군가를 도우려 했다는 것이 녹색 수염과 같은 일종의 표시가 되는 것이다. 이것은 녹색 수염만큼 자의적인 표시는 아니지만, 여전히 별로 그럴싸해 보이지 않는다. 유전자가 다른 개체 내에서 자기의 사본을 '알아보는' 그럴싸한 방법이 없을까?

혈연자

한 가지 방법이 있다. 가까운 친척, 즉 혈연자가 유전자를 공유할 확률이 평균보다 높다는 것을 증명하기는 어렵지 않다. 이 때문에 그토록 많은 부모들이 새끼에게 이타적 행동을 한다는 것은 이미 오래전에 밝혀진 사실이다. 피셔, 헐데인, 그리고 특히 해밀턴이 알아낸 것은 이를 다른 혈연자(형제자매, 조카, 가까운 친척)에게도 적용할 수 있다는 것이다. 가령 열 사람의 혈연자를 구하기 위해 한 개체가 죽었을 경우, 혈연 이타주의 유전자의 사본 하나는 없어지지만 같은 유전자의 보다 많은 사본이 구조되는 셈이다. (…)

혈연 선택 규칙의 오류

병아리들은 모두 어미의 뒤를 따라다니며 가족 무리 속에서 모이를 먹는다. 병아리에게는 주로 두 종류의 울음소리가 있다. 앞에서 이미 언급했던, 크고 예리한 삐악삐악 소리와, 먹는 중에 내는 짧은 지저귀는 소리가 있다. 어미에게 도움을 청하는 삐악삐악 소리는 다른 병아리에게 무시된다. 그러나 지저귀는 소리는 다른 병아리에겐 매력적으로 들린다. 즉 한 마리의 병아리가 먹이를 찾으면, 그 병아리의 지저귀는 소리가 다른 병아리를 먹이가 있는 곳으로 유인한다. 이전의 가상적인 예에서 나왔던 말로 하자면 이 지저귐은 '먹이 신호'(food call)다. 그 예에서처럼 이와 같이 이타적으로 보이는 병아리의 행동은 혈연 선택에 의해 쉽게 설명된다.

자연계에서 그 병아리들은 모두 친형제자매이므로, 먹이를 보고 지저귀는 병아리가 감수해야 하는 비용이 다른 병아리들이 얻는 순이익의 2분의 1보다 적으면 먹이를 보고 지저귀게 하는 유전자는 확산될 것이다. 그 이익은 친형제자매들 간에 골고루 나눠지며 그 형제자매의 수는 보통 둘이 넘으므로 이 조건이 성립되기란 그리 어려운 일이 아니다. 물론 가끔 가정이나 농장에서 암탉이 자기 것이 아닌 알(칠면조나 오리알)을 품고 있을 경우, 이 규칙은 적용될 수 없다. 그러나 암탉과 병아리가 이를 알아챌 것이라고 기대할 수는 없다. 그들의 행동은 자연계에서 흔하게 존재하는 조건 아래 형성된 것이고, 자연계에서 보통 자기 둥지에 낯선 알이 있는 경우는 없기 때문이다.

그러나 이런 오류는 자연계에서 가끔 일어난다. 무리를 지어 사는 종에서는 고아가 된 새끼가 다른 암컷, 대개는 자기 자식을 잃은 암놈에게 입양되는 경우가 있다. 원숭이를 관찰하는 사람들은 입양하는 암놈에게 '이모'라는 말을 종종 쓴다. 대개의 경우 그 암놈이 실제로 이모라는 증거는 없으며 어떤 친척이라는 증거도 없다. 원숭이를 관찰하는 사람들이 유전자에 대해 잘 알고 있었더라면 '이모'와 같은 중요한 말을 그렇게 함부로 쓰지는 않았을 것이다. 아무리 감동적으로 보일지라도 입양하는 행동은 대부분의 경우 어떤 정해진 규칙이 잘못 사용된 것이라고 보아야 한다. 왜냐하면 그 암놈이 고아의 시중을 드는 것이 자신의 유전자에게는 아무 도움도 되지 않기 때문이다. 암놈은 자기의 친족, 특히 장래의 자기 새끼들을 살리는 데 투자할 시간과 에너지를 허비하고 있다. 이것은 아마도 매우 드물게 생기는 실수이므로, 자연 선택이 모성 본능을 좀 더 선별적으로 만들려고 '수고'할 필요가 없었을 것이다. 그런데 많은 경우 이와 같은 입양은 거의 일어나지 않으며 대개 고아는 죽게 내버려진다. (…)

탁란과 예리한 식별력

고의적으로 모성 본능을 악용하는 예는 다른 새의 둥지에 산란하는 뻐꾸기 같은 '탁란조'에서 볼 수 있다. 뻐꾸기는 부모 새에 내장된 "자기 둥지 속에 있는 새끼 모두에게 친절하라."라는 규칙을 악용한다. 뻐꾸기를 제외하면, 이 규칙은 정상적으로는 이타주의를 가까운 친족에 한정 짓는 바람직한 효과를 갖는다. 왜냐하면 둥지 간 거리가 멀어서 자기 둥지 속에 들어 있는 것은 거의 틀림없이 자기 새끼일 것이기 때문이다. 재갈매기 어미는 자기 알을 구별하지 못해 다른 갈매기의 알을 기꺼이 품으며, 실험자가 대충 제작한 나무 모형으로 바꿔 놓아도 그 모형을 품는다. 야생 갈매기에게 알을 알아보는 것은 중요하지 않다. 왜냐하면 알이 몇 미터 떨어진 이웃집 둥지 가까이로 굴러가는 일은 없기 때문이다. 그러나 갈매기는 자기 새끼를 알아본다. 알과 달리 새끼는 돌아다니고, 결국은 이웃집 가까이까지 가서 제1장에서 말했던 것처럼 생명을 잃을 수도 있다.

한편 바다오리는 자기 알을 표면에 있는 반점의 패턴으로 구별하고, 알을 품고 있는 도중에는 더더욱 적극적으로 구별한다. 이것은 아마 이들이 평탄한 바위 위에 둥지를 지으므로 알이 굴러서 섞일 위험이 있기 때문일 것이다. 그런데 왜 그들은 자기 알만 구별하여 품으려고 애쓰는 것인가? 확실히 모든 어미가 남의 알을 품는다면 특정한 어미 새가 자기 알을 품는지 남의 알을 품는지는 전혀 문제가 안 될 것이다. 이것은 집단 선택론*자의 논거다. 이런 집단 육아 서클이 조성되면 어떻게 될 것인가를 생각해 보자.

바다오리의 한배의 알은 평균 한 개다. 이것은 공동 육아 서클이 성공하려면 모든 어미가 평균적으로 한 개의 알을 품어야 한다는 것을 의미한다. 이제 누가 속임수를 써서 알 품기를 거절했다고 하자. 그 암놈은 알을 품는 데 시간을 낭비하는 대신에 더 많은 알을 낳는 데 시간을 투자할 수 있다. 이 속임수의 매력은 더 이타적인

---

* 자연 선택이 개체가 아닌 집단 수준에서 일어난다고 하는 주장. 1960년대 이후 여러 학자가 집단 선택론을 반박했지만 자연 선택의 수준이 개체인지 집단인지에 대해서는 아직 결론이 나지 않았다.

다른 어미 새가 그 암놈을 대신해 알을 돌본다는 것이다. 그 이타적인 새들은 "둥지 옆에 누가 흘린 알이 있으면 그 알을 둥지에 가져와서 품어라."라는 규칙에 충실히 복종할 것이다. 그러면 이 시스템을 속이는 유전자가 개체군 내에 퍼져 우호적인 육아 서클은 붕괴되고 말 것이다.

다음과 같이 말할 사람이 있을지도 모른다. "그렇다면 성실한 새가 속아 넘어가기를 거부하고 단호히 알을 단 한 개만 품겠다고 결정하면 어떻게 될까? 사기 친 새의 뒤통수를 치는 꼴이 되겠지. 사기 친 새의 알은 누구도 품지 않고 바위 위에 나뒹굴게 될 테니까. 이렇게 되면 그들은 곧 남들처럼 자기 알을 품게 될 거야."

그러나 그렇지는 않을 것이다. 우리가 알을 품는 새들이 개개의 알을 구별하지 않는다고 가정하기 때문에, 가령 성실한 새가 이 작전을 실행하여 속임수에 대항한다고 해도 결국 내버려진 알은 자기 알일 수도, 사기 친 새의 알일 수도 있게 된다. 사기 친 새는 여전히 더 많은 알을 낳고, 따라서 더 많은 새끼를 남기게 되므로 이익을 얻는 셈이다. 성실한 바다오리가 사기꾼 개체에 대항할 수 있는 유일한 방법은 적극적으로 자기 알을 잘 구별해 내어 보살피는 것이다. 즉, 더 이상 이타적으로 행동하지 않고 자기 이익만 좇는 것이다. (…)

집단 형성이 주는 이익

지금까지 우리는 같은 종에 속하는 생존 기계 간의 관계, 즉 부모 자식 관계, 성적 및 공격적 상호 관계를 고찰했다. 그러나 동물의 상호 관계 중에는 이들 표제에는 포함되지 않는 부분이 분명히 있다. 그중의 하나는 많은 동물이 보여 주는 집단생활의 경향이다. 새들은 무리를 짓고, 곤충은 떼를 지으며, 물고기와 고래는 떼 지어 헤엄치고, 초원에서 생활하는 포유류들도 무리를 지어 다니거나 집단으로 사냥한다. 이들 집단은 보통 같은 종의 개체만으로 구성되지만, 예외도 있다. 얼룩말은 종종 누와 무리를 짓고 여러 종의 새들도 혼합된 무리를 지을 때가 있다.

이기적 존재인 개체가 무리를 지어 생활했을 때 얻을 수 있는 이익을 나열하면 잡동사니 목록같이 되어 버린다. 이에 그 목록을 모두 소개하기보다는 그중 몇 가지에 관해서만 언급하려 한다. 이들을 논하면서, 나는 이미 제1장에서 소개했고 설명하기로 약속했던 외관상 이타적으로 보이는 행동의 여러 가지 예에 대해 마저 설명할 것이다. 이 논의는 사회성 곤충에 대한 고찰로 이어지는데, 사회성 곤충의 고찰 없이는 동물의 이타적 행동에 대해 완전히 살펴보았다고 할 수 없을 것이다. 이 장의 마지막 부분에서는 호혜적 이타주의라는 중요한 개념, 즉 '내 등을 긁어 줘, 나는 네 등을 긁어 줄게.'라는 원리에 관해 이야기할 것이다. (…)

호혜적 이타주의

어떤 종류의 새에게 해로운 병을 옮기는 매우 더러운 진드기가 기생한다고 가정하자. 이 새에게는 그 진드기를 가급적 빨리 제거하는 것이 매우 중요하다. 보통 몸에 붙은 진드기는 깃털을 손질할 때 제거할 수 있다. 그러나 부리로도 미치지 못하는 곳이 있다. 바로 머리 꼭대기다. 누구나 다음과 같은 해결책을 떠올릴 것이다. 자기 부리로는 머리 꼭대기를 긁지 못해도 친구는 대신 쪼아 줄 수 있지 않을까? 뒷날 이 친절한 새가 진드기에 옮았을 때, 전에 베푼 친절에 대한 보답을 받을지도 모른다. 사실 조류와 포유류에서는 서로 (깃)털을 골라 주는 일이 매우 흔하다.

이것은 즉각적으로, 또 직관적으로 납득되는 해결책이다. 선견지명을 가진 자라면 서로 상대의 등을 긁어 주는 협력 관계를 맺는 것이 현명한 해결책임을 이해할 수 있다. 그러나 직관적으로 느낄 수 있는 것에 대해 우리는 '조심하라'고 배웠다. 유전자는 선견지명이 없다. 친절 행위와 이에 대한 보답 사이에 시간차가 있는 상황에서 이기적 유전자론은 서로 등을 긁어 주는 관계, 즉 '호혜적 이타주의'의 진화를 설명할 수 있을까?

윌리엄스는 이미 언급한 1966년의 저서에서 이 문제에 대해 간단히 논의하였다. 그는 다윈과 같은 결론에 도달했다. 즉, 지연성 호혜적 이타주의는 서로를 개체로서 식별하고 또 기억할 수 있는 종에서 가능하다는 것이다. (…)

인간의 개체 식별 능력

인간에게는 오래도록 기억하는 능력과 개체 식별 능력이 잘 발달되어 있다. 따라서 호혜적 이타주의는 인간의 진화에서도 중요한 역할을 했으리라 기대할 수 있다. 트리버스는 우리의 심리적 특징(질투, 죄책감, 감사하는 마음, 동정 등)이 좀 더 사기를 잘 치거나, 사기꾼을 잘 알아차리거나, 남이 자기를 사기꾼이라 생각하지 않도록 좀 더 잘 처신하는 능력에 대한 자연 선택에 의해 형성됐다고 주장하기까지 한다. 특히 흥미로운 것은 '교활한 사기꾼'이란 존재다. 언뜻 보기에는 이들이 보답하는 것처럼 보이지만, 실제로는 받은 것보다 조금 부족하게 갚는다. 인간의 비대한 대뇌와 수학적으로 사고하는 성향이 더 교활하게 사기를 치거나 남의 사기를 좀 더 잘 간파하기 위한 메커니즘으로서 진화했을 가능성도 있다. 돈은 지연성 호혜적 이타주의의 공식적인 징표다.

호혜적 이타주의 개념을 인간에 적용하면 흥미롭고 매력적인 추측이 무궁무진하게 솟아난다. 계속하고 싶지만 이 같은 추측은 어느 누구도 나보다 더 잘 할 수 있으므로 이후는 독자에게 맡기고자 한다.

— 리처드 도킨스 『이기적 유전자』(홍영남·이상임 옮김, 을유문화사 2010)

총, 균, 쇠

👤 재러드 다이아몬드(Jared Diamond, 1937~)

미국의 생리학자이자 문화 인류학자. 생리학부터 조류학, 생물 지리학, 진화 생물학, 문명 연구까지 폭넓은 분야를 다루고 있다. 과학의 대중화에 기여해서 영국의 과학 출판상 등을 받았고, 특히 대표작인 『총, 균, 쇠』로 퓰리처상을 수상했다. 다이아몬드는 『총, 균, 쇠』에서 각 대륙의 문명이 서로 다른 길을 걷게 된 이유가 인종적, 민족적 차이가 아닌 환경적 차이에서 비롯되었음을 과학과 인문학을 넘나들며 명쾌하게 밝혔다. 『문명의 붕괴』『어제까지의 세계』『제3의 침팬지』 등을 썼다.

• 이어지는 글은 에필로그 '과학으로서의 인류사의 미래'에서 골라 실었다.

과학과 역사학, 얼핏 보면 그다지 어울리지 않는 두 학문입니다. 하지만 다이아몬드에 따르면 인류사를 연구할 때 과학적 방법을 이용함으로써 더욱 많은 성과를 거둘 수 있습니다. 다음 글에서는 경계를 뛰어넘는 현대 과학의 특징을 확인할 수 있습니다.

역사적 과학과 비역사적 과학을 구별하는 특징

역사학이라는 학문은 과학보다 인문학에 더 가깝다고 보는 견해가 일반적이다. 역사학은 기껏해야 사회 과학으로 분류될 뿐인데, 그중에서도 가장 덜 과학적인 학문으로 간주된다. 정치에 대한 학문 분야는 흔히 '정치 과학'이라고 부르고 노벨 경제학상에서도 '경제 과학'이라는 말을 자주 쓰는데, 역사학과에서는 '역사 과학과'라는 이름을 사용하는 일이 거의 없다. 대부분의 역사학자는 자신을 과학자로 생각하지 않으며, 널리 인정받는 각종 과학이나 그 방법론들도 거의 배우지 않는다. 역사란 구체적 사실들의 집합에 불과하다는 생각이 여러 가지 표현에서 발견된다. '역사는 사실들을 이것저것 모아 놓은 것에 지나지 않는다.' '역사란 결국 눈속임이다.' '역사에서 법칙을 찾느니 차라리 만화경에서 법칙을 찾는 것이 낫다.' 등.

물론 역사를 연구하여 어떤 일반적인 원리를 도출하기란 행성들의 궤도를 연구하여 그 원리를 찾아내는 것보다 어려운 일임은 부인할 수 없는 사실이다. 그러나 내가 보기에 그것은 결코 치명적인 어려움이 아니다. 비슷한 어려움을 안고 있으면서도 천문학, 기후학, 생태학, 진화 생물학, 지질학, 고생물학 등은 자연 과학으로 확고하게 자리 잡은 역사적 학문들이다. 과학에 대한 사람들의 관념은 주로 물리학을 비롯하여 비슷한 방법론을 사용하는 몇몇 분야를 기준으로 삼고 있다. 이 같은 분야의 과학자들은 흔히 그런 방법론을 적용할 수 없어서 다른 방법론을 찾을 수밖에 없는 분야들(이를테면 나의 연구 분야인 생태학과 진화 생물학)을 멸시하는 어리석은 경향이 있다. 그러나 '과학'이라는 말은 원래 '지식'을 의미하며('알다'라는 뜻의 'scire'와 '지식'이라는 뜻의 'scientia'에서 나왔으므로) 지식이란 어떤 방법이든 특정 분야에 가장 적합한 방법을 통하여 얻는 것이라는 사실을 상기하자. 그렇기 때문에 나는 인류사를 연구하는 학자들이 직면하고 있는 어려움들에 대하여 많은 공감을 느끼고 있다. (⋯)

역사적 체계들의 복잡성과 예측 불가능성을 설명하는 방식

각종 역사적 체계는 예측을 시도하는 일을 복잡하게 하는 여러 가지 특성을 지니고 있는데, 이 같은 특성들을 설명하는 데는 다음과 같은 몇 가지 방식이 있을 수 있다. 우선 인간 사회나 공룡들은 지극히 복잡한 존재임을 지적할 수도 있겠다. 이들의 경우에는 상호 반응하는 개별적인 변수들의 수가 엄청나게 많다는 점이 특징이기 때문이다. 결과적으로, 조직의 하층부에 작은 변화가 생기면 상층부에까지 뜻밖의 변화가 일어날 수도 있다. 그 전형적인 예는 1930년 하마터면 히틀러가 죽을 뻔했던 교통사고 당시에 어느 트럭 운전수가 브레이크를 밟았던 것이 제2차 세계 대전에서 죽거나 또는 부상을 당한 1억 명의 인생에 미친 영향이다. 물론 대부분의 생물학자는 생물학적 체계들도 결국 전적으로 물리적 특성들에 의하여 결정되며 또한 양자 역학의 법칙들을 따른다는 데 동의하겠지만, 실질적인 면에서 그 체계들의 복잡성이 의미하는 것은 결정론●적 인과 관계가 곧 예측 가능성으로 이어지지는 않는다는 점이다. 오스트레일리아에 새로 들어온 태생 포식자들이 왜 그렇게 많은 유대류●●를 전멸시키게 되었는지, 그리고 제1차 세계 대전에서 왜 동맹국이 아니라 연합국이 승리했는지를 이해하려고 할 때, 양자 역학에 대한 지식은 아무런 도움도 주지 못한다.

각각의 빙하, 성운(星雲), 허리케인, 인간 사회, 생물 종, 심지어는 개개인이나 유성 생식을 하는 생물의 세포 하나하나까지도 모두

● 이 세상의 모든 일은 일정한 인과 관계를 따르는 법칙에 의하여 결정되는 것으로, 우연이나 선택의 자유에 의한 것이 아니라는 이론.
●● 포유류의 한 갈래로, 태반이 없거나 발달되지 않아 임신 기간이 짧고 미숙한 상태로 태어난 새끼를 어미가 새끼주머니에 담고 키운다. 코알라, 캥거루, 주머니쥐 등이 여기에 속한다.

독특한 존재다. 왜냐하면 그 모두가 수많은 변수의 영향을 받고 있으며 또한 수많은 가변적 부분으로 이루어져 있기 때문이다. 반면에 물리학자가 연구하는 소립자 또는 동위 원소들과 화학자가 연구하는 분자들은 그 종류의 모든 개체가 동일하다. 따라서 물리학자와 화학자는 거시적 차원에서 보편적인 결정론적 법칙들을 정립할 수 있다.

그러나 생물학자와 역사학자는 통계적 추세만을 정립할 수 있을 뿐이다. 가령 내가 재직하고 있는 캘리포니아 주립 대학 의료 센터에서 앞으로 태어날 1,000명의 신생아 가운데 남아는 480명 이상이고 여아는 520명 이상일 것이라고 예측한다면 그 예측은 정확히 들어맞을 확률이 매우 높다. 그러나 나는 내 아이들이 둘 다 아들로 태어날 것을 미리 알 도리가 없었다. 마찬가지로 역사학자들도, 어느 지역의 인구 규모와 밀도가 충분히 증가했고 또한 잉여 식량 생산이 이루어질 가능성이 있는 경우에는 그렇지 않은 경우에 비해 그 지역의 부족 사회가 추장 사회로 발전하기가 더 쉬웠음을 알고 있다.• 그러나 이 같은 지역 인구는 제각기 나름대로 독특한 특징들을 갖고 있으며, 결과적으로 멕시코, 과테말라, 페루, 마다가스카르 등지에서는 추장 사회가 발생했지만 뉴기니나 과달카날에서는 그렇지 않았다.

• 부족 사회는 혈연으로 연결된 사람들이 다양한 생업에 종사하며 모여 있는 사회를 가리킨다. 추장 사회는 집단 내에 위계질서가 생기고 추장과 혈연적으로 가까울수록 높은 지위를 갖게 되는 사회를 일컫는다. 모두 사회학에서 나온 개념이다.

역사적 체계들의 복잡성과 예측 불가능성을 설명하는 또 하나의 방식은, 역사적 체계란 설령 궁극적으로는 이미 결정되어 있더라도 그 인과 관계의 긴 사슬을 연구하다 보면 특정 과학 분야의 영역 바깥에 있는 궁극적 원인들과 거기서 비롯된 최종적인 결과들을 분리시킬 수도 있음을 인식하는 일이다. 예를 들자면 공룡들은 소행성의 충돌 때문에 전멸했을지도 모르는데, 그 소행성의 궤도는 전적으로 고전적인 역학의 여러 가지 법칙에 따라 결정되어 있었다. 그러나 만약 6천 7백만 년 전에 고생물학자들이 있었다 하더라도 공룡들의 최후가 임박했음을 예측하지는 못했을 것이다. 이 문제를 제외한다면 원래 소행성을 연구하는 과학 분야는 공룡 생물학과는 거리가 멀기 때문이다. 이와 마찬가지로 1300~1500년의 단기 빙하기는 그린란드의 스칸디나비아인들이 소멸하는 한 원인이 되었지만, 역사학자는 물론이고 아마 현대의 기후학자도 단기 빙하기를 미리 예측할 수는 없었을 것이다.

인류 사회에 보탬이 될 인간 사회에 대한 과학적인 역사 연구

이처럼 역사학자가 인간 사회의 역사에서 원인과 결과를 파악하려고 할 때 직면하는 어려움은 대체로 천문학자, 기후학자, 생태학자, 진화 생물학자, 지질학자, 고생물학자 등이 직면하는 어려움과도 비슷하다. 각기 정도가 다르기는 하지만, 이들 분야는 모두 실제 사건을 모방하여 각종 변수들을 제어하는 실험적 간섭이 불가능하다는 점, 변수가 너무 많기 때문에 복잡하다는 점, 따라서 각각의 체계가 모두 독특하다는 점, 결과적으로 보편적인 법칙을 정립할 수 없다는 점, 그리고 뜻밖의 특성이나 미래의 반응을 예측하기 어렵다는 점이 공통적이다.

역사학을 비롯한 역사적 과학에서 예측하기가 가장 적당한 연구 대상은 공간적으로 규모가 크고 시간적으로 기간이 긴 소재들인데, 이때는 수백만 건의 소규모적 단기적 사건들에서 나타나는 독특한 특징들이 평준화되어 사라지기 때문이다. 내가 앞으로 태어날 신생아 1,000명의 성비를 예측할 수는 있지만 내 아이들의 성별을 예측할 수는 없었던 것처럼, 역사학자들도 아메리카 사회와 유라시아 사회가 1만 3천 년 동안 따로따로 발전하다가 마침내 충돌했을 때의 여러 가지 폭넓은 결과에 대하여 그것을 불가피하게 만들었던 요인들은 파악할 수 있지만 1960년 미국 대통령 선거의 결과는 예측할 수 없었다. 1960년 10월에 있었던 한 차례의 텔레비전 토론에서 어떤 후보가 무슨 말을 했느냐 하는 구체적인 내용에 따라서 케네디가 아니라 닉슨이 당선될 수도 있었겠지만, 유럽인들이 아메리카 원주민들을 정복한 사건은 그 당시 누가 무슨 말을 했든 간에 막을 수는 없었을 것이다.

인류사를 연구하는 학자들이 기타 역사적 과학을 연구하는 과학자들의 경험을 통하여 얻을 수 있는 것은 무엇일까? 여기서 유용한 방법론은 비교 연구법과 이른바 자연 발생적 실험이다. 인류사학자와 은하계의 형성을 연구하는 천문학자는 둘 다 어떤 제어된 실험실 실험을 통하여 자기가 연구하는 체계를 조작하지는 못하지만, 자연 발생적 실험은 둘 다 이용할 수 있다. 그것은 어떤 사건의 원인이 되었다고 추정되는 요인이 있거나 없다는(또는 그 요인이 강하거나 약하다는) 점에서 상반되는 여러 체계를 서로 비교해 보는 것이다.

예를 들어 유행병학자는 사람들에게 다량의 소금을 먹이는 실험을 해 볼 수 없지만 그 대신 이미 소금 섭취량에 큰 차이를 보이는 인간 집단들을 비교함으로써 소금을 너무 많이 섭취할 때의 효과를 파악할 수는 있다. 또한 문화 인류학자는 수백 년 동안 여러 인간 집단에게 각각 다른 양의 자원을 제공하는 실험을 해 볼 수 없지만 그 대신 자연 상태의 자원량에서 차이가 있는 여러 섬에 살고 있는 폴리네시아인들의 최근 인구를 비교함으로써 자원량의 장기적인 효과를 연구할 수는 있다.

인류사를 연구하는 학자가 자연 발생적 실험을 통하여 비교 연구할 수 있는 대상은 단순히 사람이 살고 있는 다섯 개 대륙만이 아니다. 상당히 고립되어 있는 상태에서 복잡한 사회를 발전시킨 큰 섬들(이를테면 일본, 마다가스카르, 아메리카 원주민들의 히스파니올라, 뉴기니, 하와이, 그 밖의 많은 섬)을 비교해 볼 수도 있고, 또한 각 대륙에 속한 수백 개의 작은 섬이나 여러 지역 사회를 비교해 볼 수도 있다.

생태학이나 인류사뿐만 아니라 어떤 분야에서든 자연 발생적 실

🔭 제2차 세계 대전 중 공습을 피해 지하에 모인 런던 시민들(위)과 우주 망원경이 촬영한 안드로메다은하(아래). 다이아몬드에 따르면 인간의 역사도 은하계의 형성 못지않게 과학적으로 연구할 수 있다.

험은 본질적으로 방법론에 대한 비판을 받기 쉽다. 그중에는 우리가 관심을 가진 변수 이외의 다른 변수들이 자연적으로 변화하면서 일으키는 효과가 혼재되어 있다는 비판도 있을 수 있고, 또한 변수들 사이에서 관찰된 상관관계를 바탕으로 인과 관계의 사슬을 추론하는 데 따르는 문제점에 대한 비판도 있을 수 있다. 이 같은 방법론적 문제점들에 대해서는 일부 역사적 과학에서도 매우 자세하게 논의되었다. 특히 (종종 과거로 거슬러 올라가는 역사적 연구를 통하여) 인간 집단을 비교함으로써 인간의 질병들에 대해 추론하는 과학인 유행병학은 인간 사회를 연구하는 역사학자들이 직면한 것과 유사한 문제점들을 해결하기 위하여 이미 오래전부터 형식화된 절차들을 효과적으로 이용했다.

또한 생태학자들도 자연 발생적 실험의 문제점에 주의를 기울이는 일을 게을리하지 않았는데, 그들이 연구하려는 생태학적 변수는 직접 실험적 간섭을 가하여 조작하는 일이 비윤리적이거나 불법이거나 불가능한 경우가 많으므로 그때마다 자연 발생적 실험이라는 방법론에 의지할 수밖에 없기 때문이다. 그리고 최근 진화 생물학자들은 진화 과정이 이미 알려진 각종 동식물들을 서로 비교함으로써 결론을 도출하는 더욱 정교한 방법들을 개발하고 있다.

간단히 말해서, 과학 분야 중에서 역사가 그리 중요하지 않고 작용하는 변수들도 소수에 지나지 않는 분야의 문제들을 이해하는 것보다 인류사를 이해하는 것이 훨씬 어렵다는 점은 나도 시인한다. 그러나 몇몇 분야에서는 이미 역사적인 문제들을 분석하는 데 효과적인 방법론들을 속속 얻어 냈다. 그리하여 공룡, 성운, 빙하 따위의 역사는 오늘날 일반적으로 인문학보다 과학에 더 가까운 분야라는 인정을 받고 있다. 그렇지만 우리가 내성(內省)*을 통하여 훨씬 더 많은 통찰력을 얻을 수 있는 것은 공룡의 행동이 아니라 다른 인간들의 행동에 대해서다. 따라서 나는 인간 사회에 대한 역사적 연구도 공룡에 대한 연구에 못지않게 과학적일 수 있음을, 그리고 그것은 어떤 일들이 현대 세계를 형성했고 또 어떤 일들이 우리의 미래를 형성하게 될 것인지를 가르쳐 줌으로써 오늘날의 우리 사회에도 보탬이 될 것임을 낙관하고 있다.

— 재러드 다이아몬드 『총, 균, 쇠』(김진준 옮김, 문학사상 2013)

• 자신을 돌이켜 살펴보아 고찰하는 일.

1. 쿤이 제안한 '패러다임'이라는 용어는 한마디로 정의하기 쉽지 않습니다. 『과학 혁명의 구조』를 읽고 정상 과학과 퍼즐의 유사성을 바탕으로 (가)의 빈칸에 알맞은 말을 채워 보고, (가)의 단어들을 활용하여 패러다임을 설명하는 (나)를 완성해 봅시다.

(나) 패러다임이란 과학자 사회의 구성원 사이에서 공유되는 신념·가치·기술 등을 망라한 총체적 집합이다. 과학이 퍼즐 맞추기라면, 그 전제는 해답이 확실히 존재한다는 것이다. 이럴 때 과학자는 (　　　　)가 된다. 그런데 정해진 규칙에서 벗어나 전혀 다른 두 개의 조각 그림 맞추기 상자 속에서 조각들을 꺼내 그림을 맞출 수 있을까? 이는 (　　　　)이 기존의 견해에 따라 해결되지 않는 과학적 문제를 마주한 상황이다. 그것을 해결하기 위해서는, 패러다임을 바꾸며 새로운 퍼즐이 무엇인지 새롭게 정의하고 옛 퍼즐을 풀지 않아야 한다. 게임의 규칙에서 한 가지를 바꿈으로써 비로소 대안이 마련된다는 의미다. 이를 통해 과학은 혁명적인 변화를 일으킨다.

2. 러브록은 지구를 거대한 유기체로 보면서 '가이아'라는 이름을 붙였습니다. 다음 중 러브록이 말한 가이아의 주요한 세 가지 속성에 해당하지 않는 것을 골라 봅시다.

① 인간의 오장육부처럼 가이아에도 핵심 기관이 있고, 인간의 팔다리에 해당하는 부수 기관도 있다.
② 인간은 과학 기술을 발전시키므로 가이아를 변형시킬 능력도 지니고 있는 특별한 존재다.
③ 가이아는 지상의 모든 생물에게 적합하도록 주위 환경을 끊임없이 변화시킨다.
④ 주변 환경이 바람직하지 않은 방향으로 변화될 때, 이를 되돌리려면 시간이 오래 걸릴 수 있다.

3. 『이기적 유전자』에서 도킨스는 유전자의 여러 가지 특징을 설명합니다. 다음 문장들을 읽고 도킨스의 설명과 일치하면 ○, 그렇지 않으면 ×표를 해 봅시다.

- 유전자의 목적은 유전자 풀 속에 그 수를 늘리는 것이다. (   )
- 유전자가 남의 몸속에 들어 있는 자신의 복사본까지 도울 수는 없다. (   )
- 유전자는 온 세상에 퍼져 있는 특정 DNA 조각의 모든 복사본들이다. (   )
- 유전자의 특성을 공유하는 가족과 친척들 사이에는 이타적 행동이 많이 이루어지는데, 이는 유전자 단위로는 해석할 수 없는 현상이다. (   )

4. 『총, 균, 쇠』를 쓴 다이아몬드는 원래 생리학을 전공한 과학자이지만 문화 인류학, 지리학 등의 연구에도 뛰어난 업적을 남겼습니다. 그는 자기 자신이 그랬듯, 과학적인 방식으로 접근한 역사 연구야말로 인류 사회에 보탬이 된다고 주장합니다. 이를 염두에 두고 다음 질문에 답해 봅시다.

❶ 다이아몬드가 분류한 '역사적 과학'에 해당하는 학문을 모두 골라 봅시다.

> 화학 / 천문학 / 물리학 / 기후학 / 생태학 / 진화학 / 지질학 / 고생물학

❷ 다이아몬드에 따르면, 인류사를 탐구하는 학자들은 과학자로부터 두 가지의 연구 방법을 참고할 수 있습니다. 이어지는 글을 읽고 이 사례들에서 사용된 과학적 연구 방법을 적어 봅시다.

> (가) 한 유행병 학자는 오랫동안 소금을 많이 섭취했을 때 사람들의 건강에 어떤 변화가 일어나는지 알고 싶었다. 하지만 일부러 사람에게 소금을 먹여 실험할 수는 없는 노릇이었다. 그래서 거주 지역의 특성 때문에 소금 섭취량이 크게 다른 인간 집단을 비교함으로써 소금이 질병에 미치는 영향을 연구했다.
>
> (나) 어떤 문화 인류학자는 자원량이 장기적으로 인간 사회에 어떤 결과를 가져오는지 연구하고자 했다. 그래서 자연 상태의 자원량이 각각 다른 여러 섬에 살고 있는 폴리네시아인들에게 주목했다. 여러 집단의 최근 인구를 비교하면 자원량의 장기적인 효과를 알아낼 수 있을 것이라고 생각했다.

• 인류사 탐구에 사용된 과학적 연구 방법: _ _ _ _ _ _ _ _ _ _ _ _ ' _ _ _ _ _ _ _ _ _

5. 다이아몬드는 『총, 균, 쇠』에서 유럽인이 아메리카 대륙을 식민지로 만들 수 있었던 것은 살상 무기인 '총', 당시에 치명적이었던 천연두 '균', 칼이나 갑옷을 의미하는 '쇠' 덕분이었다고 결론짓습니다. 이런 사실들이 어떻게 '역사적 과학'이 될 수 있는지 그 이유를 짧게 써 봅시다.

6. 다음은 가이아 이론에 대한 간략한 설명입니다. 쿤이 말한 '패러다임'과 '정상 과학'의 정의를 참고하여 러브록의 주장이 현대 과학에 미치는 영향을 생각해 봅시다.

> 가이아 이론은 영국 과학자 제임스 러브록이 『지구상의 생명을 보는 새로운 관점』이라는 저서를 통해 주장함으로써 소개되었다. 가이아란 그리스 신화에 나오는 '대지의 여신'으로, 러브록은 이 단어로 지구 자체를 가리킨다.
>
> 러브록에 따르면 가이아란 지구와 지구에 살고 있는 생물, 대기권, 대양, 토양까지 포함하는 하나의 범지구적 실체이다. 즉 지구는 생물과 무생물이 서로 영향을 주고받는 거대한 유기체로, 생물은 지구의 환경에 의존하여 간신히 생존하는 존재가 아니라 지구의 환경을 적극적으로 변화시키는 능동적인 존재이다.
>
> 이 이론은 하나의 가설에 지나지 않지만, 환경 파괴 및 지구 온난화 현상 등 인류의 생존과 직결되는 여러 환경 문제와 관련하여 많은 과학자에게 시사점을 주었다.

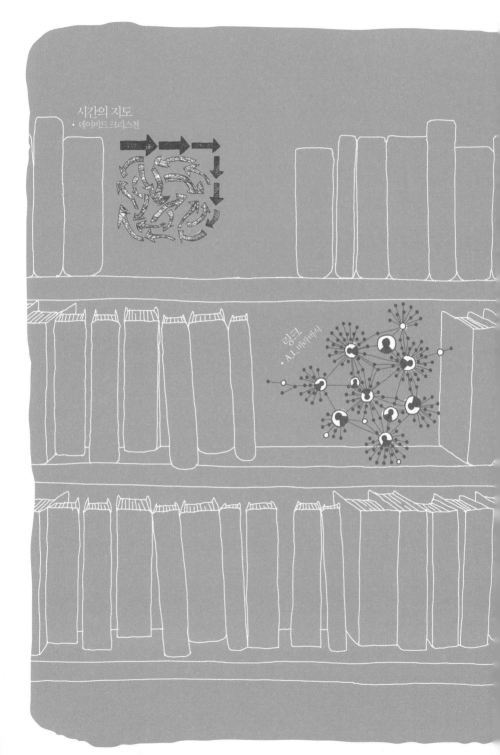

과학의
미래

과학은 어디로
나아가고 있을까

멋진 신세계
올더스 헉슬리

다음은 과학영화 중 명작으로 손꼽히는 「블레이드 러너」의 한 장면입니다. 1982년에 나온 영화라 여러분에게는 조금 낯설지도 모르겠네요. 이 영화에는 미래 도시의 모습이 등장합니다. 그 풍경을 한번 유심히 관찰해 봅시다.

어떤가요? 하늘을 나는 자동차를 보면 미래 같기는 한데, 분위기는 영 어둡고 칙칙합니다. 밝고 활기 넘치는 인상은 결코 아니지요. 실제로 「블레이드 러너」에서 미래의 지구는 더 이상 인간이 살 수 없을 정도로 파괴된 곳으로 그려집니다. 아무래도 이 영화를 만든 사람들은 과학 문명이 계속 발전하면, 세상이 더 어둡고 삭막해지리라고 상상했던 모양입니다.

다른 과학영화들도 그런 점에서는 크게 다르지 않습니다. 아마 여러분도 과학 문명의 미래를 희망적으로 그린 영화나 소설은 별로 접해 보지 못했을 겁니다. 많은 작가나 영화감독들은 과학이 계속해서 발전하더라도, 꼭 그만큼 사람이 행복해지는 것은 아니라고 이야기

합니다. 어려운 말로 표현하면 기계론적 자연관을 부정적으로 인식하는 것이지요. 6장에서는 근대 이후 사회를 지배해 온 기계론적 자연관에 대한 비판과 함께 과학 문명의 미래는 어떠한 모습일지, 과학은 미래를 어떻게 준비하고 있는지 살펴보겠습니다.

앞서 말했듯 뉴턴 이래 세계는 기계론적 자연관을 신봉하며 과학 기술 문명을 발전시켰습니다. 그 앞에는 오직 번영과 행복만 있을 줄 알았지요. 그런데 시간이 지나면서 환경 오염과 자원 고갈을 비롯해 빈부 격차와 실업 등 심각한 부작용들이 나타났습니다. 이를 계기로 사람들은 기계론적 자연관을 바탕으로 하는 사회에 의구심과 반감을 품게 되었지요.

기계론적 자연관이 인류에 미친 영향을 좀 더 체계적으로 이해하려면 학자들의 분석을 눈여겨봐야 합니다. 그중에서도 저명한 문명 비평가 제러미 리프킨의 해석이 눈길을 끄는데요, 리프킨은 『엔트로피』라는 책에서 열역학 이론을 이용해 현대 사회의 문제를 진단합니다. '엔트로피'란 자연계의 무질서한 정도를 가리키는 열역학 개념입니다. 열역학 제2법칙에 의하면 자연계에서 일어나는 모든 현상은 엔트로피가 증가하는 방향으로, 즉 점점 더 무질서해지는 방향으로 진행됩니다. 리프킨은 기계론적 자연관을 바탕으로 하는 사회는 진보하기 위해 질서를 좇는데, 이것은 열역학 제2법칙을 거스르는 셈이라 인위적으로 질서를 만드는 과정에서 자연에 더욱 많은 무질서가 생겨날 수밖에 없다고 보았습니다. 이 무질서가 환경 오염

같은 각종 문제들이라는 것이지요.

리프킨을 비롯해 많은 학자들이 기계론적 세계관의 문제점을 지적하고 비판하면서, 해결책과 대안을 고민하는 과학자들도 늘어났습니다. 즉각적인 해결책으로는 자원 재활용, 친환경 에너지 개발이 이루어지고 있지요. 그와 더불어 근본적인 대안을 마련하기 위해 현대 과학자들은 기계론적 자연관을 보완하는 다른 관점으로 자연을 대하려고 합니다. 가장 대표적인 예는 앞서 다뤘던 전일론적 자연관이겠지요. 5장에서 읽은 『가이아』도 좋은 예입니다. 지구의 모든 구성 요소를 하나로 보는 관점을 제시하고 있으니까요.

자연 현상을 유기적으로 파악하려는 시도는 지금도 계속되고 있습니다. 아직 초창기라 갈 길이 멀지만 벌써 기계론적 자연관에서 놓쳤던 점들을 해명해 내며 기대를 받고 있지요.

6장에서 읽을 고전들은 다음과 같은 순서로 구성되어 있습니다. 먼저 기계론적 자연관의 문제점을 인식한 뒤, 새로운 관점에서 자연을 탐구하려는 현대 과학의 경향을 살펴보고, 인간과 문명의 역사를 폭넓은 관점에서 조명해 보겠습니다. 과학과 사회의 관계, 과학의 역할에 대한 이해가 한층 깊어지는 기회가 되기를 바랍니다. 나아가 과학의 미래에 대해서도 상상해 보면 좋겠지요.

훌륭한 과학소설은 미래에 대해 논할 때 가장 손쉽게 참고할 수 있는 자료입니다. 올더스 헉슬리가 1932년에 발표한 『멋진 신세계』는 과학소설의 고전으로 손꼽히지요. 이 소설에서 그리는 26세기의 세계는 별다른 문제가 없어 보이기도 합니다. 기아, 실업, 질병, 전쟁 등 현대 사회가 안고 있는 문제가 모두 해결되어 인간은 더 이상 생존을 걱정하지 않아도 됩니다. 조금이라도 우울함을 느끼면 '소마'라는 묘약을 먹고 안정을 찾을 수도 있지요. 하지만 자세히 들여다보면 결코 장밋빛으로 물든 세계는 아닌 듯합니다. 인간은 어머니의 배 속이 아닌 시험관에서 길러지고, 태어날 때부터 계급과 직업이 정해져 있어 누구도 다른 길을 꿈꿀 수 없습니다. 게다가 감정을 억제하기 위해 어린 시절부터 꽃이나 문학 등 아름다운 것을 경멸하도록 교육받지요. 헉슬리가 상상한 미래 사회는 극도로 과학이 발달했지만, 인간의 개성은 철저하게 배제되어 있습니다.

이 작품이 쓰인 1930년대는 하루가 다르게 기계 문명이 발전하고 나치즘 같은 전체주의가 유럽을 휩쓸던 시기였습니다. 헉슬리는 소설로써 기계 문명과 전체주의가 가져올 인간성의 상실을 경고한 겁니다. 오래전에 쓰였기 때문에 과학 기술에 대한 몇몇 묘사가 좀 낡아 보이긴 하지만, 이야기가 담고 있는 메시지는 현대 사회에도 그대로 적용할 수 있습니다. 여러분에게 소개하는 부분은 미래 사회의 지도자와 주인공들이 과학과 인간에 대해 이야기하는 장면입니다. 과학의 발전이 행복한 미래를 보장하는지 생각하며 읽어 봅시다.

현대 과학의 관심사는 더 이상 개별 현상의 작은 요소들이 아니라, 서로 복잡하게 얽혀 있는 여러 현상의 전체적인 구조입니다. 이를 익숙한 말로 바꿔 쓰자면 '네트워크'라고 할 수 있겠지요. A. L. 바라바시가 쓴 『링크』는 '네트워크 과학'이라는, 아직까지는 우리에게 다소 생소한 과학을 소개하는 책입니다. 오늘날 네트워크의 중요성은 누구나 알고 있습니다. 인터넷뿐만 아니라 대인 관계에서도 네트워크가 중요하다고 하지요. 하지만 정작 네트워크가 무엇인지 정확하게 이해하는 사람을 드물 겁니다. 이 책에서는 네트워크의 구성 원리와 구조를 고찰합니다. 휴대 전화, 인터넷, 온라인 커뮤니티 등 익숙한 사례를 들어 설명하기 때문에 쉽게 이해할 수 있지요. 그리고 자연을 대하는 새로운 태도를 논한 부분도 눈에 띕니다. 바라바시는 기존의 과학이 자연 현상을 잘게 나누어 분석하는 데는 뛰어나지만, 그것을 다시 하나로 합치는 데는 서툴다고 말합니다. 그래서 네트워크를 이해하여 복잡한 세계를 전체적으로 탐구해야 한다고 주장하지요. 이 책에서는 현대 과학의 경향과 더불어 기계론적 자연관을 보완하는 새로운 자연관까지 확인할 수 있습니다.

　1장에서 과학과 인문학 모두 마지막 목적은 세계의 구조를 탐구하는 것이라고 했습니다. 그렇다면 이 학문들을 통합할 수 있지 않을까요? 마지막으로 소개하는 데이비드 크리스천의 『시간의 지도』에서 그러한 시도를 찾아볼 수 있습니다. 크리스천은 '빅 히스토리'라는 개념을 제안했습니다. 빅 히스토리란 우주, 지구, 생명, 인간의 역사를 하나로 통합하여 설명하는 새로운 지식 분야입니다. 우주의 탄생부터 지구의 형성, 생명의 탄생, 인간의 등장, 현대 사회의 형성과 미래 예측에 이르기까지 무려 130억 년이 넘는 시간을 설명하려면 당연히 학문의 경계에 얽매이지 않는 사고가 필요합니다. 그렇기 때문에 빅 히스토리를 가리켜 진정한 의미에서 인문학과 과학의 통합을 시도하는 학문이라고들 하지요. 빅 히스토리에 따르면 우주와 인간의 역사에는 빅뱅부터 근대 혁명까지 여덟 번의 전환기가 있었습니다. 그리고 그러한 전환기에는 우주가 탄생한 이래 열역학 제2법칙에 따라 증가해야 마땅한 엔트로피가 감소했다고 하지요. 이는 무질서를 향해 흘러가는 역사에서, 여덟 번의 전환기에는 질서가 만들어졌다는 뜻입니다. 거대한 역사를 엔트로피의 흐름으로 해석하는 점이 흥미롭지요. 흔히 역사는 미래를 보여 주는 거울이라고 하는데, 빅 히스토리처럼 거대한 주제를 다루는 역사라면 더욱 폭넓게 미래를 예측하는 데 도움이 될 것입니다.

멋진 신세계

👤 올더스 헉슬리(Aldous Huxley, 1894~1963)

영국의 소설가이자 평론가. 『불타는 수레바퀴』를 비롯해 시집을 몇 권 썼으나, 장편소설 『크롬 옐로』가 인정받으면서 본격적으로 소설가의 길을 걸었다. 그의 작품에서는 해박한 지식과 번 뜩이는 재치, 신랄한 풍자가 두드러진다. 장편소설 『멋진 신세계』에서도 과학이 지나치게 발 전한 결과 인간성을 잃어버린 미래 사회를 그리며 당대 산업 문명에 대한 불신을 드러냈다. 또 한 저명한 생물학자였던 할아버지의 영향을 받은 덕에 유전자 조작 등 시대를 앞선 생물학적 상상력이 돋보인다.

• 이어지는 글은 사회 질서를 어지럽힌 죄로 체포된 주인공들이 문명 세계의 지도자 무스타파 몬드와 대화하는 장면에서 골랐다.

헉슬리가 상상한 미래 문명 세계에서는 사회 안정을 위해 출산, 직업, 계급 등 인간의 삶이 철저하게 통제됩니다. 게다가 과학도 필요 이상 발전해서 혼란을 일으키지 않도록 억제당하지요. 이 글을 읽고 과학 연구에서 자유를 뺏는 게 타당한지 생각해 봅시다.

야만인은 조립대 앞에서 일하는 똑같이 생긴 난쟁이들의 긴 대열, 브랜포드 모노레일 역 입구에 열을 지어 서 있던 쌍둥이들, 린다가 임종을 맞고 있는 병상 주위로 몰려든 인간 구더기 떼들, 끊임없이 공격해 오던 끝없이 반복되는 같은 얼굴들, 이렇게 기억에 떠오르는 영상을 지워 버리겠다는 듯이 한 손으로 눈을 눌렀다. 그는 붕대를 맨 자기 왼손을 보곤 소름이 끼쳤다.

"끔찍합니다!"

"하지만 얼마나 유용한 존재인가! 자네는 보카노프스키 집단*을 좋아하지 않는 모양이군. 그러나 그들은 다른 모든 것의 기초가 되는 것이야. 그들은 국가라는 로켓이 흔들리지 않고 곧장 날아오르

* 『멋진 신세계』의 문명 세계는 사람이 태어나기 전에 알파, 베타, 감마, 델타, 엡실론으로 계급을 나눈다. 보카노프스키 집단은 가장 낮은 계급인 엡실론에 속하는 사람들로 처음부터 지적 장애를 가진 채 양산되어 평생 단순노동을 한다.

게 만드는 회전의[*]와 같은 것이야."

그의 깊은 목소리가 감동적으로 떨리고 있었다. 손의 움직임은 모든 공간을 포용하고 동시에 억제하려야 할 수 없는 기체의 돌진을 암시하고 있었다. 무스타파 몬드의 연설은 거의 인조 음악의 경지에 달해 있었다.

"제가 이상하게 생각하는 것은" 하고 야만인이 말했다. "부화 병에서 무엇이든 만들 수 있으면서 도대체 왜 그런 것들을 제조해 내느냐 하는 것입니다. 인간 제조를 수행할 때 왜 모든 인간을 알파 더블 플러스 계급으로 제조하지 않는 것입니까?"

무스타파 몬드가 웃었다.

"우리 목이 잘리는 것을 원치 않기 때문이야." 하고 그가 대답했다.

"우리는 행복과 안정을 신봉하네. 알파 계급으로만 이루어진 사회는 불안정하고 비참해지지 않을 수 없는 걸세. 알파 노동자로 채워진 공장을 상상해 보게. 다시 말해서, 좋은 유전 인자를 지니고 자유로운 선택을 하고 책임을 떠맡는 일이(제한은 있겠지만) 가능하게끔 조건 반사적으로 단련된 개별적이고 상호 연관이 없는 인간들로 채워진 경우를 상상하란 말일세. 그것을 상상해 보란 말일세!" 하고 그는 반복했다.

야만인은 상상하려고 애썼지만 그것은 쉽지가 않았다.

[*] 우주선, 미사일, 선박 등이 수평을 유지할 수 있도록 도와주는 장치.

"그렇다면 부조리한 사태가 벌어질 것이다. 알파의 병에서 태어나 알파로서 조건 반사 훈련을 받은 인간이 엡실론 세미 모론의 일을 하지 않으면 안 된다고 할 때 미쳐 버릴 거야. 미치든가 아니면 닥치는 대로 부수기 시작할 거야. 알파도 완전히 사회화되는 것은 가능하겠지. 그러나 그것은 그들에게 알파에게 맞는 임무를 맡길 때에 한해서 가능한 일이야. 엡실론적 희생은 단지 엡실론에게만 기대할 수 있는 거야. 그들에겐 그것이 희생이 될 수 없기 때문이지. 그런 희생은 최소 저항선이야. 엡실론의 조건 반사 훈련이 자신이 달릴 궤도를 미리 설치해 놓았기 때문이야. 그들은 어쩔 수 없지. 애당초부터 예정된 것이니까. 설령 병에서 나온 후라 하더라도 엡실론은 여전히 병 속에 있는 것이나 마찬가지야. 유아기와 태아기의 성격적 고정이라는 보이지 않는 병 속에 들어 있는 거야. 하긴 우리 모두가……." 총통은 명상적으로 말을 계속했다.

"병 속에서 평생을 살아가고 있는 셈이지. 하지만 우리가 우연히 알파로 태어나면 우리의 병은 비교적 큼직한 공간을 제공하지. 좀 더 좁은 공간에 머물게 되면 우리는 심한 고통을 느끼게 될 거야. 상류 계급의 샴페인 대용액을 하층 계급의 병 속에 부어 넣을 수는 없는 거야. 그것은 이론적으로 명백해. 하지만 실제로도 증명된 사실이야. 사이프러스 섬에서 시행한 실험 결과는 의심할 여지가 없는 것이었어."

"그게 무슨 실험이었습니까?" 야만인이 물었다.

무스타파 몬드는 미소를 지었다.

"그것은 재투입이라고 불러도 무방한 실험이지. 그것은 포드 기원 473년에 시작된 것이야. 총통들은 사이프러스 섬의 주민을 모두 추방하고 나서 특별히 2만 2천의 알파 집단을 선정하여 그곳에 거주하도록 했었지. 그들에게 농공업의 모든 설비와 연장을 부여하고 스스로 일을 처리하도록 자유를 주었었단 말일세. 그 결과는 모든 이론적 예언과 정확히 들어맞았어. 토지는 제대로 경작되지 않았고 모든 공장에서 파업이 일어났단 말일세. 법률은 무시되고, 명령을 해도 그것에 복종하려 들지 않았지. 이윽고 낮은 계급의 일을 맡은 자들은 모두 높은 계급의 일을 맡기 위해 부단히 음모를 꾸몄고 높은 계급의 일이 맡겨진 자들은 모두 온갖 수단을 다해서 현상 유지를 위해 음모로 반격했었단 말일세. 육 년도 채 지나기 전에 그들은 치열한 내란을 일으켰던 거야. 2만 2천 명 중에서 1만 9천 명이 살해되었을 때 생존자들은 세계 총통들에게 섬의 통치를 다시 맡아 달라고 탄원했던 거야. 그래서 그렇게 해 주었지. 그래서 이 세상에 존재하는 알파만으로 이루어진 유일한 사회는 종말을 고한 것이야."

야만인은 깊은 한숨을 쉬었다.

"최적의 인구는" 무스타파 몬드가 말했다. "빙산과 같은 형태를 띠도록 구성되는 것이야. 9분의 8은 물 밑에 있고 9분의 1은 물 위에 있어야 되는 거야."

"물 밑에 있는 사람들은 행복을 느낄까요?"

"물 위에 있는 것보다 더 행복을 느끼는 법이야. 예컨대 여기 있는 자네 친구보다 더 행복하지." 그가 지적했다.

"그 지겨운 작업을 하면서도 행복하단 말입니까?"

"지겨워! 그들은 지겹다고 생각하지 않거든. 지겹기는커녕 그들도 일을 좋아한단 말일세. 작업은 경쾌하고 어린애도 할 수 있을 정도로 간단하거든. 정신과 근육에 아무런 긴장을 가져오지 않는 작업이야. 하루 일곱 시간 반의 쉽고 피로하지 않은 작업을 끝내면 소마가 배급되고 게임이 있고 무제한의 성희와 촉감 영화를 즐길 수 있단 말일세. 그들에게 더 이상 바랄 것이 뭐가 있겠나? 하긴……." 하고 그가 말을 첨부했다. "그들도 짧은 작업 시간을 요구하고 있지. 까짓것 우리는 더 짧은 작업 시간을 부과할 수도 있네. 기술적으로 하층 계급의 작업 시간을 하루 세 시간이나 네 시간으로 줄이는 것은 간단한 일이야. 하지만 그런다고 그네들이 더 행복할 수 있을까? 아냐, 그렇지 않을 거야. 벌써 일 세기 반 전에 실험이 행해졌었지. 아일랜드 전역에 걸쳐 네 시간 노동제를 실시했던 거야. 결과가 어떠했는지 알겠나? 다만 불안과 소마˙ 소비량의 증가라는 결과가 따라왔었네. 단지 그것뿐이었지. 세 시간 반이나 늘어난 여가는 행복의 원천이 되기는커녕 그 여가로부터 어떻게 하면 도피할 수 있을까 하는 강박 관념이 사람들을 사로잡고 말았단 말일세. 발명

● 이 소설에 등장하는 일종의 마약. 마음을 안정시키는 동시에 환각을 일으킨다.

국에는 노동 절약을 위한 계획이 산적해 있네. 수천 가지의 계획서가 작성되어 있단 말일세."

무스타파 몬드는 과장된 제스처를 지어 보였다.

"그런 계획을 왜 집행하지 않느냐고? 노동자들을 위해서지. 노동자들에게 과다한 여가를 안겨 주는 것은 정말 잔인한 처사가 되는 것이야. 농업의 경우도 마찬가지야. 우리는 원하기만 하면 모든 식료품을 인공 합성으로 제조할 수 있어. 그러나 그런 짓은 하지 않고 있지. 우리는 인구의 3분의 1을 토지에 배당하고 있네. 그것도 그들을 위해서 그러는 것이야. 공장에서 식량을 얻는 것보다 땅에서 식량을 얻는 데는 시간이 더 오래 걸린단 말일세. 게다가 안정이라는 것도 고려해야 되기 때문이지. 우리는 변화를 원하지 않고 있거든. 모든 변화는 안정을 위협해. 우리가 새로운 발명을 선뜻 적용하지 않는 이유도 바로 거기에 있지. 순수 과학에서의 모든 발견은 유해한 잠재력을 지니고 있거든. 과학도 때로는 적이 될 수 있는 존재로 다루어야 돼. 그렇지, 과학조차도 그렇지."

과학? 야만인은 얼굴을 찌푸렸다. 그는 그 어휘를 알고 있었다. 그러나 그것의 정확한 의미는 알지 못했다. 셰익스피어와 푸에블로족의 노인들은 과학이란 것을 입에 올린 적이 없었다. 그러나 그가 과학에 대한 막연한 인상을 얻은 것은 린다*에게서였다. 과학이란

● 야만인 존의 어머니. 원래 문명 세계에서 살았지만 야만인 보호 구역에 낙오한 데다 문명 세계의 금기인 임신까지 해서 그대로 야만인 보호 구역에 주저앉게 되었다.

헬리콥터를 만드는 무엇이고 추수 때의 춤을 조롱하는 것이고 얼굴에 주름이 가거나 이가 빠지는 것을 방지해 주는 무엇이라는 인상이었다. 총통이 말한 과학의 의미를 이해하기 위해 그는 필사적인 노력을 쏟았다.

"그렇지." 무스타파 몬드는 계속 이야기했다. "그것도 안정을 위해 희생시켜야 할 품목이야. 행복과 양립할 수 없는 것은 예술뿐만이 아니야. 과학도 마찬가지야. 과학은 위험한 것이야. 우리는 그것을 용의주도하게 묶어 놓고 재갈을 물려 놓아야 해."

"네?" 놀란 헬름홀츠가 말했다.

"과학은 가장 중요한 것이라고 우리가 항상 주장하고 있지 않습니까? 그것은 수면 시 교육의 상식입니다."

"13세부터 17세까지 주당 세 번씩 교육받은 내용입니다." 버나드*가 끼어들었다.

"또한 대학에서 우리가 하는 모든 과학 선전에도……."

"그건 그래. 하지만 그게 어떤 종류의 과학이지?" 무스타파 몬드는 냉소하듯 물었다.

"자네들은 과학적 훈련을 받은 것이 없네. 그래서 판단할 능력이 없는 거야. 나는 당대에 알려진 훌륭한 물리학자였어. 지나치게 훌륭했는지도 몰라. 너무나 훌륭해서 우리의 과학이 누구도 의심할 수 없는 정통 요리 이론으로 가득 찬 요리 교본이라는 것을 깨달을

• 헬름홀츠와 버나드는 알파 계급에 속하는 엘리트 문명인이다.

수 있었지. 요리장의 특별한 허락 없이는 내용의 추가가 금지된 비결의 목록이라는 것을 깨달을 수 있을 정도로 훌륭한 과학자였단 말일세. 이제 내가 그 요리장이 되었네. 그러나 한때는 나도 탐구심이 강한 젊은 조수였지. 독자적으로 요리를 만들기 시작했던 적이 있어. 비정통파적인 요리, 비합법적 요리를 만들어 보았다는 말일세. 실은 그것이 진정한 과학의 일부였던 거야." 총통이 입을 다물었다.

"그래서 무슨 일이 일어났습니까?" 헬름홀츠 왓슨이 물었다.

총통은 한숨을 쉬었다. "젊은 자네들에게 앞으로 일어날 일이 나에게도 일어날 뻔했지 뭔가. 나는 어떤 섬•으로 전출당할 뻔했던 거야."

이 말에 버나드는 몸에 전류가 흘러들기 시작한 것처럼 격렬하고 보기 민망한 행동을 개시했다.

"저를 섬으로 전출시킨다고 말씀하셨습니까?"

그는 펄쩍 뛰더니 방을 가로질러 달려가 손짓 발짓을 하며 총통 앞에 섰다.

"저를 전출시킬 수 없습니다. 전 아무 짓도 안 했습니다. 다른 사람들입니다. 맹세코 다른 사람들의 짓이라는 것을 말씀드립니다."

그는 질책하듯 헬름홀츠와 야만인을 지적했다.

• 이 소설에서 문명 세계의 지도자들은 지나치게 독창적이거나 성격이 특이하여 사회 체제에 위협이 될 수 있는 사람들을 골라 섬으로 추방했다.

"오, 제발 저를 아이슬란드로 보내지 마십시오. 이제 제 의무를 다하겠다는 것을 약속하겠습니다. 한 번만 기회를 주십시오. 제발 기회를 한 번만 주십시오."

눈물이 흐르기 시작했다.

"분명히 말씀드리지만 저들이 잘못한 것입니다." 그는 급기야 흐느끼기 시작했다.

"제발 아이슬란드로는 보내지 마십시오. 각하, 제발…… 제발……."

그는 굴욕이 지나쳐 총통 앞에 무릎을 꿇었다. 무스타파 몬드는 그를 일으키려 했다. 그러나 버나드는 엎드린 자세를 고집했으며 그의 입에서는 구걸하는 소리가 물결처럼 그칠 줄 모르고 흘러나왔다. 결국 총통은 그의 제4비서관을 불러야 했다.

"세 명의 사나이를 데려오게." 그가 명령했다.

"버나드를 침대로 데려가서 소마 증기를 쏘여서 침대에 눕히게."

제4비서관은 나가더니 초록색 제복의 쌍둥이 세 명을 데리고 돌아왔다. 버나드는 여전히 고함치고 흐느끼며 끌려 나갔다.

―올더스 헉슬리 『멋진 신세계』(이덕형 옮김, 문예출판사 2004)

링크

👤 A. L. 바라바시(Albert-László Barabási, 1967~)

헝가리의 과학자. 주로 미국에서 활동하면서 네트워크 과학의 발전을 주도하고 있다. 대표작
『링크』를 통해 자신의 특수한 네트워크 모델인 '척도 없는 네트워크' 개념을 소개하면서 소셜
네트워크 시대의 도래를 예언했다. 바라바시의 새로운 복잡계 이론인 '척도 없는 네트워크'에
따르면 세계의 구성물은 그저 무작위로 연결된 것이 아니라 스스로 조직화해서 규율을 만들어
낸다. 최근에도 복잡한 세상의 다양한 측면을 단순하게 바라볼 수 있도록 하는 복잡계 네트워
크 이론을 선구적으로 이끌고 있다.

• 이어지는 글은 책의 처음인 '서론'에서 골라 실었다.

2000년 2월 7일, 야후(Yahoo)에 엄청난 일이 일어났다. 평소에는 수백만 명 정도가 이 인터넷 검색 엔진을 이용했는데 이날은 수십억 명이 몰려든 것이다. 이런 폭발적인 인기가 야후를 신경제*에서 가장 높은 자산 가치를 지닌 회사로 만든 것이다. 하지만 이날은 문제가 많았다. 우선 모든 접속 요청이 정확히 동시에 도착했다. 또한 주가 지수나 피칸 파이 조리법 같은 일반적인 내용을 검색하는 것이 아니라 "네, 알았어요!"(Yes, I heard you!) 라는 메시지의 컴퓨터 언어만 기계적으로 보내는 것이 아닌가. 아마도 야후는 이러한 검색 요청에 대답할 내용이 없었을 것이다. 그렇지만 캘리포니아 주 산타클라라에 있는 야후 본부의 컴퓨터 수백 대는 이 아우성대는 유령들에게 응답하느라 바빴고, 그 사이 영

● 정보 통신 기술의 혁신으로 나타난, 물가 안정과 경제 성장이 공존하는 새로운 경제 체제.

화 제목을 검색하거나 비행기 표 등을 예매하려는 정상적인 이용자 수백만 명은 마냥 기다려야 했다. 나도 그중 하나였다. 물론 나는 야후가 수십억이나 되는 유령들에게 응답하느라 정신없이 바쁜지 알 수 없었기 때문에 한 삼 분 정도 기다리다가 다른 검색 엔진을 찾아갔다. 이튿날 아마존, 이베이(ebay), CNN, 이트레이드(etrade), 익사이트 등 최고의 웹사이트들이 똑같은 상황에 빠졌다. 그들도 야후처럼 수십억의 유령들을 응대하느라 쓸데없는 작업을 해야만 했다. 온라인 구매를 위해 신용 카드를 준비하고 있던 정상적인 이용자들은 옆줄에 서서 기다릴 수밖에 없었다.

　물론 수십억 명의 실제 컴퓨터 이용자가 태평양 표준시로 정확히 10시 20분에 자기 웹 브라우저에 'Yahoo.com'을 입력해 넣는 것은 상상할 수 없는 일이다. 복잡하게 생각할 필요도 없이, 세상에는 그만큼 많은 컴퓨터가 존재하지 않는다. 사건 초기에 나온 뉴스들은 주요 전자 상거래 사이트들의 이 마비 사태를 치밀한 해커 그룹의 소행으로 추정했다. 정교한 보안 시스템에 도전하는 일에 재미를 붙인 괴짜 배교자[•]들이 학교, 연구소, 기업에 있는 수백 대의 컴퓨터를 납치해 허수아비로 만들고는 야후가 "네, 알았어요!"라고 수천 번 이야기하도록 조종했다는 것이다. 그리하여 처리할 수 있는 용량을 훨씬 초과하는 데이터를 이 유명한 웹사이트에 초마다 던져 넣었다는 것이다. 야후가 겪은 대규모 '서비스 거부' 사건을 계기

● 믿고 있던 종교를 배반한 사람.

로 해커에 대한 전 세계적 관심과 수사가 일어났다.

그런데 놀랍게도, 요란스러운 FBI 작전의 결과로 결국 맞닥뜨린 것은 예상했던 사이버 테러리스트 조직이 아니라 캐나다의 한 도시 근교에 사는 10대 소년이었다. 한 인터넷 채팅방을 엿듣던 수사관은 이 소년이 새로운 목표를 공격하자고 다른 이들을 꼬드기는 것을 들었다. 그 소년은 매우 자랑스러워하면서 체포당했다.

'마피아 보이(MafiaBoy)'라는 별명 뒤에 숨은 이 15세 소년은 세계에서 가장 뛰어난 컴퓨터 보안 전문가들이 일하는, 수십억 달러의 가치가 있는 기업들을 마비시키는 데 성공했다. 그는 PC라는 보잘것없는 장난감 새총으로 무장하고 정보 시대의 골리앗을 이긴 현대판 다윗이라 할 수 있을까? 돌이켜 보면 전문가들은 최소 한 가지 점에는 동의하는 것 같다. 즉, 이 공격은 천재의 소행이 아니었다는 것이다. 소년은 누구나 접근할 수 있는 수많은 해커 웹사이트에서 손쉽게 입수할 수 있는 도구를 이용해 공격했다. 마피아 보이가 조심성 없이 남긴 흔적을 통해 경찰은 소년의 부모의 집을 알아냈다. 소년의 이러한 온라인 행태를 보면 그가 단순한 아마추어에 지나지 않는다는 것을 알 수 있다. 사실 그의 행동은 다윗보다 골리앗을 더 닮았다고 해야 할 것이다. 웬만한 사이트에는 침투할 기술도 갖고 있지 않았으며 동작이 서툴고 굼뜨기 때문에 대학이나 작은 회사의 허술한 컴퓨터 등 아주 쉬운 목표만을 공격했고, 이 컴퓨터들을 지극히 단순한 방법으로 조종하여 야후에 메시지 폭격을 가하도록 한 것에 지나지 않았다. (…)

많은 사람들은 기독교가 승리한 것이 오늘날 나사렛의 예수라고 알려진 역사적 인물이 제공한 메시지 덕분이라고 칭송한다. 오늘날의 마케팅 전문가들이라면 그의 메시지가 '점착성이 높다'고 표현할 것이다. 다른 많은 종교적 운동이 불발탄이 된 데 비해, 그의 메시지는 사방으로 울려 퍼지고 세대에서 세대로 끈질기게 전달될 만큼 끈끈하다는 것이다. 하지만 기독교 성공의 진정한 공로는 예수를 한 번도 만난 적 없는 한 독실한 정통파 유대교도에게 돌아가는 것이 마땅하다. 그의 히브리식 이름은 사울이지만, 일반적으로 로마식 이름인 바울로 더 잘 알려져 있다. (…)

어떻게 하여 바울의 노력이 성공할 수 있었을까? 그는 기독교가 유대교를 넘어서 널리 전파되려면, 기독교도가 되기 위해 넘어야 하는 높은 장벽을 허물어 버려야 한다는 사실을 잘 이해했다. 할례*나 식사와 관련된 엄격한 율법을 완화할 필요가 있었다. 그는 이러한 메시지를 예루살렘에 있는 예수의 최초의 사도들에게 전했고, 할례를 요구하지 않고 복음을 전도해도 좋다는 위임을 받았다. 하지만 바울은 이것만으로는 충분하지 않다는 것을 잘 알고 있었다. 메시지는 전파되어야만 했다. 그는 로마에서 예루살렘에 이르는 서기 1세기의 문명화된 세계에서, 사회적 네트워크에 대한 자신의 경험적 지식을 활용하고자 했다. 바울은 십이 년 동안 1만 마일

* 고대부터 많은 민족이 행해 온 의식으로, 남녀의 성기 일부를 잘라 내거나 절개하는 풍습.

가까이 걸었다. 하지만 그가 결코 무작위로 돌아다닌 것은 아니다. 그는 당시의 가장 큰 공동체들에 도달하고자 했으며, 신앙이 싹터서 가장 효과적으로 전파될 수 있는 장소와 사람들을 접촉하려고 했다. 바울은 신학과 사회적 네트워크를 똑같이 효과적으로 사용할 줄 알았던, 기독교 최초의 그리고 가장 뛰어난 세일즈맨이었던 것이다. 자, 그렇다면 기독교가 성공한 공로는 바울에게 돌아가야 할까, 아니면 예수 또는 그의 메시지에 돌아가야 할까? 그리고 그런 일은 다시 일어날 수 있을까?

마피아 보이와 바울 사이에는 커다란 차이점이 있다. 마피아 보이의 행동이 파괴적인 것이었던 반면, 바울은—비록 초기의 의도는 그렇지 않았지만—초기 기독교 공동체들 사이를 잇는 다리 역할을 했다. 하지만 둘은 중요한 공통점이 있다. 모두 네트워크의 마스터였던 것이다. 물론 둘 다 네트워크라는 개념을 의식하지 않았을지 모르지만, 성공의 열쇠는 바로 그들의 행동에 효과적인 매개체를 제공한 복잡한 네트워크의 존재였다. 마피아 보이는 컴퓨터들의 네트워크상에서 움직였다. 인터넷은 세 번째 밀레니엄으로의 전환기에 가장 많은 사람에게 도달할 수 있는 가장 효과적인 길이다. 바울은 첫 번째 세기에 당시의 신앙을 실어 나르고 전파할 수 있는 유일한 네트워크였던 사회적·종교적 링크의 마스터였다. 그렇지만 둘 다 그들의 행동을 도와주었던 힘의 정체를 충분히 인식하지는 못했다. 하지만 바울 이후 거의 이천 년이 지난 오늘날, 우리는 바울과 마피아 보이의 성공 요인이 무엇인지 이해할 수 있는 길을 처음으로 만들어 가고 있다. 우리는 이제 그 해답이 네트워크를 항해할 줄 아는 그들의 능력만큼이나, 네트워크의 구조와 위상에 있다는 것을 안다.

바울과 마피아 보이가 성공한 것은 우리가 모두 연결되어 있기 때문이다. 우리의 생물학적 존재, 사회적 세계, 경제, 종교적 전통들은 상호 연관성에 대한 설득력 있는 이야깃거리를 제공해 준다. 아르헨티나의 위대한 작가 호르헤 루이스 보르헤스가 말했듯이, "모든 것은 모든 것에 잇닿아 있다."

"저기에 용이 있다!" 고대의 지도 제작자들은 섬뜩한 미지의 세계를 이렇게 표시했다. 모험적인 탐험가들이 전 지구의 구석구석까지 침투해 들어가면서 괴물로 표시되어 있던 조각들은 점차 사라져 갔다. 하지만 하나의 세포 안에 갇힌 미시적 세계부터 무한한 인터넷의 세계에 이르기까지, 세계의 구성 성분들이 어떻게 서로 맞물려서 하나의 세계를 이루는지에 관한 우리의 정신적 지도에는 아직도 용이 출몰하는 영역이 많이 남아 있다. 좋은 소식은, 최근에 과학자들이 우리의 상호 연결성에 대한 지도를 만들기 시작했다는 것이다. 그들이 만든 지도는 거미줄 같은 세계의 모습을 새로이 조명해 주었고, 또한 몇 년 전만 해도 상상조차 하기 어려웠던 놀라운 것들과 도전거리들을 제공해 준다. 상세한 인터넷 지도들은 인터넷이 해커에 얼마나 취약한지 밝혀냈으며, 거래나 소유관계를 통

오♂ 기독교를 전도하는 사도 바울을 그린 그림(위)과 2010년 전 세계의 페이스북 접속 현황(아래). 전혀 달라 보이지만, 모두 네트워크 덕에 가능했던 일들이다.

해 연결된 기업들에 대한 지도는 실리콘 밸리에서 움직이는 권력과 돈의 흐름을 보여 준다. 생태계에서 생물 종들 간의 상호 작용에 대한 지도는 환경에 대한 인류의 파괴적 영향이 어느 정도인지 보여 주며, 세포 내 유전자 간의 상호 작용에 대한 지도는 암이 어떻게 작동하는지에 대한 통찰력을 주었다. 하지만 진짜 놀라운 일은 이러한 여러 가지 지도를 모두 나란히 놓았을 때 일어났다. 마치 다양한 인간들의 골격 구조가 구별조차 어려울 정도로 동일하듯, 이 다양한 지도들이 공통의 청사진을 따르고 있다는 사실을 알게 된 것이다. 최근에 이루어진 이러한 일련의 숨 막히는 발견들 때문에 우리는 놀랄 만큼 단순하면서도 적용 범위가 넓은 자연법칙들이 우리 주변에 존재하는 모든 복잡한 네트워크들의 구조와 변화를 지배하고 있다는 것을 인정할 수밖에 없었다.

혹시 아이가 아끼는 장난감을 분해하는 것을 지켜본 적이 있는가? 그러고는 조각들을 다시 원래대로 결합할 수 없다는 것을 깨닫고 우는 것을 본 적이 있는가? 실은 여기에 우리가 흔히 놓치는 중요한 비밀이 숨어 있다. 우리는 세계를 분해해 놓고 그것을 어떻게 결합해야 할지 모르는 것이다. 지난 세기 동안 우리는 수조 달러의 연구비를 들여 자연을 분해해 왔지만 이제 우리는 앞으로 어떤 방향으로 나아가야 할지에 대해 조그마한 단서조차 갖고 있지 못하다는 것을 인정해야만 한다. 물론 자연을 더더욱 잘게 분해해 가는 방법은 잘 알고 있지만.

환원주의*는 20세기의 과학적 연구를 배후에서 이끈 주된 원동력이었다. 이에 따르면, 자연을 이해하기 위해서 우리는 먼저 그 구

* 복잡하고 추상적인 사상이나 개념을 단순하고 기본적인 요소로써 설명하려 하는 사고의 형태.

성 성분을 해독해야 한다. 여기에는 부분을 이해하면 전체를 이해하기 훨씬 쉬워질 것이라는 가정이 깔려 있다. 분할 지배하라, 악마는 미세한 부분 속에 숨어 있다. 수십 년 동안 우리는 세계를 그 구성 성분들을 통해 바라보도록 강요당한 것이다. 세계를 이해하기 위해 원자나 초끈(superstring)*을, 생명을 이해하기 위해 분자를, 복잡한 인간 행동을 이해하기 위해 개별 유전자를, 유행과 종교를 이해하기 위해 예언자를 연구하도록 훈련받아 왔다.

이제 조각들에 대해 알아야 할 것은 거의 다 아는 상태에 가까워졌다고 할 수 있다. 하지만 하나의 전체로서 자연을 이해하는가 하는 점에서는 과거 어느 때보다 가까워졌다고 하긴 어렵다. 재조립은 과학자들의 처음 예상보다 훨씬 어려운 작업이었던 것이다. 그 이유는 단순하다. 환원주의를 따를 때, 우리는 복잡성이라는 견고한 벽에 맞닥뜨리게 된다. 자연은 재조립하는 방법이 오직 하나뿐인 잘 설계된 퍼즐이 아니다. 복잡한 시스템에서는 구성 요소들끼리 결합하는 방식이 너무도 많아서, 그것들을 모두 시험해 보는 데에 수십억 년이 걸릴 것이다. 하지만 자연은 지난 수백만 년 동안 조각들을 우아하고 정교하게 결합해 왔다. 자기 조직화라는 보편적인 법칙을 이용해 그렇게 해 왔는데, 그 근원은 아직도 신비로 남아 있다.

● 1970년대에 발표된 초끈 이론은 우주 전체에 작용하는 궁극적인 원인을 탐구한다. 초끈 이론에서는 우주를 구성하는 가장 작은 단위가 소립자 같은 둥근 구가 아니라 끊임없이 진동하는 가느다란 끈이라고 가정한다.

오늘날 우리는 그 무엇도 다른 것과 따로 떨어져서 발생하지 않는다는 것을 점점 더 강하게 인식하고 있다. 대부분의 사건이나 현상은 복잡한 세계라는 퍼즐의 엄청나게 많은 다른 조각들과 연결되어 있으며, 그것들에 의해 생겨나고 또 상호 작용한다. 우리는 우리 자신이 모든 것과 모든 것이 연결되어 있는 좁은 세상에 살고 있다는 것을 알게 되었다. 서로 다른 학문 분야에 속한 과학자들이 모든 복잡성은 엄격한 구조를 갖고 있다는 사실을 일제히 발견하면서, 우리는 거대한 혁명이 진행되는 것을 목격하고 있다. 우리는 비로소 네트워크의 중요성을 인식하게 되었다.

　　　　　　　—A. L. 바라바시 『링크』(강병남·김기훈 옮김, 동아시아 2002)

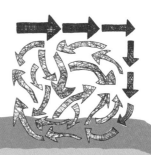

시간의 지도

👤 데이비드 크리스천(David Christian, 1946~)

미국의 역사학자. 우주론, 지구 물리학, 생물학, 인류학, 역사학 등 과학과 인문학을 통합해 빅
뱅부터 현재까지를 하나의 이야기로 묶는 새로운 학문 '빅 히스토리'를 개척했다. 또한 빌 게이
츠에게서 후원을 받아 빅 히스토리의 온라인 교육 과정을 개발하는 '빅 히스토리 프로젝트'를
이끌고 있다. 『시간의 지도』는 빅 히스토리의 구체적인 내용을 담은 책으로, 우주가 탄생한 이
래 일어났던 모든 변화에서 무질서와 복잡성이라는 동일한 형태를 찾아냈다. 지은 책으로 『빅
히스토리』 『거대사』 등이 있다.

• 이어지는 글은 두 번째 부록 '카오스와 질서'에서 골랐다.

130억 년이 넘는 우주의 역사를 지배한 원리가 있을까요? 크리스천은 열역학의 개념인 '엔트로피'를 가져와 수수께끼 같은 물음에 도전합니다. 우주의 역사는 '무질서'와 '복잡성'의 반복이라는 크리스천의 주장에 주목해 봅시다.

우리가 파악하려는 형태들이 실제로 존재하며, 그 존재 자체가 우주의 가장 큰 수수께끼다. 도대체 왜 질서가 존재하는가? 그리고 어떤 법칙이 조직화된 구조의 창조와 진화를 가능하게 하는가? 질서를 만들어 내는 것보다 무질서를 만들어 내는 것이 훨씬 더 쉽다. 한 묶음의 카드를 생각해 보자. 무작위로 섞는다면 열세 개의 하트 모양이 연속으로 나오는 것 같은 질서 있는 순서를 만들어 낼 가능성은 거의 없다. 만에 하나 그런 일이 일어난다고 해도, 몇 번 더 섞으면 그 순서는 사라질 것이다. 하지만 우주 전체를 연구해 보면, 대단히 다양한 규모에서 복잡하고 지속적인 형태들이 존재한다는 것을 알 수 있다. 그 안에는 수백만 광년 크기의 은하단*과, 인간 역사에 등장하는 복잡한 사회 구조들, 그리고 중성자와 양성자에 쿼크**를 묶어 놓는 훨씬 더 단단한 형태들이 존재한다.

　많은 종교가 인간처럼 복잡한 존재는 지적인 창조자나 신이 만들었다고 주장하면서 이런 복잡하고 지속적인 형태의 문제를 설명하려고 했다. 현대 과학의 눈으로 보면 이것은 해결책이 아닌데, 왜냐하면 그런 신들은 어떻게 만들어졌는가 하는 문제가 다시 생기기 때문이다. 그렇다면 더 많은 문제를 만들어 내는 가정을 도입하지 않고 이런 복잡성의 문제를 설명할 수 있을까? 현재로서는 이에 대한 어떤 만족할 만한 답도 없다. 이어서 제시하는 내용은 해결책을 향한 현대적인 노력을 보여 주는 것이다.

　한 가지 분명한 사실이 있는데, 형태를 만들고 유지하려면 '일'이 필요하다는 것이다. 한 묶음의 카드를 섞으면 질서 있는 상태보다 무질서한 상태가 될 확률이 더 높기 때문에, 카드를 섞는 행위 대부분은 무질서한 상태를 만들어 낸다. 우주도 무질서와 카오스를 향하는 자연적 성질 때문에 그와 비슷하게 작동하는 것처럼 보인다. 따라서 형태를 만들어 내고 유지하는 것은 무질서를 향하는 보편적인 경향에 반하는 것이다. 즉 그것은 가능하지 않은 일을 계속해서 일어나게 하는 것이다.

　따라서 형태를 이해하는 것은 에너지가 어떻게 일을 하는지 이

● 은하는 우주 안에 일정하게 분포해 있는 것이 아니라 집단을 이루고 있는데 수백에서 수천 개의 은하가 모인 집단을 은하단이라고 한다.
●● 양성자와 중성자 같은 소립자를 구성하고 있다고 생각되는 기본적인 입자. 쿼크 자체가 발견된 적은 없지만, 여러 실험 결과 그 존재는 확실한 것으로 여겨진다.

해하는 것과 같다. 증기 기관에 쓰이는 에너지의 효율을 연구하던 19세기 프랑스 공학자 사디 카르노는, 에너지는 결코 사라지지 않고 형태만 바뀐다는 사실을 발견했다. 즉 열은 증기를 만들고 증기의 압력은 증기 기관의 기계 에너지를 만드는 식으로 변화하지만, 에너지 자체는 보존된다는 것이다. 이런 '에너지 보존 법칙'을 흔히 '열역학 제1법칙'이라고 한다. '열역학 제2법칙'은 언뜻 보기에는 첫 번째 법칙과 모순되는 듯 보인다. 열역학 제2법칙에 따르면, 닫힌 체계(우주가 그런 것처럼 보이는데)에서는 자유 에너지 혹은 일을 할 수 있는 에너지가 시간이 지나면서 사라지기 때문이다. 폭포는 터빈을 돌릴 수 있는데, 그것은 폭포 위의 물이 그보다 높은 곳까지 끌어올려졌기 때문에 가능한 일이다. 그리고 물을 높은 곳까지 끌어올리기 위해 사용된 에너지(태양이 제공하는 것으로, 물을 수증기로 바꿔 구름 속으로 끌어 올린다)는 물이 바다로 흘러들어 가면서 원래 상태로 돌아간다. 바다로 돌아간 물은 더 이상 일을 할 수 없다. 왜냐하면 바다에 있는 모든 물은 같은 양의 에너지를 갖고 있기 때문이다. 이른바 '열역학적 균형 상태'에 있는 것이다. 일을 할 수 있는 사용 가능한 에너지 혹은 자유 에너지는 기울기나 변이, 즉 일종의 차이를 필요로 한다. 열역학 제2법칙은, 닫힌 체계에서는 엄청난 시간이 지나면 모든 차이가 줄어든다고 예측한다. 그렇게 되면 복잡한 존재를 만들고 유지하는 일을 하는 데 필요한 자유 에너지도 지속적으로 줄어든다. 이것은 우주가 열역학적 균형 상태에 놓이면서 결국에는 점점 더 무질서해질 것임을 뜻한다. 19세기에는 이런 암울한 생각을 우주의 '열역학적 사망'이라고 불렀다. 독일의 과학자인 루돌프 클라우지우스는 사용할 수 없는 에너지가 점점 늘어나는 것을 '엔트로피'라고 이름 붙였다. 오랜 시간을 두고 보면, 엔트로피는 반드시 증가하고 복잡성은 반드시 줄어든다. 결국 모든 것이 배경의 소음으로 바뀌고 만다. 열역학 제2법칙은 우주의 모든 것이 카오스로 가는 동일한 에스컬레이터를 탄 운명임을 보여 준다.

이런 생각들이 현대 물리학의 기본이 되고 있는데, 이는 두 가지 근본적인 의문을 불러일으킨다. 먼저, 그렇다면 도대체 어떻게 질서가 가능한 것인가라는 의문이 생긴다. 왜 우리는 열역학 제2법칙이 지배하는, 완전히 무질서한 우주에 살고 있지 않은 것인가? 우주가 충분한 자유 에너지를 갖고 시작되어 거기서 모든 질서 있는 존재들이 만들어진 것인가? 그렇다면 그런 에너지는 어디에서 나왔으며, 그 에너지가 완전히 소진될 때까지 얼마나 시간이 남아 있는가? 무언가가(아니면 누군가가?) 우주의 초기에 우리가 보고 있는 형태들을 만들고 유지하는 차이와 경사를 만들어 내기 위해 엄청난 노력을 한 것처럼 보인다. 신이 아니라면 도대체 무엇이 그런 형태들을 만들었을까? 자유 에너지의(그리고 질서의) 근원은 현대 물리학의 가장 큰 수수께끼 중 하나로 남아 있다. 왜냐하면 우리가 아는 한 초기의 우주는 대단히 균일한 상태였기 때문이다.

초기 우주는 밀도가 높고 몹시 뜨거운 열역학적 균형 상태에 있었다. 하지만 우주가 팽창하면서 온도가 내려갔고, 그러면서 균형 상태가 깨졌다. 최초의 차이가 나타나 온도와 압력이 다른 부분들이 생겼다. 맨 처음에는 전기력과 중력 같은 힘 사이에 거의 구분이 없어 보였다. 그것들은 대단히 뜨겁고 밀도 높은 우주의 강력한 에너지 안에서 합쳐져 있는 것처럼 보였다. 그러나 우주가 팽창하고 온도가 내려가면서 서로 다른 근본적인 힘들이 독자적인 형태를 띠기 시작했다. 예를 들어 빅뱅 이후 30만 년이 지나기 전까지는 전자기력이 전자와 양성자를 묶어 원자로 만들 수 없을 정도로 약했다. 하지만 그 이후 전자기력이 현대 물리학과 화학의 연구 대상인 원자 구조를 형성할 수 있을 만큼 우주가 식었다. 그 시점에서 물질과 에너지도 분리되었다. (…)

이런 논리에 따르자면, 초기 우주를 식게 만들고 다양하게 만든 우주의 팽창이야말로 모든 온도와 압력 차이의, 그리고 질서를 만들어 내는 데 필요한 자유 에너지의 궁극적 근원이라고 할 수 있다. 이런 주장을 조금 다르게 제시할 수도 있다. 탄생 무렵의 우주는 아주 작고 균질했기 때문에 존재 가능한 무질서 상태의 수가 적었다. 그것은 마치 한 종류의 카드만 있는 카드 묶음 같은 것이었나. 그러다가 팽창으로 인해 우주 공간이 넓어지면서 무질서의 새로운 가능성들이 생겼고, 우주가 계속 팽창하면서 그런 가능성도 더 증가했다. 일반적으로 어떤 체계가 크면 클수록 가능한 엔트로피도 증

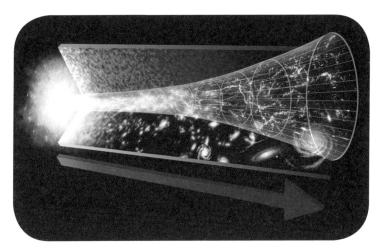

👓 빅뱅에서 은하계의 형성까지를 묘사한 그림. 우주의 탄생 이후 지금까지의 역사는 열역학 제2법칙에 따라 엔트로피가 증가하는 과정이었다고 할 수 있다.

가한다. 카드를 예로 들자면, 카드 묶음이 크면 클수록 가능한 무질서 상태의 경우 수도 늘어난다. 따라서 열역학 제2법칙에 따르면 언제나 엔트로피가 증가하지만, 우주가 팽창하기 때문에 완전한 무질서 상태로 내려가는 열역학의 하향 에스컬레이터에 더 많은 계단이 계속 덧붙여지는 것처럼 보인다. 따라서 어떤 의미에서는 우주가 팽창하도록 만든 원인 또한 질서와 형태의 근원이라고 말할 수 있다.

첫 번째 문제—즉 어떻게 질서가 존재할 수 있는가?—를 설명한다고 해도 여전히 두 번째 문제가 남는다. 그것은 어떻게 복잡한 존재들이 나타나고, 또 그 후에는 어떻게 우리 눈에 띌 정도로 오랫동안 유지되는가 하는 것이다. 이상하게 들릴지 모르지만, 엔트로피가 증가하는 경향——즉 무질서를 향한 경향——자체가 질서를 만들어 내는 동력일 수도 있다. 즉 무질서를 만들어 내는 과정에서 질서가 만들어진다는 말이다. 엔트로피의 점진적 증가는 우주가 태초의 평형 상태로 돌아가려는 시도로 생각할 수 있다. 실제로 많은 창조 신화들이, 태초의 통합이 깨진 후에 분리됐던 부분들이 원래 상태로 돌아가려 하는 것을 묘사하고 있다. 플라톤은 『향연』에서 남자와 여자가 사랑을 하는 이유가 원래는 남녀추니*였던 하나의 존재를 신이 서로 다른 두 개의 존재로 갈라놓았기 때문이라고 했다. 그것들이 다시 합치려고 하면서 모든 인간이 생겨났다는 것이다. 따라서 무질서를 향한 경향은 그 과정에서 새로운 형태의 질서를 만들어 내는 것으로 보인다. 마치 아래로 떨어지는 물의 에너지가 물방울들을 튀게 만들고, 강줄기가 소용돌이를 만들어 적은 양이긴 하지만 물줄기를 거슬러 오르게 만드는 것과 같다. (…)

　질서를 만들어 내는 일은 결코 쉽지 않다. 어떤 방법이든 상당한 양의 에너지 흐름이 집중되어야 하기 때문이다. 복잡한 구조에서는 무자비하게 아래로만 내려가는 엔트로피의 에스컬레이터를 거슬러 오르기 위해 지속적인 에너지 처리가 필요하다. 따라서 복잡성이 존재하기 위한 필수 조건은, 별의 근처에서 찾아볼 수 있는 온도와 압력의 차이처럼 지속적인 에너지 공급을 보장할 수 있는 안

● 현재 남녀추니는 '남성과 여성의 성기를 모두 지닌 사람'을 뜻하지만 플라톤이 사용한 의미는 달랐다. 플라톤은 사람이 본래 네 개의 손발과 두 개의 얼굴을 지닌 모습이었는데 제 능력을 믿고 신에게 대들다 지금처럼 남녀로 나뉘었다고 했다.

정된 차이가 존재하는 것이다. 분명치 않은 것은 적극적으로 복잡성을 만들어 내는 기제가 존재하느냐 하는 점이다. 차이와 불균형이 적극적으로 물질과 에너지를 복잡성의 상태로 만들어 가는가? 아니면 그저 복잡성을 가능하게 할 뿐인가? 복잡성은 자연 선택처럼 작동하는가? 즉 구조가 그저 무작위로 만들어진 후에 환경에 적합한 것들만 살아남는 것인가? 아니면 열역학 제2법칙이 교활한 우주적 잔꾀를 부려 복잡성을 만들어 내는 것인가?

질서의 근원이 무엇이건, 복잡한 구조가 탄생하려면 거대한 에너지의 흐름을 통제할 수 있어야 한다. 이것은 매우 어려운 일이다. 그래서 질서를 가진 복잡한 존재는 연약하고 희귀하며, 단순한 배경 속에서 두드러지게 드러나는 것이다. 따라서 어떤 현상이 복잡하면 복잡할수록 더 많은 양의 에너지를 관리해야 하며, 그만큼 파괴되기도 쉽다. 결국 복잡한 존재일수록 더 불안정하고, 길게 살지도 못하며, 더 희귀하다. 어쩌면 복잡성이 조금만 증가해도 그 연약함과 희귀성이 늘어나는 것인지 모른다. 존재하는 모든 복잡한 화학 물질 중 극히 일부만이 살아 있는 생명체를 형성했고, 또 그 생명체 중에서도 그보다 적은 수가 인간 같은 지적인 존재를 만들어 냈다. 복잡한 구조들은 우연히 무작위로 만들어지는 것이 아니라, 그것들을 적극적으로 만들어 내는 법칙이 있고, 그 법칙을 발견할 수 있다면 더 좋을 것이다. 현재는 그런 법칙이 있는지조차 모르지만, 복잡성을 연구하는 학자들이 파악하려고 노력하고 있다.

현재 우리가 할 수 있는 일은 복잡한 구조가 어떻게 만들어지는지 묘사하는 것뿐이다. 근본적인 법칙은, 복잡성이 이미 존재하는 형태들을 묶어 더 큰 규모의 복잡한 형태들을 단계적으로 만들어 간다는 것이다. 어떤 형태들은 일단 형성되면 기존 구성 요소들을 새롭게 배열해서 기존 배열보다 안정적으로 만든다. 그런 과정을 통해 우리가 우주에서 관찰할 수 있는 서로 다른 규모의 복잡성이 나타났다. 그리고 서로 규모가 다른 복잡성은 그 구성과 변화의 규칙도 다른 듯하다. 서로 다른 규모의 복잡성이 갖는 서로 다른 규칙을 흔히 창발적 속성이라고 부른다. 왜냐하면 그것들은 기존 요소들이 갖고 있던 속성이 아니라, 기존 요소들이 더 큰 구조로 합쳐지면서 새롭게 등장한 것이기 때문이다. 예를 들어 '유니버스(universe)'라는 단어는 알파벳 여덟 개가 합쳐져서 만들어진 단어지만, 그 의미를 단순하게 단어를 이루고 있는 글자에서 유추할 수는 없다. 유니버스라는 단어의 의미는 창발적 속성인 것이다. 화학적 예를 들어 보면, 물은 수소와 산소 분자들이 합쳐져 만들어지지만, 물의 속성을 수소와 산소의 속성만으로 알 수는 없다. 물의 속성은 수소와 산소가 물 분자로 합쳐지면서 새롭게 나타나는 것이다. 서로 규모와 수준이 다른 복잡성들 안에서 그런 규칙들이 작동하는 방법에 대한 연구가 현대 과학의 다양한 분야에서 이뤄지고 있다. 입자 물리학, 화학, 생물학, 생태학, 역사학 등이 복잡성의 새로운 차원들에서 나타나는 규칙들을 연구하고 있다.

우리들 자신이 복잡한 구조물이기 때문에 우리는 경험을 통해 무질서를 향한 우주적 미끄럼틀을 거슬러 오르는 것이, 즉 열역학의 하향 에스컬레이터를 거슬러 오르는 것이 얼마나 어려운지 알고 있다. 그래서 우리는 비슷한 일을 하는 다른 구조물들에 어쩔 수 없이 빠져드는 것이다. 그 때문에 이 책의 곳곳에 열역학 제2법칙에도 불구하고 ── 혹은 그 도움을 받아 ── 질서를 성취하는 일에 대한 설명을 담은 것이다. 카오스와 복잡성 사이의 끊임없는 원무곡*이야말로 이 책을 하나로 묶는 주제 중 하나다.

── 데이비드 크리스천 『시간의 지도』(이근영 옮김, 심산 2013)

---

* 왈츠의 다른 말. 남녀가 한 쌍으로 음악에 맞춰 원을 그리며 춤을 추는 모습에 카오스와 복잡성의 순환을 빗대어 말한 것이다.

생각 키우기

1. 헉슬리는 소설 『멋진 신세계』에서 과학 기술이 발전했지만 삶이 엄격히 통제되는 우울한 미래를 냉소적으로 그렸습니다. 제시문을 읽고 과학에 대해서 무스타파 몬드와 비슷하게 생각하는 사람을 찾아봅시다.

> 　과학? 야만인은 얼굴을 찌푸렸다. 그는 그 어휘를 알고 있었다. 그러나 그것의 정확한 의미는 알지 못했다. (…) 과학이란 헬리콥터를 만드는 무엇이고 추수 때의 춤을 조롱하는 것이고 얼굴에 주름이 가거나 이가 빠지는 것을 방지해 주는 무엇이라는 인상이었다. 총통이 말한 과학의 의미를 이해하기 위해 그는 필사적인 노력을 쏟았다.
> 　"그렇지." 무스타파 몬드는 계속 이야기했다. "그것도 안정을 위해 희생시켜야 할 품목이야. 행복과 양립할 수 없는 것은 예술뿐만이 아니야. 과학도 마찬가지야. 과학은 위험한 것이야. 우리는 그것을 용의주도하게 묶어 놓고 재갈을 물려 놓아야 해."

- **승주** 과학은 미래의 행복을 위해 반드시 필요한 거야.
- **기빈** 맞아, 요즘에는 과학이 예술보다 훨씬 더 중요한 역할을 맡고 있다니까.
- **서현** 음, 그렇지만 과학은 우리에게 낭만적 미래를 제공하는 게 아니라 오히려 위험한 것일 수도 있지 않을까?
- **정원** 그럴지도 몰라. 하지만 자유로운 분위기에서 과학이 계속 발전한다면, 혹시 모를 위험에도 대처할 수 있을 거야.

2. 바라바시는 『링크』에서 현실을 '복잡한 세계'라고 분석하면서 마피아 보이와 바울의 예를 들고 있습니다. 두 사례의 특징을 정리한 표를 보고 이어지는 물음에 답해 봅시다.

	마피아 보이	바울
시기	2000년 2월 7일	2천 년 전
사건	야후 등 유명 웹사이트 공격	기독교 전파
방법	PC와 해커 그룹 이용	큰 규모의 신앙 공동체들을 찾아다님
결과	서비스 거부 사태	유대교를 넘어서는 큰 성공

❶ 바라바시는 마피아 보이와 바울의 어떤 공통점에 주목했던 것일까요? '네트워크'의 의미를 잘 파악해 간략하게 적어 봅시다.

• 차이점: 마피아 보이의 행동은 파괴적인 것이었지만, 바울은 기독교 공동체들 사이를 잇는 다리 역할을 했다.

• 공통점:

❷ 가족과 학교에 소속된 사람들끼리의 관계도 일종의 네트워크라고 할 수 있습니다. 내가 소속된 네트워크 중 하나를 꼽아 보고, 그 네트워크에서 일어나는 사람 사이의 상호 작용에 대해 서술해 봅시다.

3. 크리스천은 『시간의 지도』를 통해 우주의 탄생부터 현재에 이르는 '빅 히스토리'를 전하고 있습니다. 앞서 읽은 글을 떠올리며 다음 질문에 답해 봅시다.

❶ 우주의 역사, 인류의 탄생과 물질문명의 발달 과정을 설명하기 위해서는 열역학 1, 2법칙을 이해해야 합니다. 각 법칙의 다른 이름과 의미를 간략하게 적어 봅시다.

- 열역학 제1법칙: ----------------------------------

- 열역학 제2법칙: ----------------------------------

  ----

❷ 다음 문장들을 읽고 우주의 역사에 관한 크리스천의 설명과 일치하면 ○, 그렇지 않으면 ×표를 해 봅시다.

- 우주는 매우 거대하지만 구조는 아주 단순하다. (   )
- 오랜 시간을 놓고 보면 사용 불가능한 에너지는 증가하고 복잡성은 반드시 줄어든다. (   )
- 현대 물리학은 최대 수수께끼 중 하나인 자유 에너지와 질서의 근원을 이미 밝혀냈다. (   )
- 초기 우주는 밀도가 높고 대단히 뜨거운 열역학적 균형 상태였다가 우주 팽창 후 온도가 내려가면서 균형 상태가 깨졌다. (   )
- 우주의 팽창은 모든 온도와 압력 차이 그리고 질서를 만들어 내는 데 필요한 자유 에너지의 궁극적 근원이다. (   )
- 복잡한 구조가 탄생하기 위해서는 거대한 에너지의 흐름이 자유로워야 한다. (   )

4. 다음은 영국의 소설가 조지 오웰이 쓴 미래소설 『1984』의 일부입니다. 제시문을 읽고 『멋진 신세계』와 『1984』를 엮어 '과학의 미래'에 대한 자신의 생각을 써 봅시다.

텔레스크린은 수신과 송신을 동시에 한다. 이 기계는 윈스턴이 내는 소리가 아무리 작더라도 낱낱이 포착한다. 더욱이 그가 이 금속판의 시야에 들어 있는 한, 그의 행동 하나하나는 다 보이고 들린다. (…)

상층 계급의 목표는 현재 상태를 지키는 것이고, 중간 계급의 목표는 상층 계급으로 올라가는 것이다. 그리고 하층 계급은, 만약 목표가 있다면 (이들은 대개 고된 일에 지쳐 일상생활 말고는 다른 것을 거의 생각하지 못하는데) 그것은 온갖 차별을 없애고 모든 인간이 평등한 사회를 세우는 것이다. 따라서 유사 이래 본질적으로는 똑같은 투쟁이 끊임없이 반복하여 일어났던 것은 이렇듯 저마다의 목표가 서로 달랐기 때문이다.

상층 계급은 오랜 기간 권력을 안전하게 장악하고 있는 듯하다. 하지만 조만간 신뢰나 효율적인 통치 능력 중 하나를 잃거나 둘 다 잃는 순간이 온다. 그러면 중간 계급은 자유와 정의를 위해 투쟁하고 있는 듯 꾸미며 하층 계급을 자기편으로 끌어들임으로써 상층 계급을 고꾸라뜨린다. 그런데 그들은 자기 목적을 이루자마자 하층 계급을 다시 옛날의 노예 신분으로 떨어뜨리고 스스로 상층 계급이 된다. 이때 새로운 중간 계급은 다른 두 계급 중 하나에서 떨어져 나오거나 양쪽 계급에서 분리되어 나오는데, 이로 인해 투쟁이 반복된다. 이 세 계급 중에서 하층 계급만이 한 순간이라도 자기 목표를 이룰 수 없다. 모든 역사를 거치며 물질적인 면에서 진보가 없었다고 말하는 것은 과장일지 모른다. 쇠퇴기에 들어선 오늘날에도 인간은 물질적으로 몇 세기 전보다 훨씬 풍요로워졌다. 그러나 부가 늘고 서로 태도가 부드러워지고 개혁이나 혁명도 있었지만, 인간의 평등이라는 점에서는 조금도 진보한 점이 없다.

참고 자료

참고 문헌

1 과학의 시작

히포크라테스	『의학 이야기』 윤임중 옮김, 서해문집 1998
최한기	『국역 기측체의 1』 권영대 외 4인 옮김, 한국고전번역원 1979
유안	『회남자: 상』 안길환 편역, 명문당 2013
앨프리드 노스 화이트헤드	『화이트헤드의 수학이란 무엇인가』 오채환 옮김, 궁리 2009

2 근대 과학

프랜시스 베이컨	『학문의 진보』 이종흡 옮김, 아카넷 2002; 이종구 옮김, 신원문화사 2007
르네 데카르트	『철학의 원리』 원석영 옮김, 아카넷 2012
갈릴레오 갈릴레이	『갈릴레오가 들려주는 별 이야기: 시데레우스 눈치우스』 장헌영 옮김, 승산 2009
지그문트 프로이트	『꿈의 해석』 김인순 옮김, 열린책들 2004

3 운동과 생명

아이작 뉴턴	『프린시피아 3』 조경철 옮김, 서해문집 1999; 『프린키피아 3』 이무현 옮김, 교우사 2009; *The Mathematical Principle of Natural Philosophy,* translated by Andrew Motte, Daniel Adee 1846
알베르트 아인슈타인	『상대성의 특수 이론과 일반 이론』 이주명 옮김, 필맥 2012
베르너 하이젠베르크	『부분과 전체』 김용준 옮김, 지식산업사 2005
에르빈 슈뢰딩거	『생명이란 무엇인가 · 정신과 물질』 전대호 옮김, 궁리 2007
제임스 왓슨	『이중 나선』 최돈찬 옮김, 궁리 2006

4 지구와 우주

알프레트 베게너	『대륙과 해양의 기원』 김인수 옮김, 나남 2010
찰스 다윈	『종의 기원』 송철용 옮김, 동서문화사 2013; *On the Origin of Species*, Down, Bromley, Kent 1859
장 앙리 파브르	『파브르 곤충기 5』 김진일 옮김, 현암사 2008; *The Life of The Grasshopper*, translated by Alexander Teixeira de Mattos, Dodd, Mead and Company 1917
칼 세이건	*Cosmos*, Ballantine Books 2013(정아영 옮김)

5 융합하는 과학

제임스 러브록	『가이아』 홍욱희 옮김, 갈라파고스 2004; *Gaia*, Oxford University Press 2000
토머스 쿤	『과학 혁명의 구조』 김명자 · 홍성욱 옮김, 까치글방 2013
리처드 도킨스	『이기적 유전자』 홍영남 · 이상임 옮김, 을유문화사 2010; *The Selfish Gene*, Oxford University Press 2006
재러드 다이아몬드	『총, 균, 쇠』 김진준 옮김, 문학사상 2013

6 과학의 미래

올더스 헉슬리	『멋진 신세계』 이덕형 옮김, 문예출판사 2004
A. L. 바라바시	『링크』 강병남 · 김기훈 옮김, 동아시아 2002
데이비드 크리스천	『시간의 지도』 이근영 옮김, 심산 2013

이미지 출처